图解钢筋混凝土结构和钢结构入门

[日本]原口秀昭　著
潘琳　译
于顺达　审

江苏凤凰科学技术出版社 · 南京

江苏省版权局著作权合同登记号　图字：10-2019-149

图书在版编目 (CIP) 数据

图解钢筋混凝土结构和钢结构入门 / (日) 原口秀昭著；潘琳译 . — 南京：江苏凤凰科学技术出版社，2021.9 (2024.1 重印)
ISBN 978-7-5713-2397-4

Ⅰ . ①图… Ⅱ . ①原… ②潘… Ⅲ . ①钢筋混凝土结构—图解 ②刚结构—图解 Ⅳ . ① TU375-64 ② TU391-64

中国版本图书馆 CIP 数据核字 (2021) 第 175494 号

图解钢筋混凝土结构和钢结构入门

著　　者	[日本] 原口秀昭
译　　者	潘　琳
项目策划	凤凰空间 / 杨　易
责任编辑	刘屹立　赵　研
特约编辑	杨　易
出版发行	江苏凤凰科学技术出版社
出版社地址	南京市湖南路 1 号 A 楼　邮编：210009
出版社网址	http://www.pspress.cn
总 经 销	天津凤凰空间文化传媒有限公司
总经销网址	http://www.ifengspace.cn
印　　刷	河北京平诚乾印刷有限公司
开　　本	889mm×1194mm　1/32
印　　张	9.5
字　　数	281 000
版　　次	2021 年 9 月第 1 版
印　　次	2024 年 1 月第 3 次印刷
标准书号	ISBN 978-7-5713-2397-4
定　　价	68.00 元

前言

结构力学离建筑好远啊……

这是学生时代总是逃课的笔者，毕业后焦急地阅读入门书籍时的感受。在不得不学习结构的情况下，虽然阅读了结构力学入门之类的书籍，但总觉得结构力学是一门抽象化的学科，给人一种离建筑本身很遥远的印象。建筑和结构就像是远亲啊。

这次本书尝试着让读者能够学习到钢筋混凝土结构、钢结构的具体结构知识。本书先从阐述各种结构形式开始，接着针对材料、结构各部位等进行说明。另外，本书还加入了难懂的极限水平承载力的相关内容。练习题目主要选自日本一级、二级建筑师的历年考题。本书收集了类似的题目，减少了选项，以便于学习。重复的说明就是要让重要的事项反复背诵。

全书都附有插图，力图通过图像化使晦涩的理论变得简单易懂。总之，就是通过绘画、图像、漫画等，让读者轻松学习理论知识。本系列丛书最初是笔者为了让任教的女子大学学生能够克服不擅长的领域，而在博客（http://plaza.rakuten.co.jp/mikao/）分享的漫画和相关解说。本书已经是第 11 本了，在各国也出版了翻译本。

关于规定值的数字，根据参考资料或历年考题的不同，与前几本著作会有一些差异。例如，不能使用搭接接头，而要使用气压压接接头的钢筋直径，在日本建筑学会的说明书中是 D29 以上，但在日本建筑师历年考题中是 D35 以上。遇到这样的情况，考虑到初学者多为建筑师考试的考生，本书采用了日本建筑师历年考题的数值。

“你画图很快，可以多在书上画图或使用图解。”这是笔者学生时代的恩师铃木博之先生给笔者的建议。笔者在大学时代执笔杂志《城市住宅》特辑，是写作的开始。此后，只要在工作间隙就持续写作。铃木博之先生最近去世了，他在信中写下的勉励之词成为了留给笔者的最后话语。根据市场需求，笔者已经出版了很多有关结构的书籍，但笔者的兴趣一直是在建筑本身。今后笔者仍会继续写作，若能对大家的学习有所帮助，就是笔者最大的幸福。

对负责图书策划并持续给予笔者压力的中神和彦先生，负责图书编辑工作的彰国社编辑部的尾关惠小姐，以及给予许多指导的专家学者们、专业书籍的作者们、博客的读者们、一直向笔者提问的学生们，在此一并表示衷心的感谢。真的非常感谢大家。

原口秀昭

目录

1 结构形式

2 钢筋混凝土结构

3 钢筋混凝土结构的梁

4 极限水平承载力

12　钢结构的连接处

13　板

14　钢结构的柱和梁

15　背诵数字

本书涉及法规的简称

日本建筑标准法：标准法

日本建设省公告：建设省公告

日本国土交通省公告：国交省公告

日本建筑学会 钢筋混凝土结构计算规范与解说：钢筋混凝土规范

日本建筑学会 钢筋混凝土结构配筋指南与解说：配筋指南

日本建筑学会 墙体结构关系设计规范与解说：墙规范

日本建筑学会 钢结构设计规范：钢规范

日本建筑学会 钢结构设计 - 允许应力设计法：钢规范 - 允许

日本建筑学会 钢结构连接处设计指南：钢接指南

国土交通省等 建筑物的结构关系技术标准解说书：技术标准

结构常用英文单词、符号

compression：压力

tension：拉力

bending：弯曲

stress：（应力给予）内力、拉力

pre —：预

post —：后

yield：屈服

elasticity：弹性

plasticity：塑性

ultimate：极限

allowance：允许

gross：总体

web：腹板

ratio：比

proportion：比例

σ：轴向应力

τ：剪应力

ε：应变（变形长度 / 原长度）

θ：挠角

δ：位移、变形量

Q 什么是钢筋混凝土框架结构?

▼

A 钢筋混凝土的柱和梁以刚接（刚性连接）组合而成的结构。

RC 是 reinforced concrete（钢筋混凝土）的缩写，直译就是加固的混凝土。混凝土的抗拉性能非常弱，受拉后很快就会裂开。因此，用钢筋加固的钢筋混凝土在 19 世纪中叶被设计出来，现在被广泛使用。

rahmen 在德文里是“框架”的意思，建筑中的框架结构就是将柱梁固定成直角（刚接）就能够支撑的结构。没有剪力墙的框架可以称为纯框架。

把框架比作桌子的话会更容易理解。桌腿（柱）和横撑（梁）保持直角，在上面放上桌板（楼板）。若省掉横撑，直接把桌腿装在桌板上，则难以保持直角，会发生摇晃。实际上框架的基础（柱脚）会设置很粗的横撑（基础梁），底板（楼板）和横撑（梁）整体浇筑混凝土。

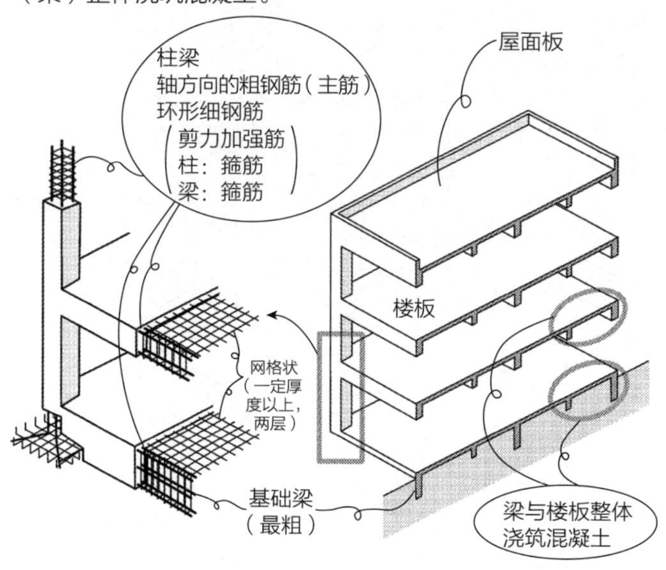

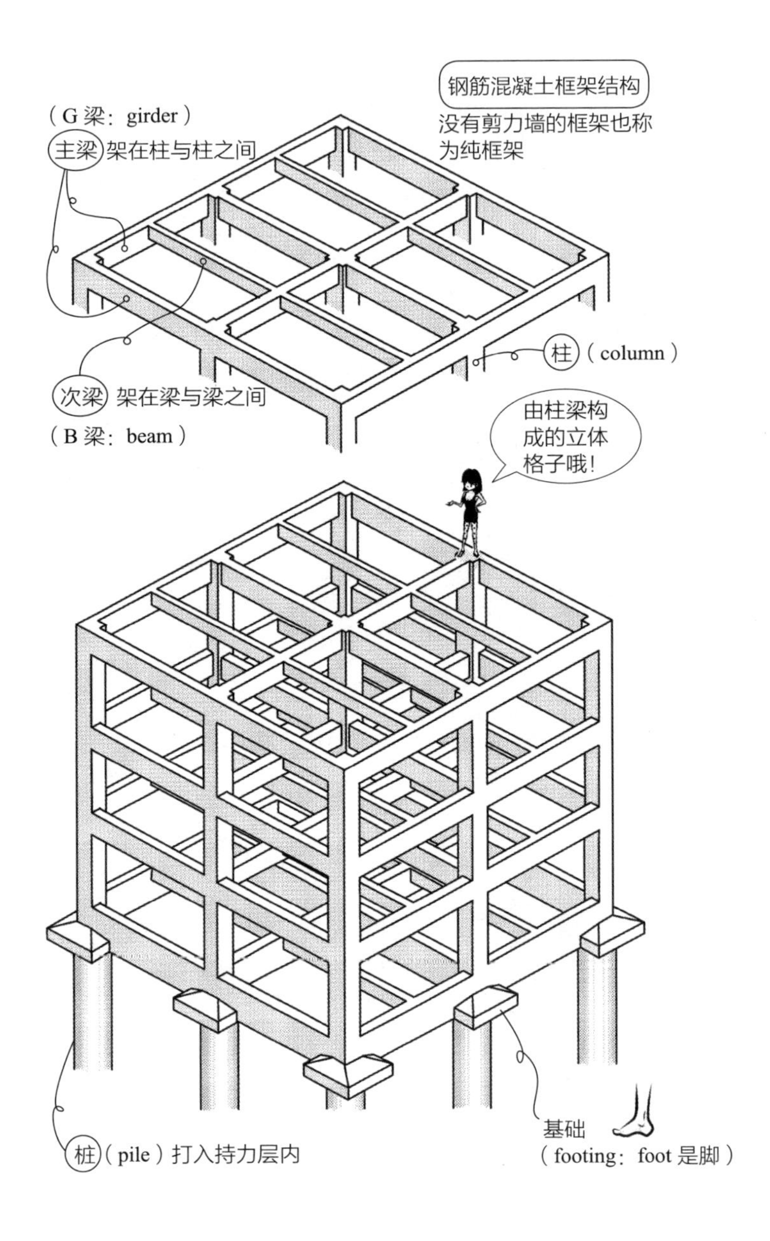

钢筋混凝土框架结构
没有剪力墙的框架也称为纯框架
（G 梁：girder）
主梁 架在柱与柱之间
柱（column）
次梁 架在梁与梁之间
（B 梁：beam）
由柱梁构成的立体格子哦！
桩（pile）打入持力层内
基础
（footing：foot 是脚）

Q 什么是钢筋混凝土框架－剪力墙结构？

▼

A 又称框剪结构，钢筋混凝土的柱梁以刚性连接，在组成的框架结构中布置一定数量的剪力墙，用于抵抗地震水平力的结构。

只有柱梁的框架结构（纯框架结构）抗水平力较弱，具有容易变形为平行四边形的性质。大地震发生时，此变形就形成吸收能量的柔性结构。对桌子施加横向的力，桌腿会左右倾倒，但是如果装上横撑，就形成不易破坏的坚固结构。在桌脚之间放上木板，也不容易变形为平行四边形。在纯框架结构中，若加入剪力墙，水平力很难使其变形，结构更为稳固，形成可抵抗地震力且不易变形的刚性结构。例如，把公寓的隔户墙做成剪力墙等。在中小规模的钢筋混凝土结构中，这是最常用的结构形式。

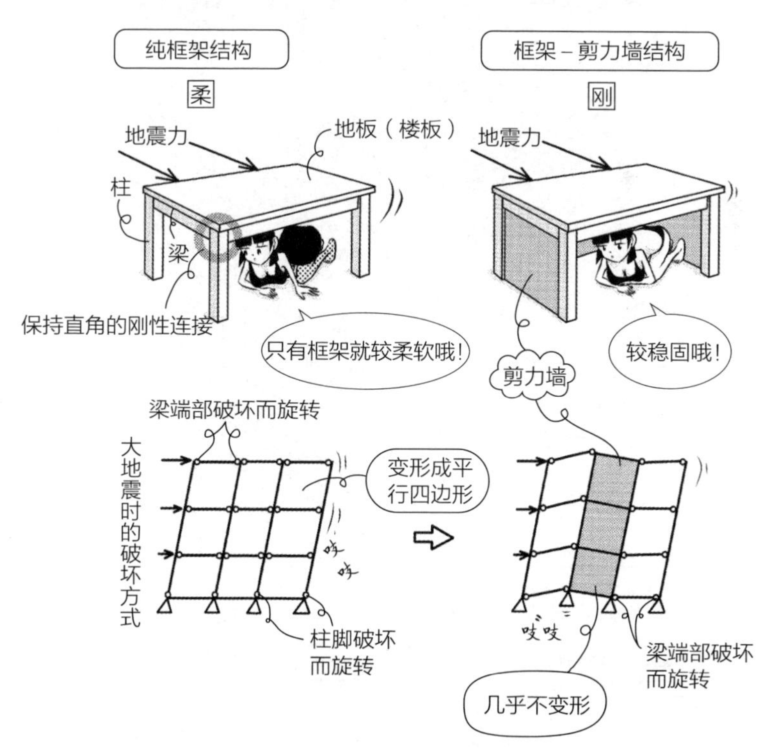

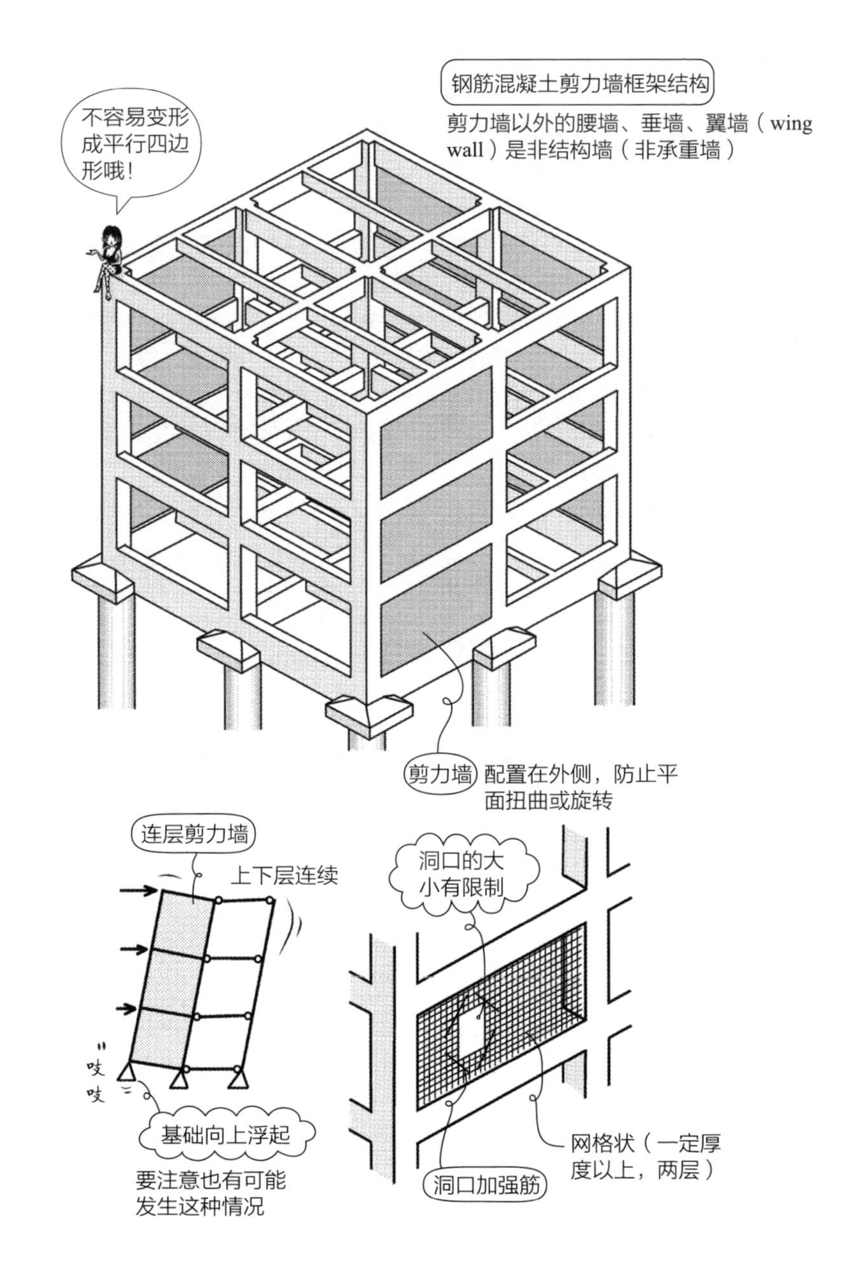
钢筋混凝土剪力墙框架结构
剪力墙以外的腰墙、垂墙、翼墙（wing wall）是非结构墙（非承重墙）
不容易变形成平行四边形哦！
剪力墙 配置在外侧，防止平面扭曲或旋转
连层剪力墙
上下层连续
吱吱
基础向上浮起
要注意也有可能发生这种情况
洞口的大小有限制
网格状（一定厚度以上，两层）
洞口加强筋

Q 什么是钢筋混凝土剪力墙结构？

▼

A 由钢筋混凝土墙体和楼板组成的结构。

相对于框架结构由柱和梁等构件组成，剪力墙结构是由面组成的结构形式。如果将框架结构比作桌子，那么剪力墙结构就是纸箱。纸箱上会开孔，作为窗户和门，若没有墙，就无法支撑上部重量。上下层支撑重量的墙（承重墙）必须在相同的位置。窗户上方的墙会作为连梁保留下来，否则无法支撑楼板，也不能维持纸箱的稳固。

剪力墙结构没有烦人的柱梁，令人感觉很清爽，但是不能设置较大的洞口，承重墙较多，改造起来也比较麻烦，不适合用于商业设施（大空间）。这种结构形式适合上下层都是相同平面的住宅。

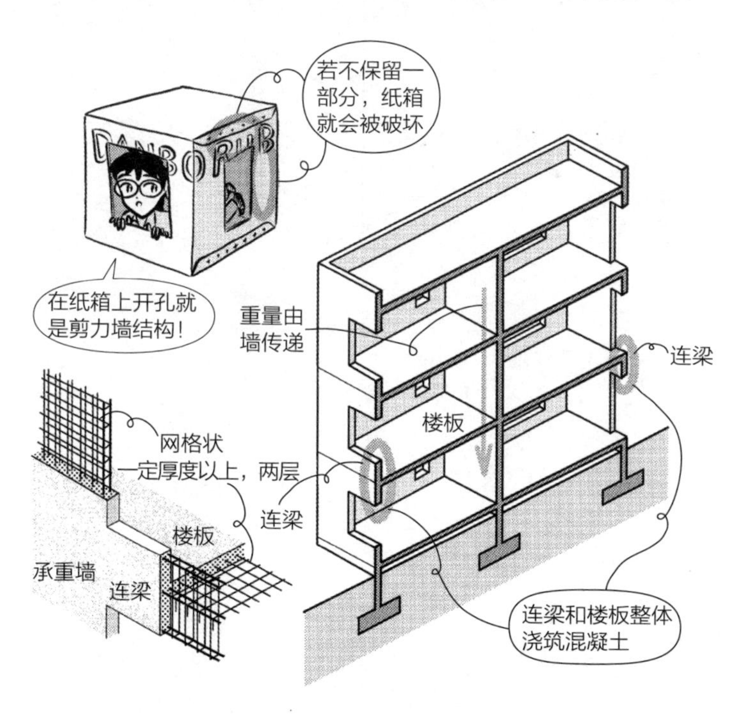

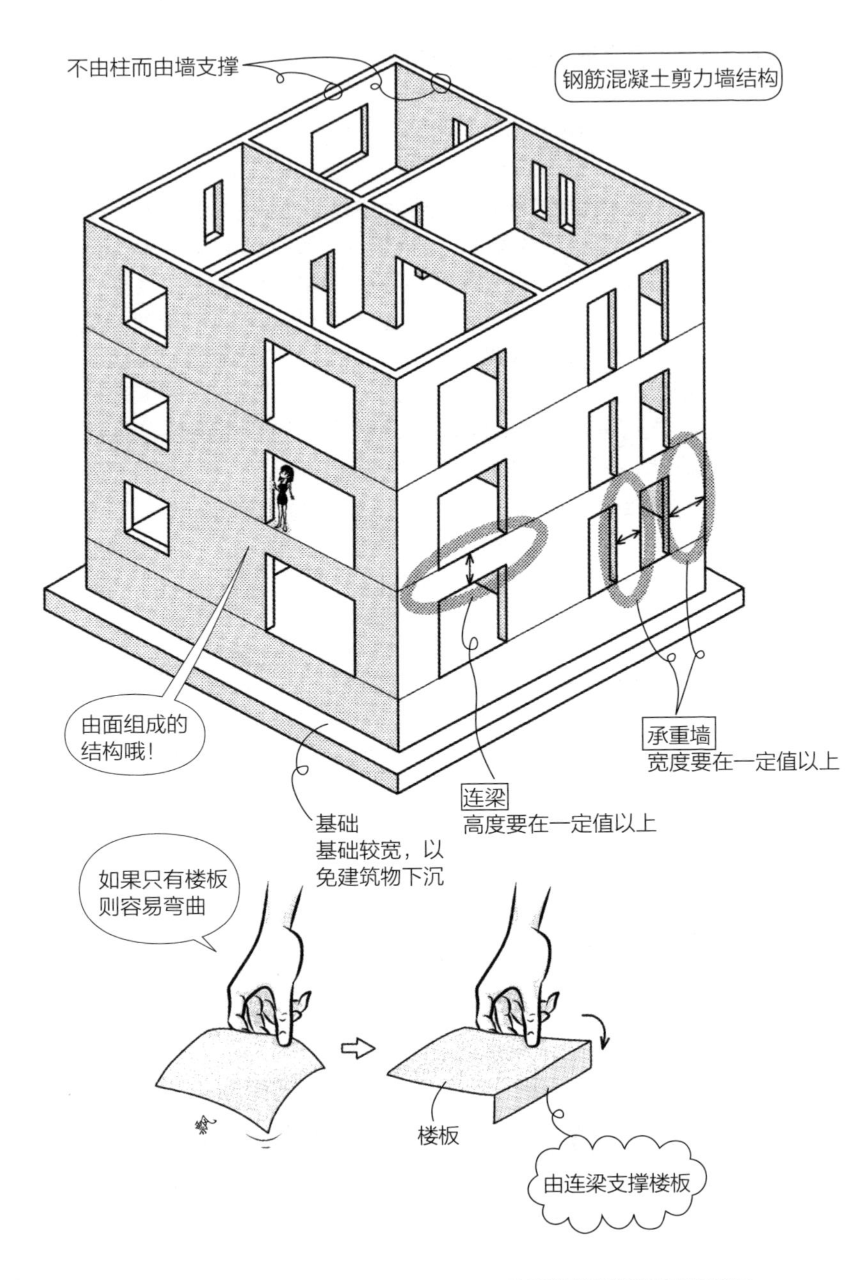
不由柱而由墙支撑
钢筋混凝土剪力墙结构
由面组成的
结构哦！
承重墙
宽度要在一定值以上
连梁
高度要在一定值以上
基础
基础较宽，以
免建筑物下沉
如果只有楼板
则容易弯曲
楼板
由连梁支撑楼板

Q 什么是预制混凝土（PCa）墙体结构？

▼

A 在现场将预制混凝土板进行组装，由墙支撑的结构。

预制（precast）是指预先（pre）放入模具中进行制造（cast）。将铁熔化后放入模具中制作而成的，称为铸铁（cast iron）。铸造（cast）就是放入模具中制造意思。
钢筋混凝土最普通的做法是，在现场支模板，在里面绑扎钢筋，再把混凝土倒入凝固。而预制混凝土则是在工厂制作的模板中绑扎钢筋，然后浇筑混凝土。一边在下方加以振动，一边在金属制的模板中水平浇筑混凝土，即使是水分较少的混凝土也能填充均匀，制作出密实的混凝土。除了用于结构构件的墙板、楼板，也常用于制作外部装饰材料的墙板（curtain wall：幕墙）等。
预制混凝土（precast concrete）取 precast 的缩写 PCa。也有人称为 PC，但 PC 常作为预应力混凝土的缩写，为避免混淆，还是使用 PCa 更加合适。

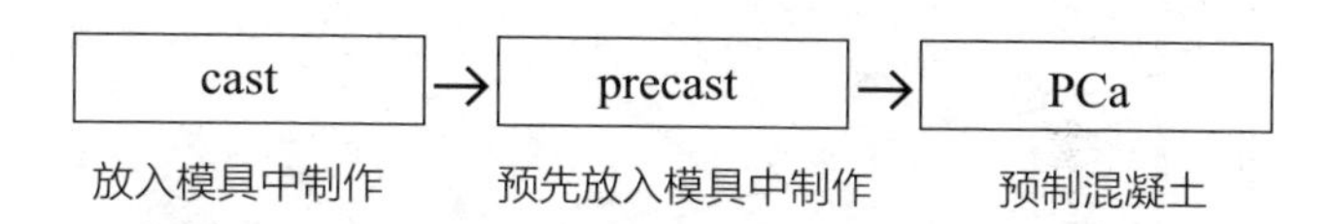

预制混凝土墙体结构，就是将在工厂制作的预制混凝土墙板、楼板等由货车运到现场进行组装的墙体结构。为了固定连接处，钢筋之间会用金属构件或焊接进行连接。由于钢筋之间的焊接是喇叭形状的截面，所以称为喇叭形焊接。焊接作业一般使用电弧放电的热能，即电弧焊接。

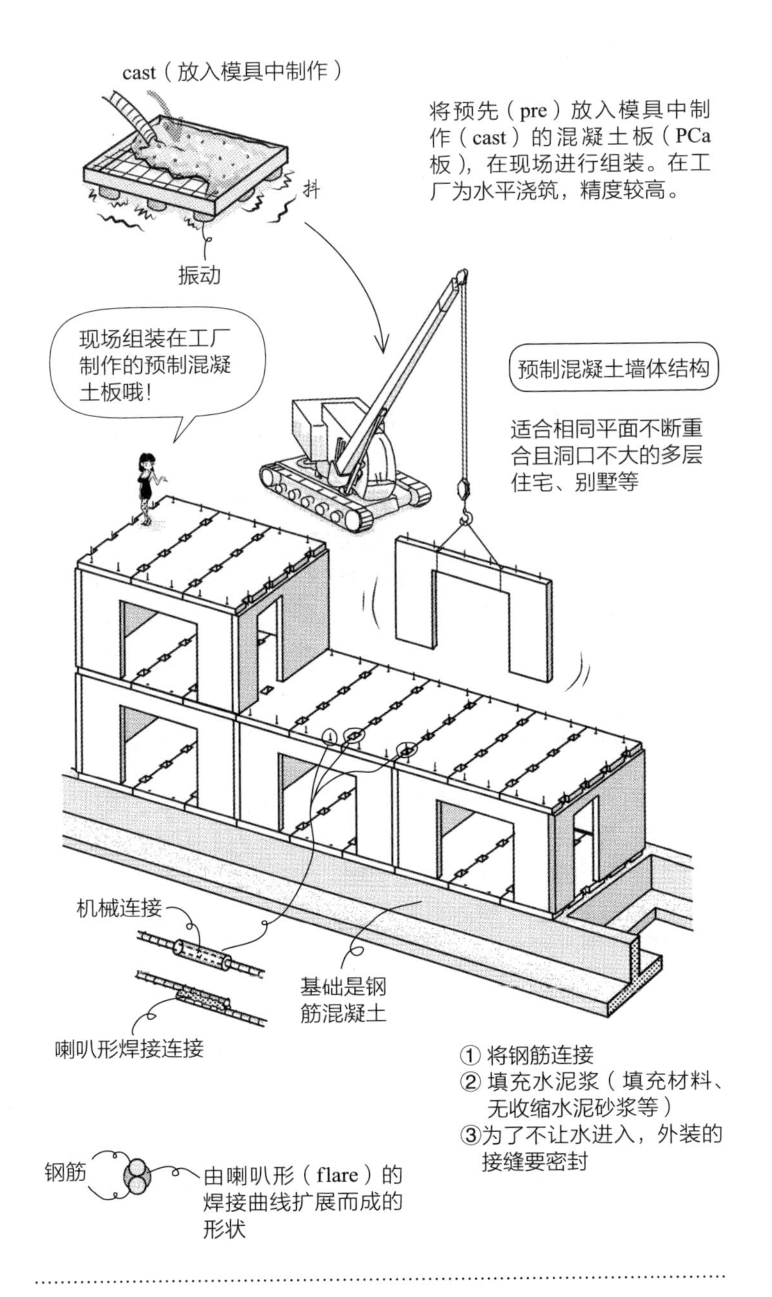

cast（放入模具中制作）
将预先（pre）放入模具中制作（cast）的混凝土板（PCa板），在现场进行组装。在工厂为水平浇筑，精度较高。
抖
振动
现场组装在工厂制作的预制混凝土板哦!
预制混凝土墙体结构
适合相同平面不断重合且洞口不大的多层住宅、别墅等
机械连接
基础是钢筋混凝土
喇叭形焊接连接
① 将钢筋连接
② 填充水泥浆（填充材料、无收缩水泥砂浆等）
③为了不让水进入，外装的接缝要密封
钢筋
由喇叭形（flare）的焊接曲线扩展而成的形状

Q 什么是预应力混凝土（PC）结构?

▼

A 梁和楼板等，在实际承受荷载作用之前，预先对高强度钢筋施加拉力的结构。

预先（pre）施加应力（stressed）的混凝土（concrete）结构，称为预应力混凝土（prestressed concrete）结构（PC 结构、PRC 结构）。预先使混凝土凝固，再运至现场的预制混凝土，也可缩写为 PC，但容易与预应力混凝土混淆，因此常缩写为 PCa。
施加拉力在梁上时，梁截面会产生压应力，能避免抗拉能力较弱的混凝土开裂。另外，受拉钢筋在中央呈现向下弯的曲线形状，可以产生向上压的力。

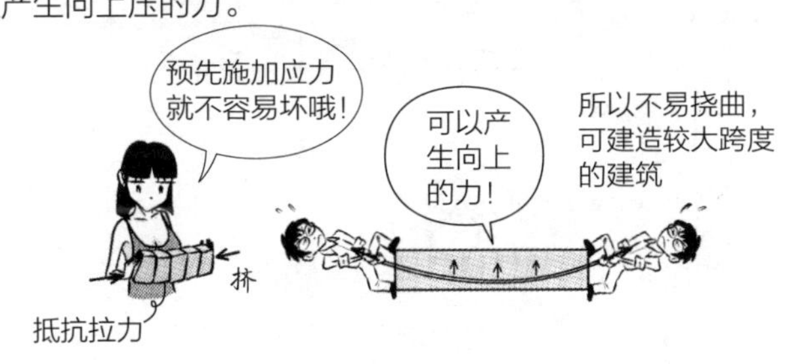

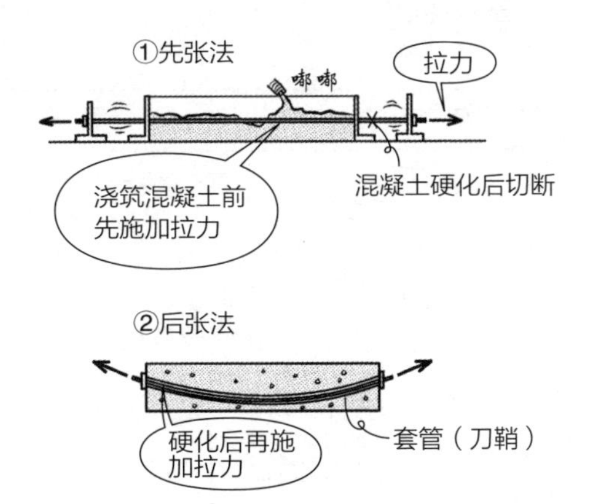

● 在钢筋混凝土框架结构中，可以同时使用一部分预应力混凝土结构。

①在现场把套管穿过梁。

后张法

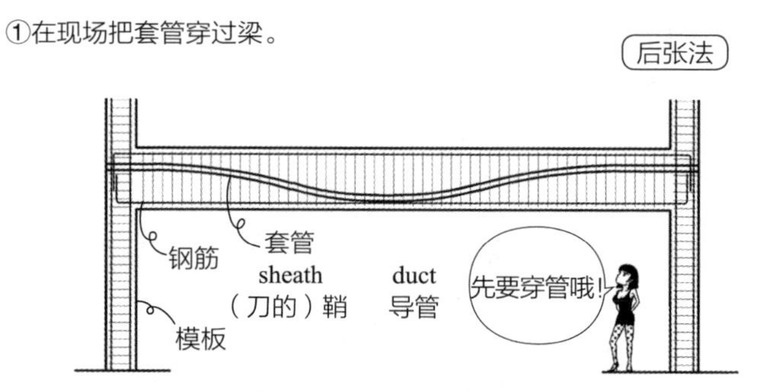

②浇筑混凝土后，将预应力筋穿入套管内并施加拉力。
post　tension

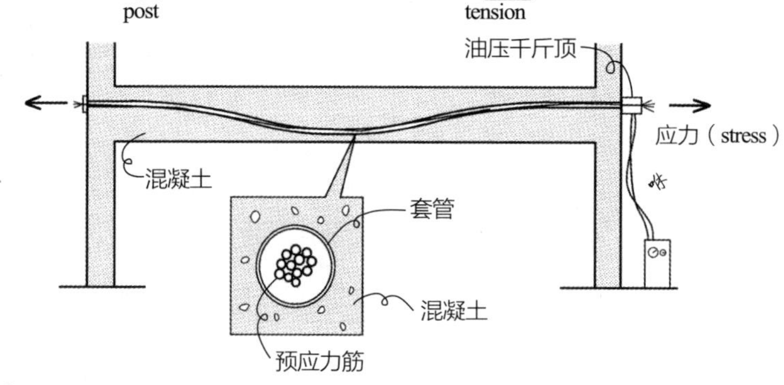

③往套管内灌入水泥浆固定。

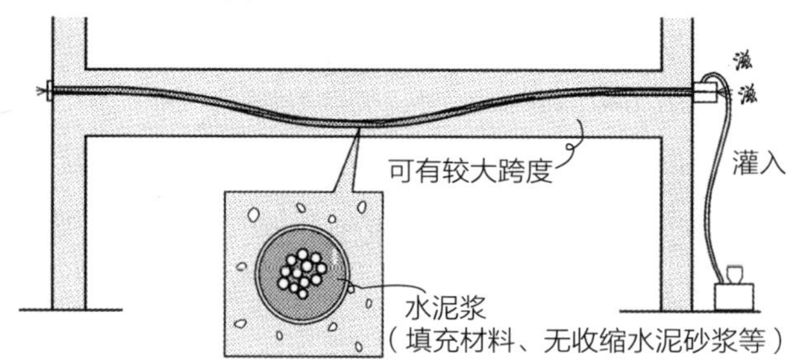

预应力混凝土结构使用的张拉材料称为预应力钢材。预应力钢材有预应力钢绞线，再粗一些的预应力钢筋，还有棒状的预应力钢棒。套管内灌入水泥浆（填充材料）固定的是有黏结预应力工法，不灌入水泥浆的是无黏结预应力工法。

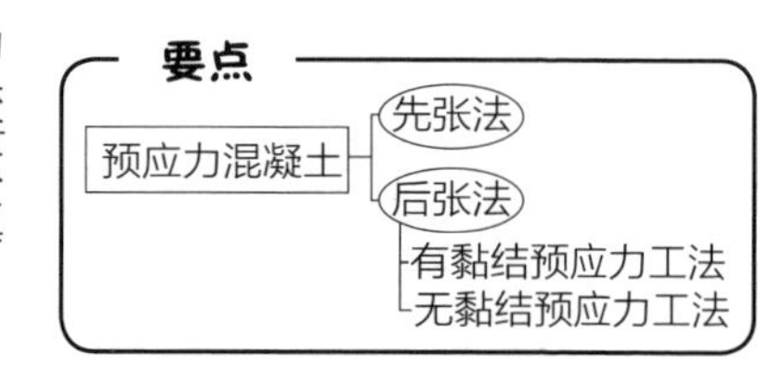

Q 什么是钢框架结构?

▼

A 钢柱和钢梁以刚接组合而成的结构。

S 是 steel（钢）的缩写，即钢材。大部分流通的铁（iron）都是含有一定量的碳的钢。钢框架结构可以比作铁制的桌子。桌腿（柱）和板下的横撑（梁）始终保持直角。柱一般用中空的方形钢管，梁一般用 H 型钢。柱和梁的连接方式是，在工厂预先用托架（bracket）等的接头进行焊接，现场再用高强螺栓连接。焊接尽量在工厂内进行，可靠性更高。

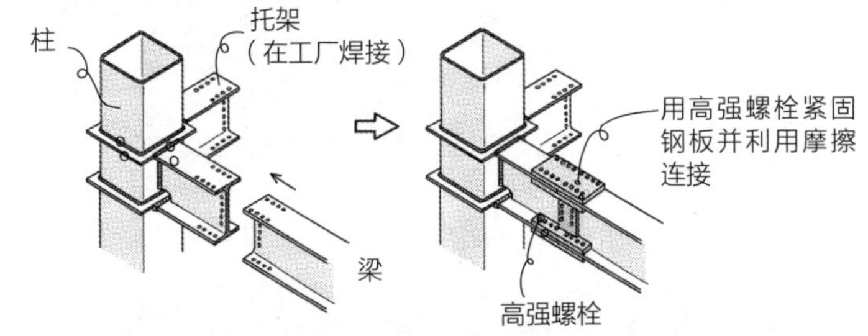

一般以压型钢板为楼板架在梁上，在上面铺设钢筋并浇筑混凝土。

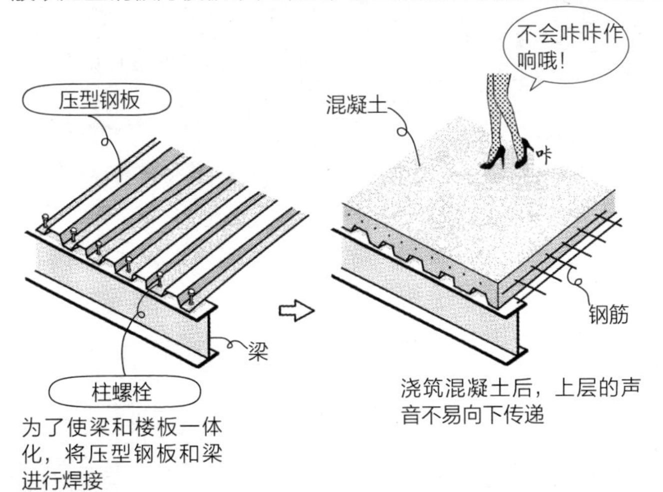

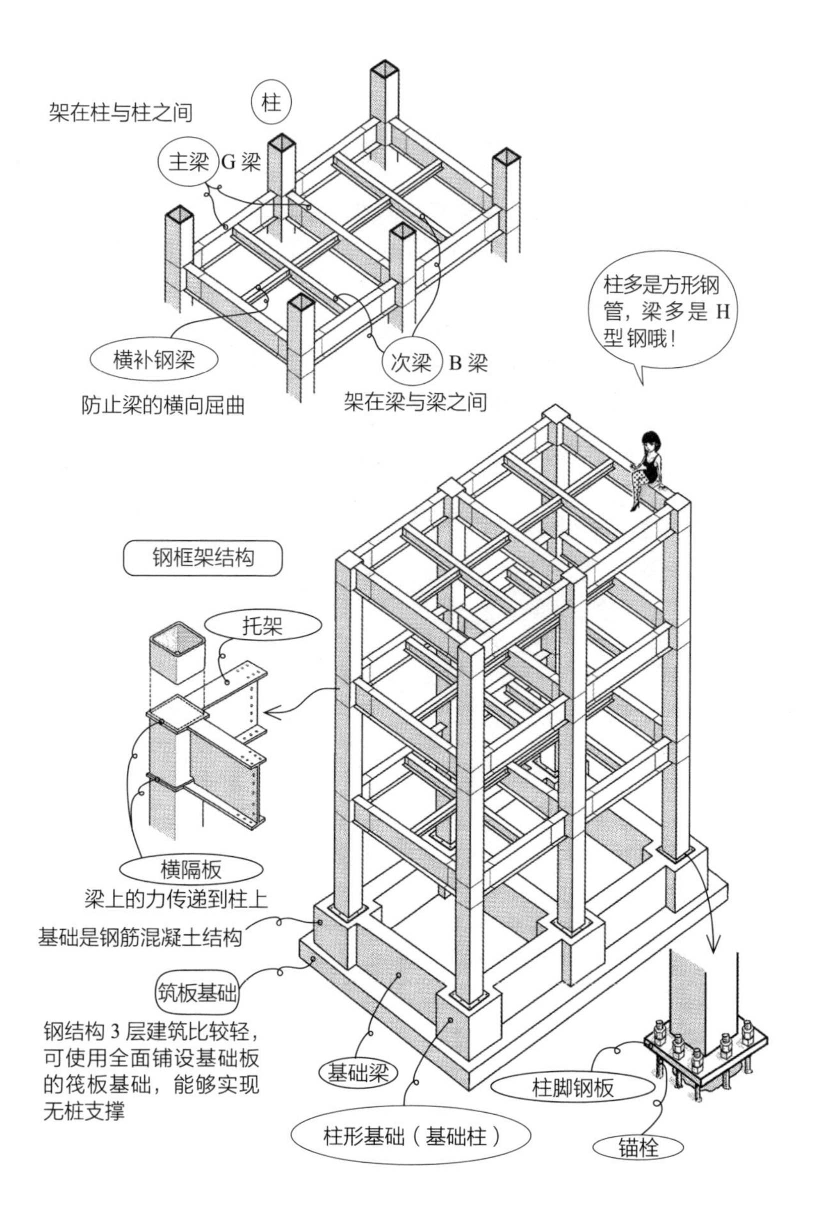

架在柱与柱之间
柱
主梁 G 梁
横补钢梁
防止梁的横向屈曲
次梁 B 梁
架在梁与梁之间
柱多是方形钢管，梁多是 H 型钢哦！
钢框架结构
托架
横隔板
梁上的力传递到柱上
基础是钢筋混凝土结构
筑板基础
钢结构 3 层建筑比较轻，可使用全面铺设基础板的筏板基础，能够实现无桩支撑
基础梁
柱形基础（基础柱）
柱脚钢板
锚栓

Q 什么是带支撑的钢框架结构？

▼

A 钢柱和钢梁为刚接，在各处加入支撑以抵抗地震水平力的结构。

支撑（brace）用于防止柱倾斜时，柱梁变形成平行四边形。框架的柱梁为刚接，可以保持直角，加入支撑可以补强其抗水平力。因此比起纯框架结构，柱梁的截面尺寸可以更小。钢筋混凝土框架 – 剪力墙结构也是相似的形式。

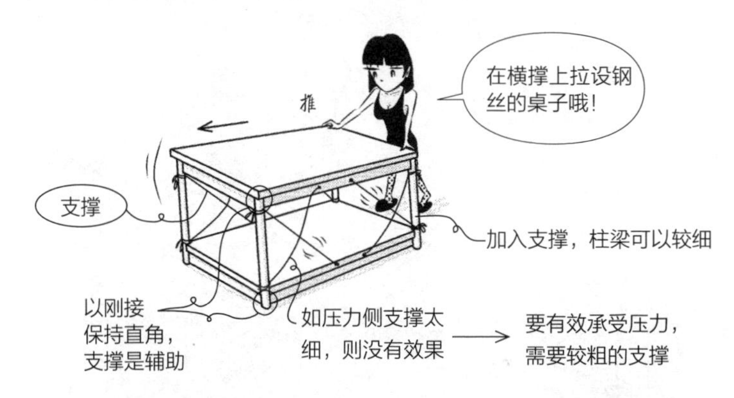

细支撑受压时容易松弛屈曲，只对抗拉有效。地板铺设蒸压轻质混凝土（autoclaved light-weight concrete, ALC）板时，可以在地面加入支撑来保持刚性。

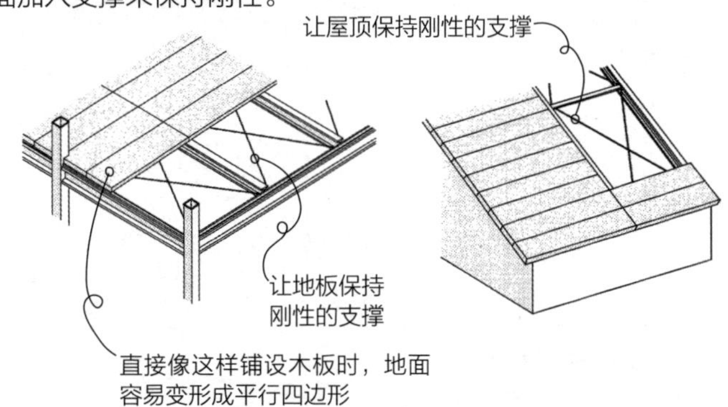

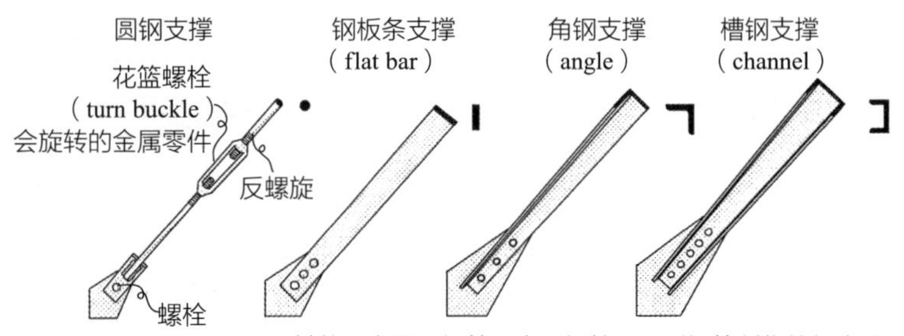

其他还有圆形钢管、方形钢管、H 型钢等制作的粗支撑

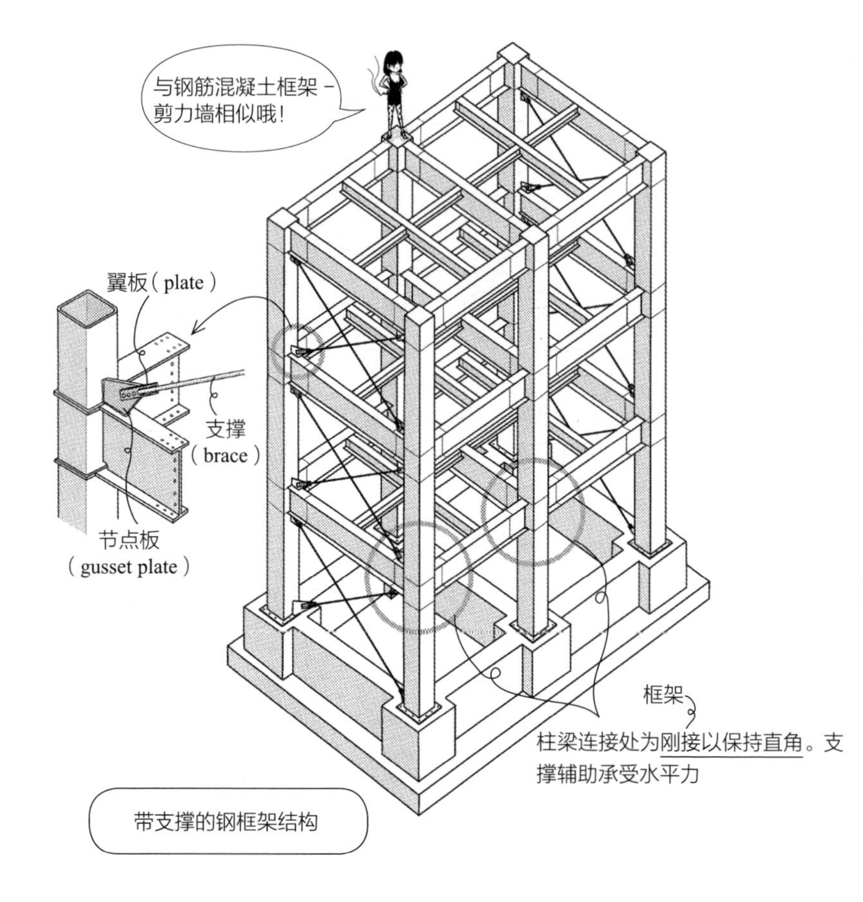

带支撑的钢框架结构

Q 什么是单向钢框架结构?

▼

A 钢的柱梁在单一方向以刚性连接，另一方向以支撑保持直角的结构。

单向钢框架结构是将门形框架排列成隧道状的结构。梁的架设方向为框架，纵深方向设置支撑，使门形不会倾倒。纵深方向的墙都有支撑，是适合工厂、仓库、体育馆等的结构方式。

把门形框架做成屋顶形状的称为山形框架，常用于小型工厂。支承和梁中央部位都为铰接（pin）的是三铰框架。可单以力的平衡状态求出反力、内力的静定结构，也会随着地面变形或构件移动而产生移动。与埃菲尔铁塔同时期建造的巴黎世博会机械馆[1889 年，由 F. 都特（F. Dutert）和 V. 康塔明（Victor Contamin）设计] 就是运用三铰框架实现巨大空间的成功案例。

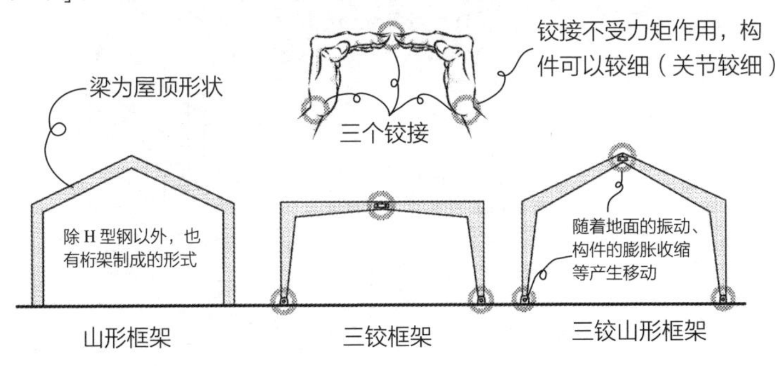

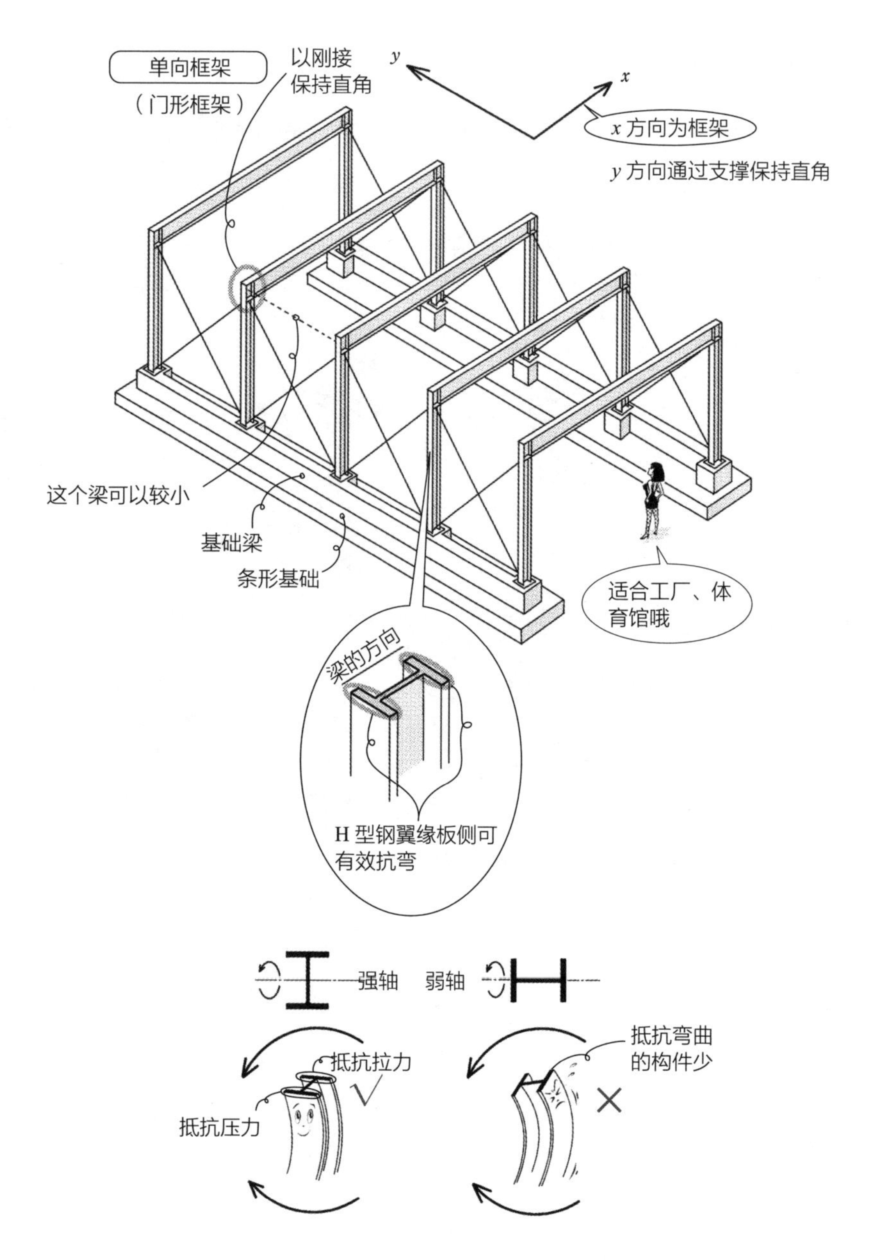

单向框架
（门形框架）
以刚接
保持直角
y
x
x 方向为框架
y 方向通过支撑保持直角
这个梁可以较小
基础梁
条形基础
适合工厂、体育馆哦
梁的方向
H 型钢翼缘板侧可有效抗弯
强轴
弱轴
抵抗拉力
抵抗压力
抵抗弯曲的构件少

Q 什么是钢骨钢筋混凝土（SRC）框架结构?

A 钢骨钢筋混凝土的柱和梁以刚接组合而成的结构。（译注：把型钢埋入钢筋混凝土框架结构中的结构，我国称为型钢混凝土组合结构）

在钢骨（steel，S）框架的周围用钢筋混凝土（reinforced concrete，RC）包围的结构。与钢筋混凝土框架－剪力墙结构一样，可在重点位置布置钢筋混凝土剪力墙。

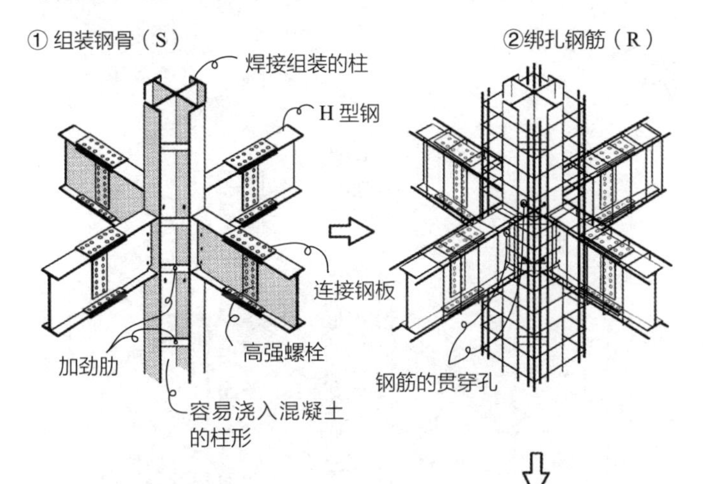

柱可使用钢板焊接组装的十字形、L形、T形，也可使用方形钢管、圆形钢管。若混凝土不易浇入钢管内，可从下部压灌到顶部。

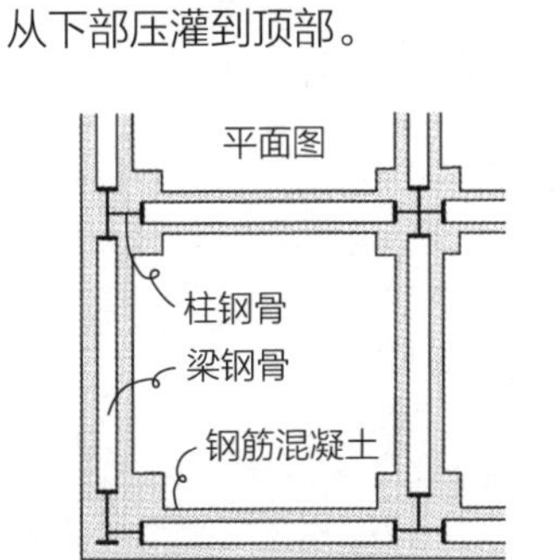

③ 浇筑混凝土（C）

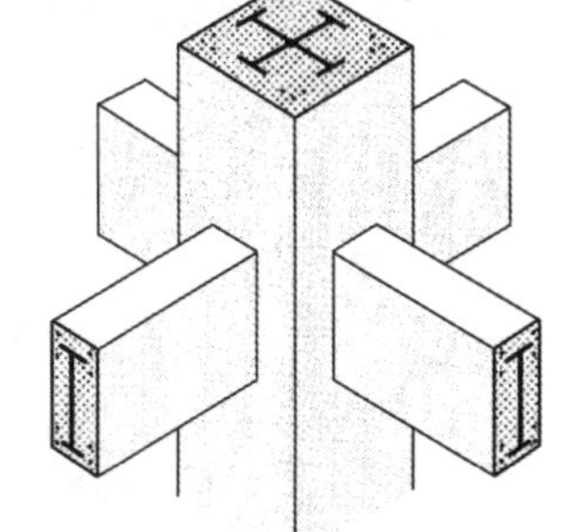

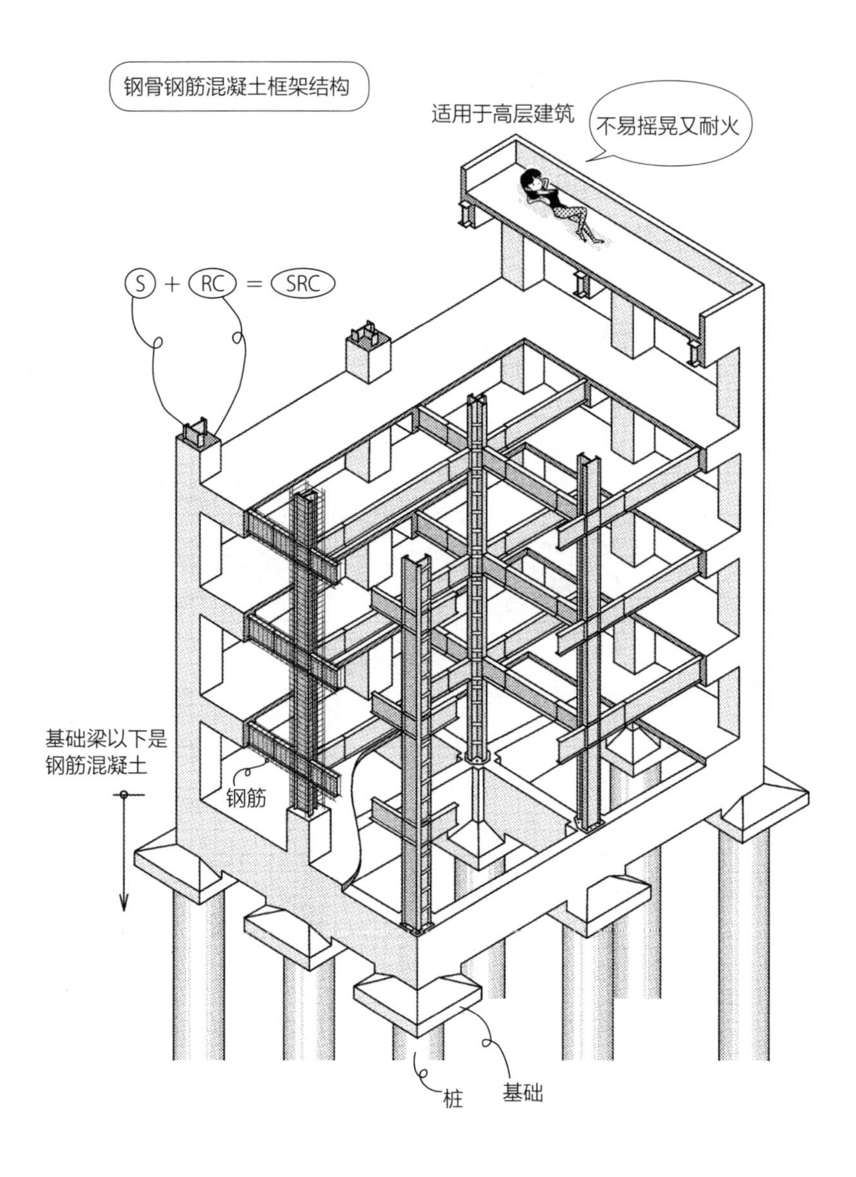
钢骨钢筋混凝土框架结构
适用于高层建筑
不易摇晃又耐火
S + RC = SRC
基础梁以下是
钢筋混凝土
钢筋
桩
基础

Q 什么是轻型钢（LGS）结构?

A 由板厚 6mm 以下的钢板组成柱梁，在墙和楼板上加入支撑的结构。

可以想成将木框架替换成轻钢框架的结构，可以制作出许多较细、较轻的柱。柱梁的连接不是刚接，而是铰接，容易变形成平行四边形，因此要在墙和楼板中加入支撑，也称为支撑结构。主要使用 2.3 ~ 4.5mm 厚的构件，大部分是由钢板弯折而成的 C 型钢（凸缘槽钢）。其他还有延压而成的小型 H 型钢、L 型钢（山形钢、角钢）、方形钢管等。

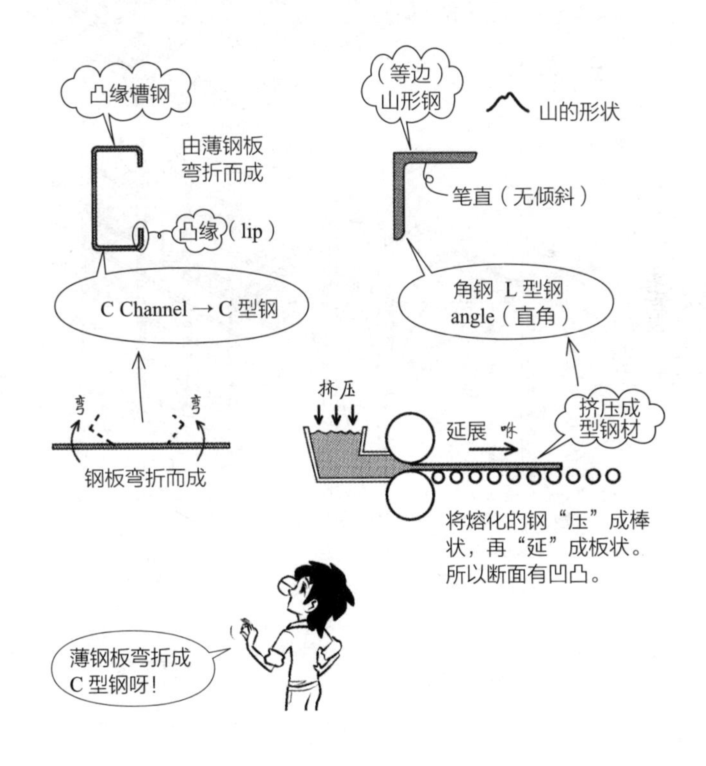

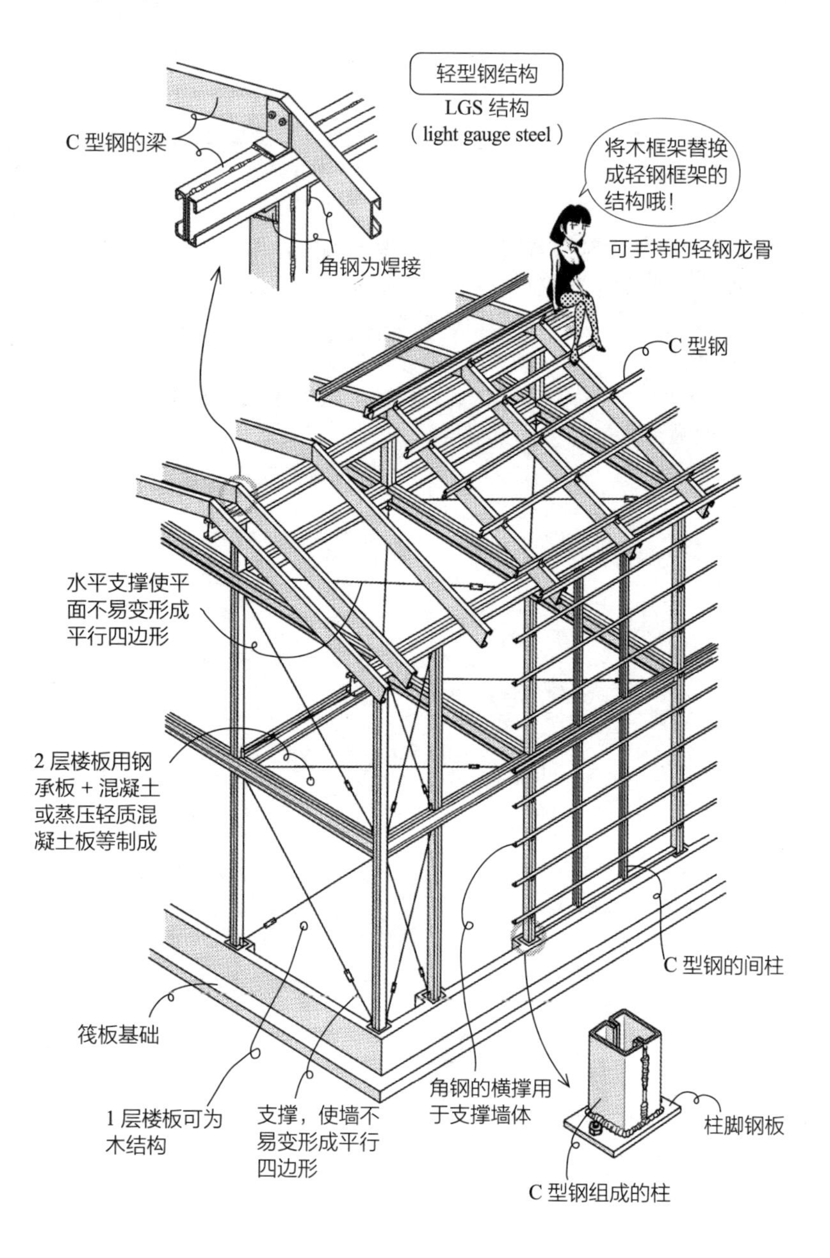
轻型钢结构
LGS 结构
(light gauge steel)
C 型钢的梁
角钢为焊接
将木框架替换成轻钢框架的结构哦!
可手持的轻钢龙骨
C 型钢
水平支撑使平面不易变形成平行四边形
2 层楼板用钢承板 + 混凝土或蒸压轻质混凝土板等制成
筏板基础
1 层楼板可为木结构
支撑，使墙不易变形成平行四边形
角钢的横撑用于支撑墙体
C 型钢的间柱
柱脚钢板
C 型钢组成的柱

Q 什么是加筋混凝土砌体（CB）结构?

▼

A 用钢筋补强的混凝土砖，向上堆砌制成墙，上方再进行钢筋混凝土结构的梁和楼板施工的结构。

用砖材和石材等堆砌组合的砌体结构，在地震频繁的日本很容易崩塌。因此不能只组砌空洞的混凝土砖，还要有钢筋和水泥砂浆的水平力作用，才不容易被破坏。楼板是钢筋混凝土结构的，且楼板需要梁作支撑，所以在墙的上半部附有钢筋混凝土梁。加筋混凝土砌体结构的梁称为卧梁。其他相似的结构还有使用模板状混凝土砖的模板混凝土砌体结构。

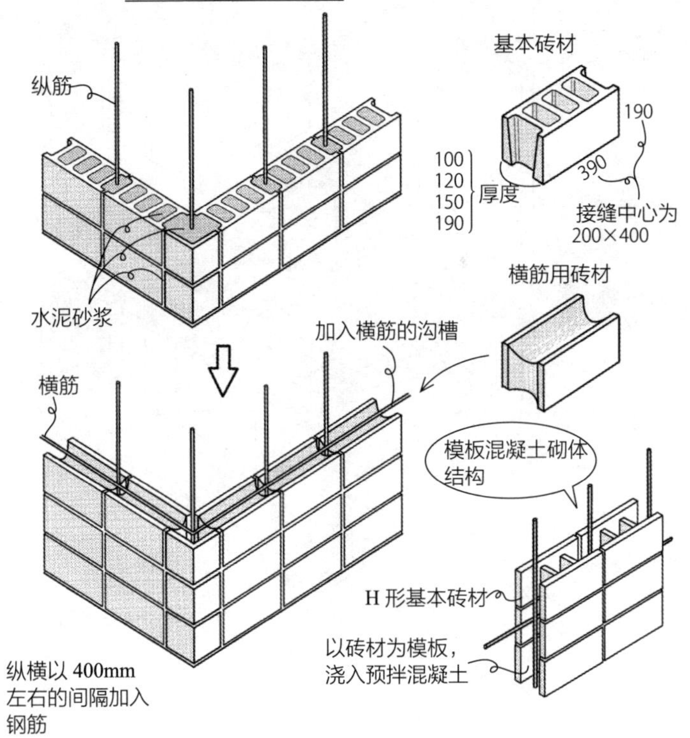

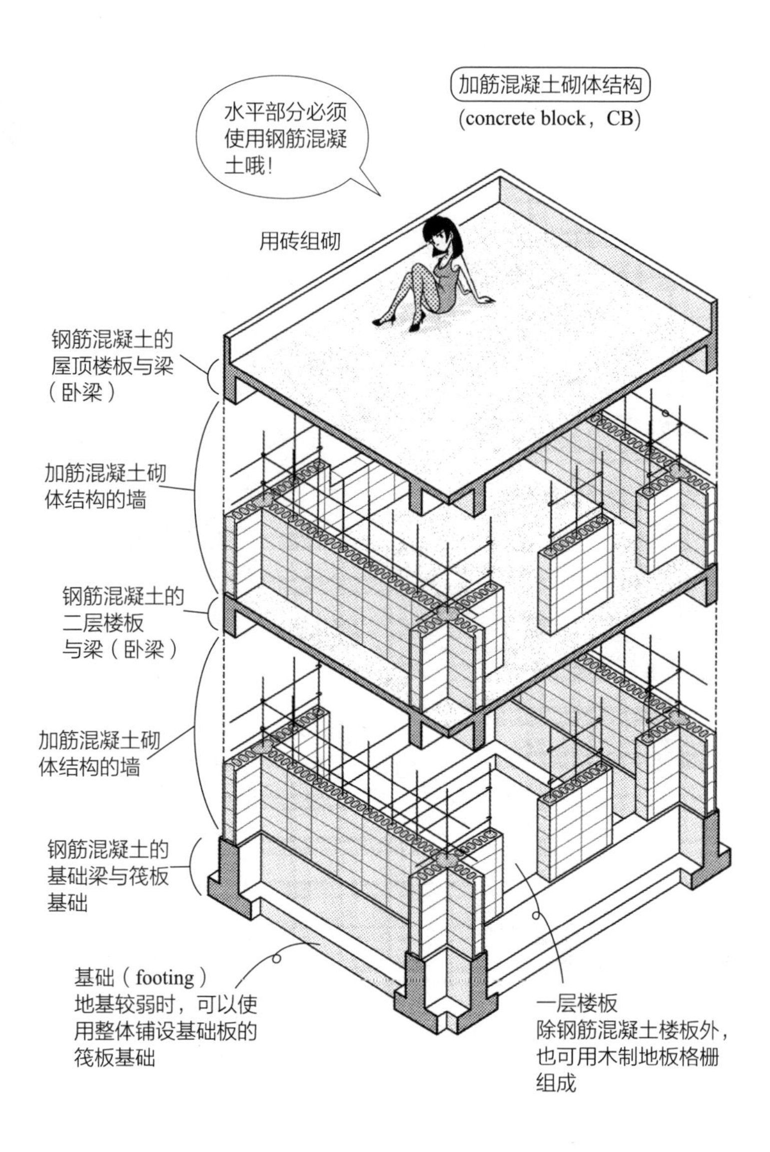
加筋混凝土砌体结构
(concrete block，CB)
水平部分必须使用钢筋混凝土哦!
用砖组砌
钢筋混凝土的屋顶楼板与梁（卧梁）
加筋混凝土砌体结构的墙
钢筋混凝土的二层楼板与梁（卧梁）
加筋混凝土砌体结构的墙
钢筋混凝土的基础梁与筏板基础
基础（footing）
地基较弱时，可以使用整体铺设基础板的筏板基础
一层楼板
除钢筋混凝土楼板外，也可用木制地板格栅组成

下面总结一下结构框架形式。请记住钢筋混凝土（RC）结构、钢（S）结构、钢骨钢筋混凝土（SRC）结构、加筋混凝土砌体（CB）结构。

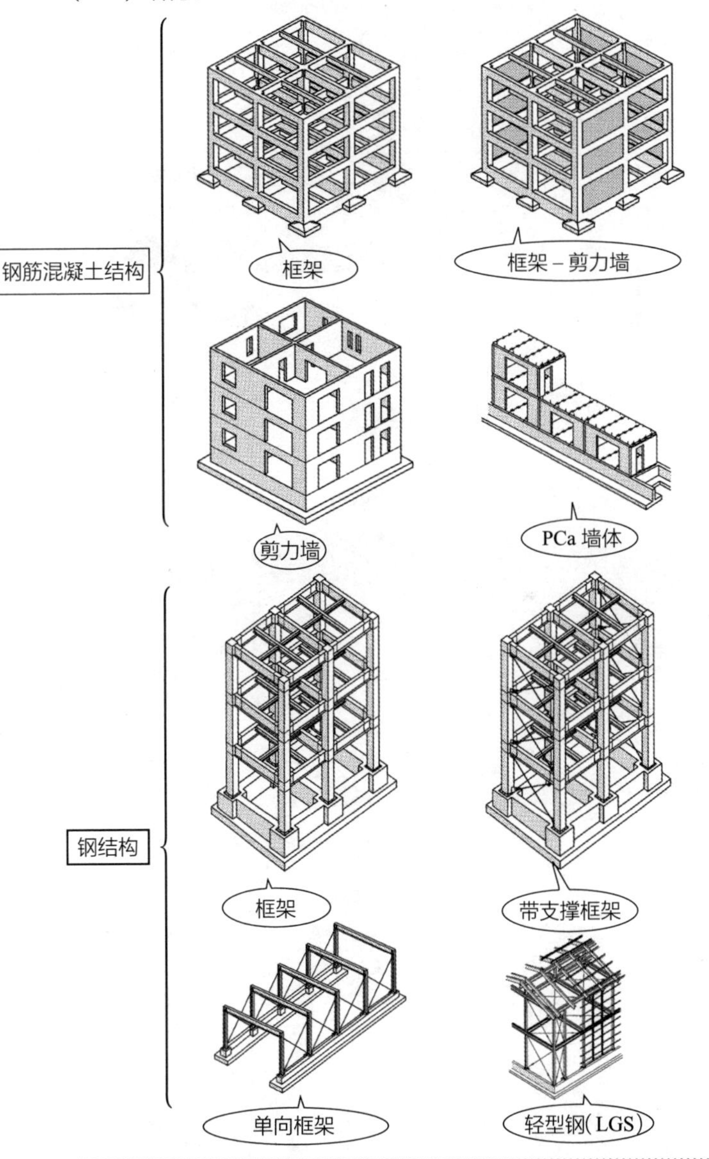

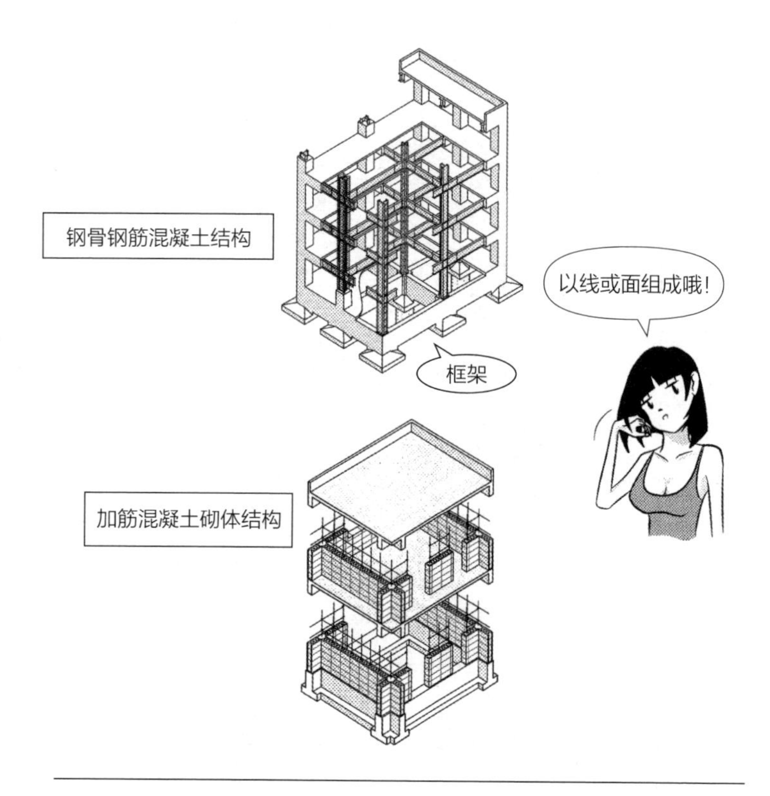

钢筋混凝土（reinforced concrete）	钢（steel）	钢骨钢筋混凝土（S+RC）	轻型钢（light gauge steel）

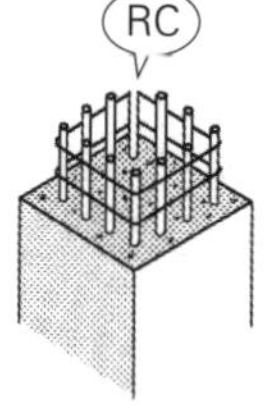

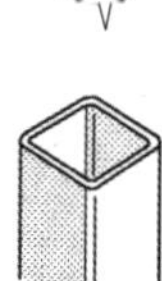

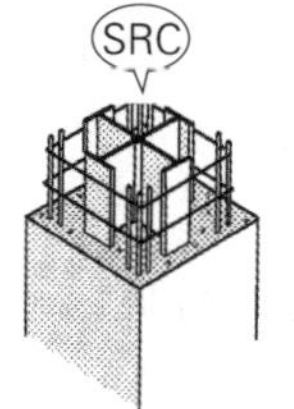

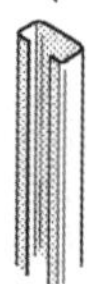

柱的形式

Q 1. 在混凝土凝结硬化初期，如果水分太少，水泥发生的水化反应所需的水分不足，会对混凝土强度的上升产生影响。
2. 混凝土在水中养护的强度大于在空气中养护的强度。
3. 水泥进行水化反应后，随着时间的推移逐渐干燥，强度跟着增大，为气硬性材料。

A 水化反应是指水泥与水融合产生硬化的反应，其性质称为水泥的水硬性。题目 3 的气硬性是错误的，正确是水硬性。水泥不是因为干燥而硬固，而是通过水化反应而凝结硬化。如果水化反应所需的水分不足，就会影响凝结硬化的效果（1 正确）。为了防止模板吸收水分，在浇筑混凝土前要先将模板用水浸湿，在浇筑混凝土后向其表面洒水，盖上薄膜或草席等，防止水分不足引起硬化不良。现场基本都是湿法养护（moist curing）。

放入水桶或铁桶中进行水中养护，能随时补充水分，相比表面水分容易因蒸发而消失的空气养护，水中养护的强度会更好（2 正确）。

答案 ▶ **1.** 正确 **2.** 正确 **3.** 错误

Q 1. 波特兰水泥中，为了调整凝结硬化时间，会混合石膏。
2. 水泥的颗粒越大，混凝土越早产生初期强度。
3. 长期放置后的水泥制成的混凝土，其抗压强度会降低。

A 一般使用的水泥多是波特兰水泥，因为很像英国波特兰岛产的石灰石，故而得名。

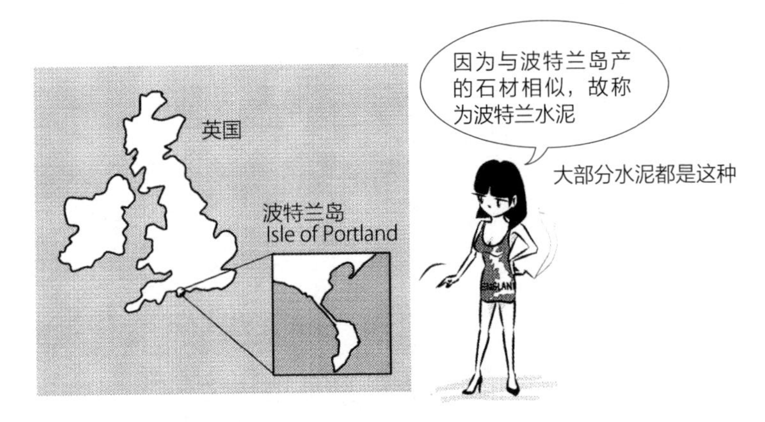

在石灰石中加入黏土进行煅烧，最后加入石膏的粉末状物质，称为水泥。添加石膏是为了调整凝结硬化的时间（1 正确）。水泥颗粒越小，越容易与周围的水进行水化反应，越快产生强度（2 错误）。另外，水泥越旧，强度越差（3 正确）。

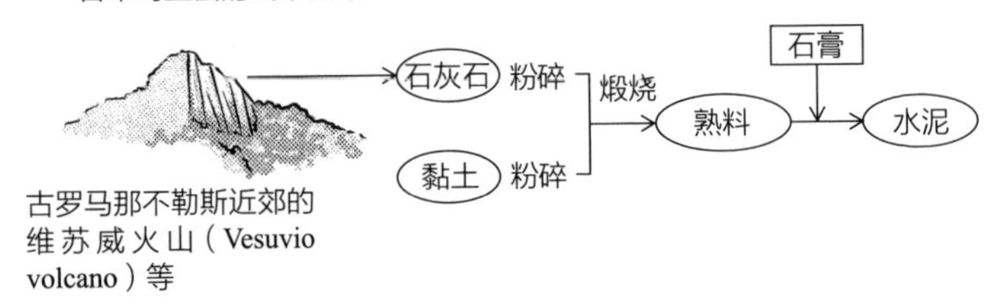

加水后凝结硬化的水泥被用于金字塔中，在古罗马时期更是被广泛使用。

答案 ▶ **1.** 正确 **2.** 错误 **3.** 正确

Q 1. 水泥在水化反应下产生 $Ca(OH)_2$，表示水化后的水泥是碱性的。
2. 新拌混凝土的氢离子浓度（pH）是 12 ~ 13 的碱性，钢筋有生锈的可能性。

A 表示氢离子（H^+）浓度的 pH（酸碱值）=7 是中性，pH > 7 是碱性，pH < 7 是酸性。pH > 7 表示氢离子较少，氢氧根离子（OH^-）较多的状态。水泥是碱性的，制作出的水泥砂浆（水泥 + 砂子）、混凝土（水泥 + 砂子 + 砾石）也是碱性的。
水泥中富含 CaO（氧化钙），水化后生成 $Ca(OH)_2$（氢氧化钙），释放出 OH^-，成为碱性（1 正确）。

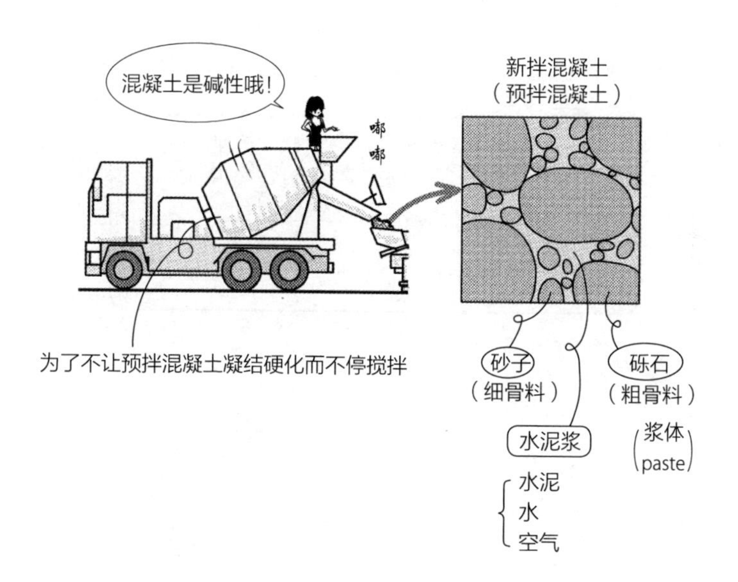

施工现场混合搅拌后，还未凝结硬化的混凝土称为新拌混凝土（新鲜混凝土），与预拌混凝土（搅拌均匀的混凝土：指相对于现场混合的工厂制品）几乎是同义。混凝土的强碱性可以防止钢筋生锈（氧化）（2 错误）。

答案 ▶ **1.** 正确 **2.** 错误

Q 1. 混凝土的中性化是指混凝土中的水化物与空气中的二氧化碳逐渐产生反应。

2. 水灰比越大，混凝土的中性化进行得越慢。

3. 混凝土的抗压强度越大，中性化速度越慢。

A 混凝土（水泥）的中性化，是水化反应产生的氢氧化钙 $Ca(OH)_2$ 与空气中的二氧化碳 CO_2 反应，生成碳酸钙 $CaCO_3$，将碱性中和为中性（1 正确）。

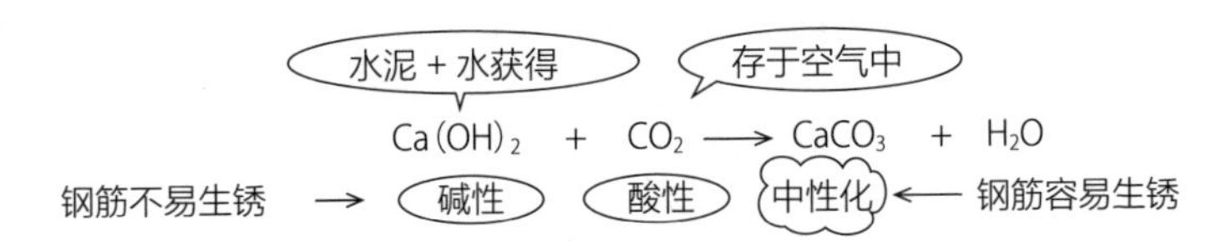

水灰比即水的质量 / 水泥的质量。水灰比较大时，混凝土强度降低。

要点

依照水灰比的文字顺序是水 ÷ 水泥

$$水灰比（W/C）= \frac{水（kg）}{水泥（kg）}$$

易产生水泡→ W/C 较大时，混凝土强度较低

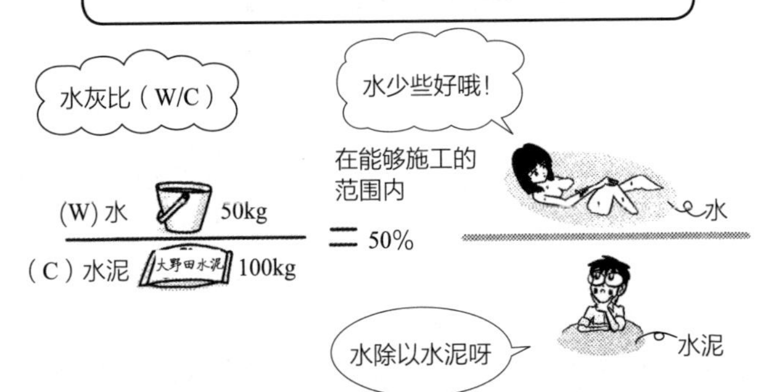

水灰比大时，无法制造出密实的混凝土，强度也会变小。另外，由于混凝土不够密实，使 CO_2 容易进入，会导致混凝土中性化变快（2 错误）。若要有较大的强度，水灰比就要较小，混凝土中性化也会较慢（3 正确）。

答案 ▶ **1.** 正确 **2.** 错误 **3.** 正确

Q 1. 水灰比越大，混凝土的抗压强度越小。

2. 混凝土的抗压强度，相较于灰水比为 1.5，灰水比为 2.0 时会较小。

3. 使用普通波特兰水泥进行普通混凝土的配合比设计时，水灰比可为 60%。

A 水灰比 W/C 越大，表示水的分量越多，形成松散的混凝土，强度也较小（易产生水泡）（1 正确）。水灰比的倒数即灰水比 C/W，与强度的关系呈一条右斜向上的直线。C/W 为 2.0 的混凝土比 C/W 为 1.5 的混凝土，抗压强度要大（2 错误）。

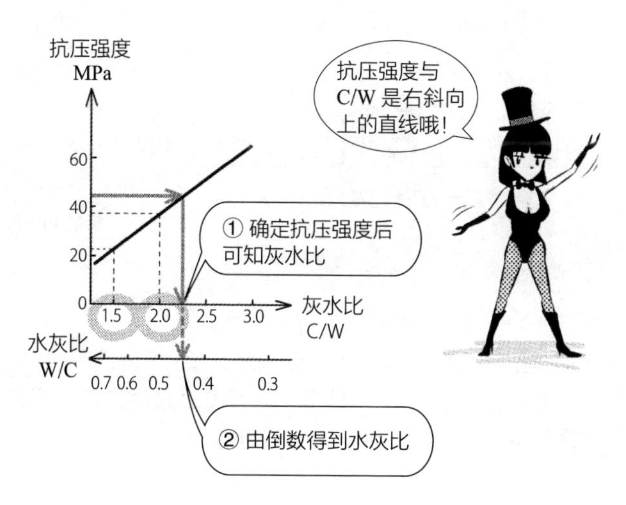

W/C 与抗压强度的图形为曲线

普通混凝土可通过砾石（粗骨料）的种类（普通、轻质）进行分类。使用普通波特兰水泥制作的普通混凝土的水灰比在 65%以下（JASS 5，3 正确）。

● 译注：JASS 是由日本建筑学会制定的日本建筑标准规范，JASS 5 是关于钢筋混凝土工程的部分。

答案 ▶ **1.** 正确　**2.** 错误　**3.** 正确

Q 使用普通波特兰水泥进行普通混凝土相关的配合比设计时：

1. 单位用水量是 200kg/m³。
2. 单位水泥用量是 300kg/m³。

A 单位用水量、单位水泥用量是以 1m³ 预拌混凝土（新拌混凝土）为单位。每 1m³ 的质量以 kg 表示。混凝土的配合比方式，相对于用容器测量容积，测量质量更为准确。由于砾石和砂子都有缝隙（空隙），所以用几个桶测量出的容积，也会包含缝隙的量。

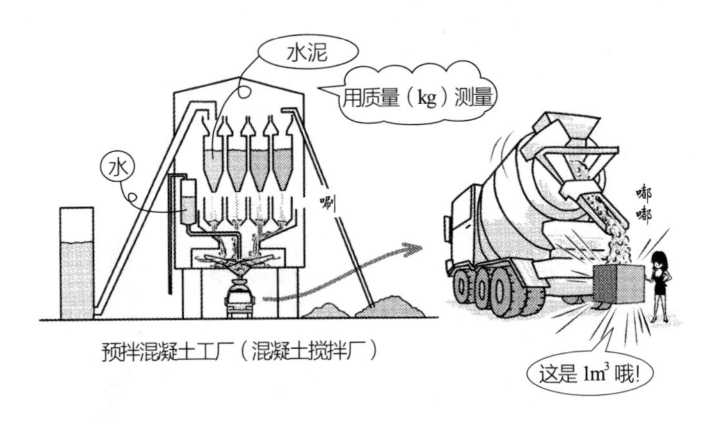

预拌混凝土工厂（混凝土搅拌厂）

在水泥凝结硬化范围内，水越少越好，单位用水量在 185kg/m³ 以下（1 错误）。另外，水泥越多，混凝土就越密实，强度越大，单位水泥用量在 270kg/m³ 以上（2 正确）。

答案 ▶ **1.** 错误 **2.** 正确

Q 1. 伴随着混凝土干燥收缩而产生的裂缝，单位用水量越多，越容易发生。

2. 单位骨料用量越多，混凝土的干燥收缩越小。

3. 伴随着混凝土的水化发热而产生的裂缝，单位水泥用量越少，越容易发生。

A 混凝土是由骨料（砂子 + 砾石）和水泥浆（水泥 + 水）组成的。骨料的颗粒用水泥浆黏结在一起。如果水泥浆中的水在与水泥发生水化反应之前就蒸发干燥，水泥浆会收缩，产生裂缝。水越多，干燥收缩越大（1 正确）。

砂子和砾石的颗粒几乎不会收缩。因此，干燥收缩与骨料用量无关，与水和水泥的用量有关（2 错误）。

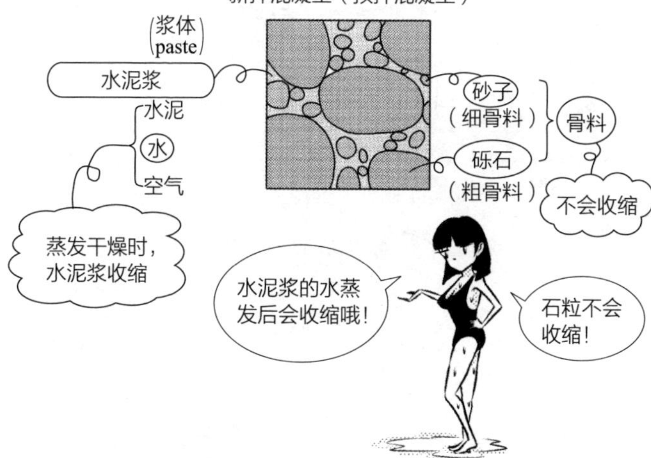

水泥与水会发生水化反应而凝结硬化。发生水化反应时会产生热量，这个热量会引起混凝土的膨胀收缩，从而产生裂缝。单位水泥用量越多，越容易出现因水化发热而产生的裂缝（3 错误）。

要点

水多→蒸发多→干燥收缩引起裂缝

水泥多→水化发热多→膨胀收缩引起裂缝

答案 ▶ **1.** 正确　**2.** 错误　**3.** 错误

Q 1. 坍落度是指将坍落度筒从静止状态垂直往上提起后，混凝土顶部中央下降的高度。

2. 坍落度是指将坍落度筒从静止状态垂直往上提升后，从平板到混凝土中央部位的高度。

3. 单位用水量越多，混凝土的坍落度越大。

A 坍落度是圆台形混凝土“山”的下降量，而不是“山”本身的高度（1 正确，2 错误）。

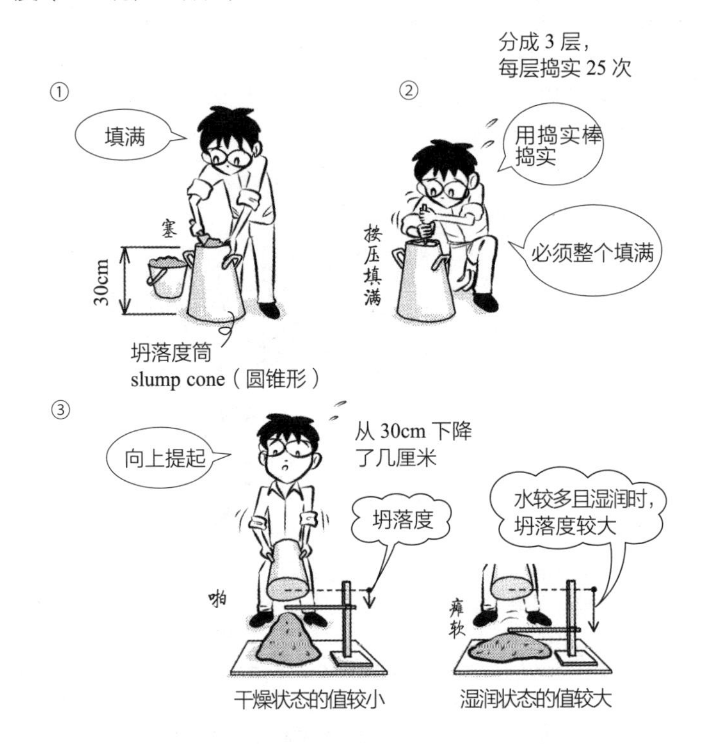

含水量大的混凝土，流动性大，坍落度就大（3 正确）。坍落度是施工性能（施工容易性、工作性能、和易性）的指标，其值越大（湿润至与水接近），表示施工性能越佳。

答案 ▶ **1.** 正确　**2.** 错误　**3.** 正确

Q 1. 混凝土的坍落度越大，表示耐久性越差。

2. 如果品质标准强度小于 33MPa，则普通混凝土的坍落度在 21cm 以下。

A 水多、流动性好、坍落度大的预拌混凝土，其工作性能（施工性能）较好。但是水多的情况下不易生成密实的混凝土，其强度和耐久性都会降低（1 正确）。而水多且流动性好的混凝土，容易发生砾石下沉，水分上浮的泌水现象（bleed：泌水性、析水性）。随着时间推移，水泥和水发生水化反应，水泥浆的流动性降低，出现黏性，就会停止分离砾石。

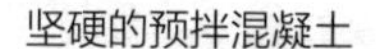

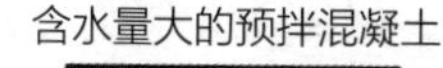

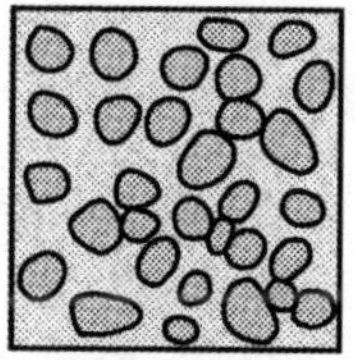

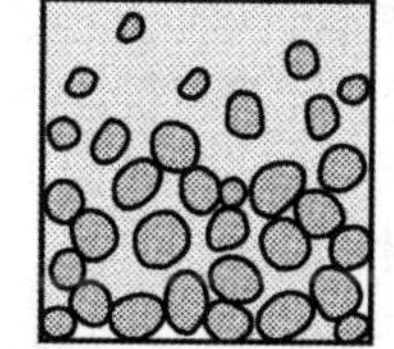

砾石均匀分布　　砾石下沉，水分上浮

含水量大的混凝土，适合使用在不规则构件较多的建筑中的混凝土浇筑工程，或是面积较大、水平的楼板浇筑工程。水流入模板或呈现水平都很简单，因此在近乎水密度的情况下，其施工性能良好。但强度和耐久性降低，会出现混凝土中性化、泌水等现象。因此规定品质强度不满 33MPa 的，坍落度在 18cm 以下；品质强度在 33MPa 以上的，坍落度在 21cm 以下（JASS 5，2 错误）。

要点

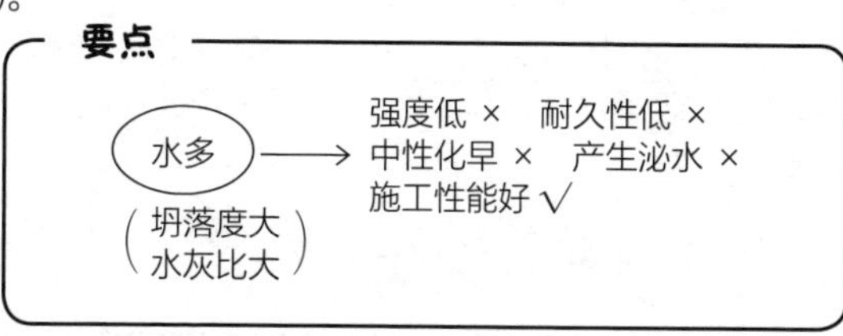

答案 ▶ **1.** 正确　**2.** 错误

Q 根据下面的混凝土配合比表，回答 1、2 是否正确。

单位用水量（kg/m³）	绝对容积（L/m³）			质量（kg/m³）		
	水泥	细骨料	粗骨料	水泥	细骨料	粗骨料
160	92	265	438	291	684	1161

以质量计量的细骨料、粗骨料为表面干燥饱水状态

1. 水灰比（%）= $\frac{160}{291}\times 100=55$（%）

2. 细骨料率（%）= $\frac{265}{265+438}\times 100=37.7$（%）

A 细骨料是砂子，粗骨料是砾石，混凝土通过水泥浆与骨料黏结在一起。表面干燥饱水（表干）状态是指骨料表面干燥，内部的水是饱和状态。自然状态下，骨料会吸收水分，为了避免因为水泥浆的水分不足而引起的凝结硬化不良，要使用表干状态的骨料，以表干状态来计量。

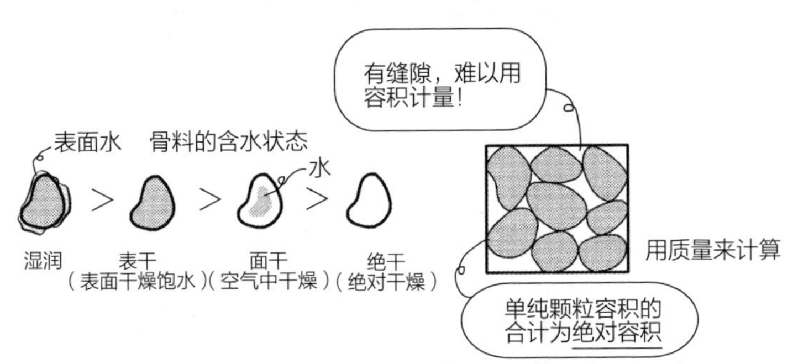

各材料通过质量进行计量。这是因为骨料有缝隙（空隙），无法简单地以容积（体积）计量。以质量计量时，用密度（质量 / 容积）换算得出容积。此时的容积是除去颗粒之间的缝隙，单纯是颗粒本身的容积的合计，称为绝对容积。砂子和全骨料（砂子 + 砾石）的比例 = 细骨料率，是以绝对容积进行计算的。

要点

水灰比→质量比　细骨料率→容积比

答案 ▶ **1.** 正确　**2.** 正确

Q 1. 混凝土使用的细骨料、粗骨料的粒径，都应该尽量使用均一的大小。
2. 骨料的颗粒，相较于大小均一，应该由小到大混合使用较好。
3. 骨料中的泥会让混凝土的干燥收缩变大。
4. 碎石骨料的粒形由实积率来判定。

A 细骨料（砂子）与粗骨料（砾石）以粒径 5mm 为分界。更正确的表述是，使用 5mm 的筛网过滤，有 85%以上的质量通过的为细骨料，有 85%以上的质量无法通过的为粗骨料。

如果有大小不同的颗粒，小颗粒就可以填塞在大颗粒之间，减少空气的缝隙（空隙）。如果颗粒大小均一，就很难混合出没有缝隙的状态。实积率 = 物品的实际容积 / 包含缝隙在内的总容积，因此越多不同粒径的骨料混合在一起，才能得到越大的实积率（1 错误，2 正确）。
泥既不会与水发生反应，也不像石头那样坚硬，会导致混凝土硬化不良。另外，泥中的水分干燥后会收缩，形成裂缝（3 正确）。
碎石是由大石头打碎而成，有尖角。此时不是以颗粒直径来判定粒形，而是看颗粒形状，由使用容器中能填塞多少碎石的实积率来判定（JIS A5005，4 正确）。

● 译注：JIS 是由日本工业标准调查会制定的日本工业标准，A 代表土木及建筑，5005 是关于混凝土用碎石和人工砂的部分。

答案 ▶ **1.** 错误 **2.** 正确 **3.** 正确 **4.** 正确

Q 混凝土中使用 AE 剂的效果是：
1. 增加泌水现象。
2. 和易性良好。
3. 对冻结融解作用的抵抗性较大。
4. 增加空气量。
5. 减少单位用水量。

A AE 剂的 AE 是 air entraining 的缩写，原意是以空气承载运送（entrain）。在水泥粒子周围会附着许多小气泡，产生滚珠（ball bearing）效果，使混凝土易于流动。除此之外，还有使之附着负离子，用于排斥让混凝土易于流动的减水剂，或是气泡和负离子两者都有的 AE 减水剂等。

预拌混凝土易于流动，表示和易性（work 施工 +ability 能力）良好（2 正确）。加入微小气泡，使预拌混凝土中的空气量增加（4 正确）。如果空气量过多，由于空气自身不会凝结硬化，所以混凝土强度就会降低。

水分较多（水灰比大）时，预拌混凝土较柔软（坍落度大），易于流动。但水分过多会直接导致混凝土的强度和耐久性降低。此时可以使用 AE 剂来保持混凝土良好的流动性，并减少水分（5 正确）。水分减少，也能防止骨料下沉、水分上浮的泌水现象（1 错误）。

在预拌混凝土内或硬化的混凝土内有微小气泡时，热量不易传递，可以防止内部的水分冻结。当水分冻结时会膨胀（水的容积增加 9%），气泡可以缓和膨胀压力，具有防止裂缝产生的效果（3 正确）。

答案 ▶ **1.** 错误 **2.** 正确 **3.** 正确 **4.** 正确 **5.** 正确

Q 1. 使用 AE 剂时，混凝土的空气量为 4.5%。

2. 当 AE 剂使混凝土的空气量增加 6%以上时，会降低混凝土的抗压强度。

3. 由下面的混凝土配比合表可知：

混凝土的空气量 $=[1000-(160+92+265+438)]\times\frac{100}{1000}$

$=4.5(\%)$

单位用水量（kg/m^3）	绝对容积（L/m^3）			质量（kg/m^3）		
	水泥	细骨料	粗骨料	水泥	细骨料	粗骨料
160	92	265	438	291	684	1161

以质量计量的细骨料、粗骨料为表面干燥饱水状态

A 与体量较大的建筑物不同，体量较小的建筑物，构件截面较小，很难保证混凝土浇筑的密实性。在浇筑混凝土前的配筋检验阶段，拿开模板来看，构件内有复杂交错的钢筋和 CD 管（电气线路用的橘色管线），混凝土不一定能够填充到模板的各个角落。水分过多会直接导致混凝土强度、耐久性降低，所以加入 AE 剂就能使混凝土浇筑更加密实。

加入过多 AE 剂，空气量变多，也会影响混凝土强度。使用 AE 剂、AE 减水剂时，空气量要控制在 4%以上、5%以下（JASS 5，1、2 均正确）。

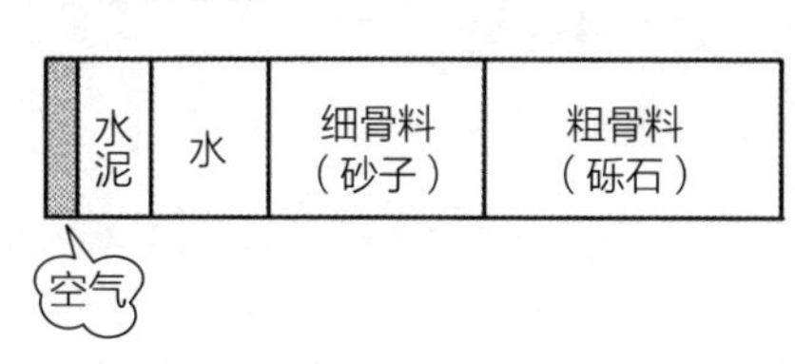

水泡和气泡太多都不行哦！

拍

由水泥、水、砂子、砾石的质量和密度计算出各自的容积，再和整体容积相减，得出空气的容积。题目中虽然已经给出各自容积，但是仍要注意 $1m^3=1000L$，1kg 水是 1L。

$1m^3$ 的容积 $=100cm\times100cm\times100cm=1000000cm^3=1000L$

$1m^3$ 中的空气的容积 $=1000-(160+92+265+438)=45L$

100L 中的空气的容积 $=45\times\frac{100}{1000}=4.5L$

因为 100L 中有 4.5L，所以容积比是 4.5%。

$1000cm^3=1L$（1000cc）

水 1kg 是 1L
所以水 160kg 是 160L

答案 ▶ **1.** 正确 **2.** 正确 **3.** 正确

Q 1. 在日本工业标准中，为了确保混凝土的耐久性，规定了水泥中碱含量的上限值。

2. 抑制碱—骨料反应的对策之一是采用高炉水泥 B 种。

A 因为水泥是碱性的，所以混凝土也含有 OH^-，呈碱性（参见 R015）。混凝土中的碱性成分会与骨料（砂子、砾石）中的硅土（含二氧化硅 SiO_2 的物质）反应，生成碱—硅酸凝胶（Na_2SiO_3），其吸水膨胀会破坏混凝土，称为碱—骨料反应。

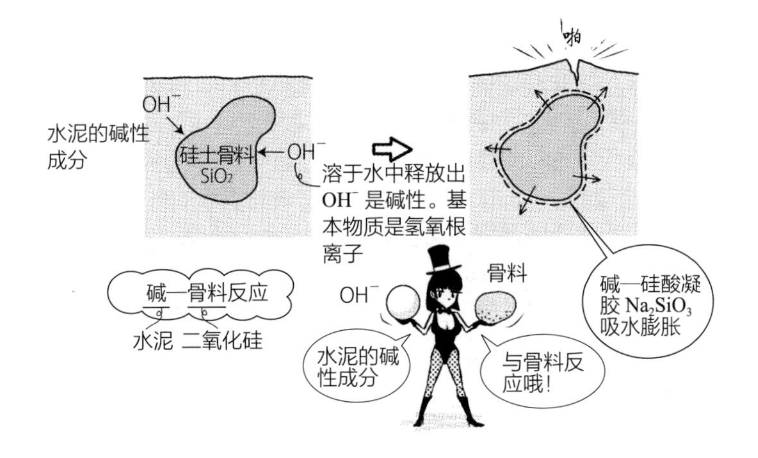

碱—骨料反应是由水泥中的碱性成分 + 骨料中的二氧化硅引起的，所以解决对策就是减少其中一种物质。让 $1m^3$ 混凝土中的碱含量在 $3kg/m^3$ 以下（1 正确）。或者在水泥中加入混有高炉矿渣的高炉水泥，可以减少水泥用量，从而降低碱含量，抑制碱—骨料反应的发生（2 正确）。

答案 ▶ **1.** 正确 **2.** 正确

Q 1. 使用海砂的混凝土，即使在混凝土没有进行中性化的情况下，只要含有一定量的盐分，就很容易使钢筋锈蚀。

2. 氯化物的氯离子含量为 0.2kg/m^3。

A 混凝土是碱性的，有防止钢筋生锈的效果。当空气中的二氧化碳 CO_2 与碱性中和，使混凝土产生中性化，就会失去防锈的效果。中性化会从混凝土表面进行至内部。

使用海砂，或是邻近海边承受海风吹拂的建筑物，钢筋都很容易生锈。盐分（氯化钠 NaCl）中的氯离子 Cl^- 会破坏氧化铁的保护膜，使铁生锈。混凝土内部的钢筋、屋顶的铁板、钢骨阶梯等，位于海边附近，都要特别注意可能生锈（1 正确）。

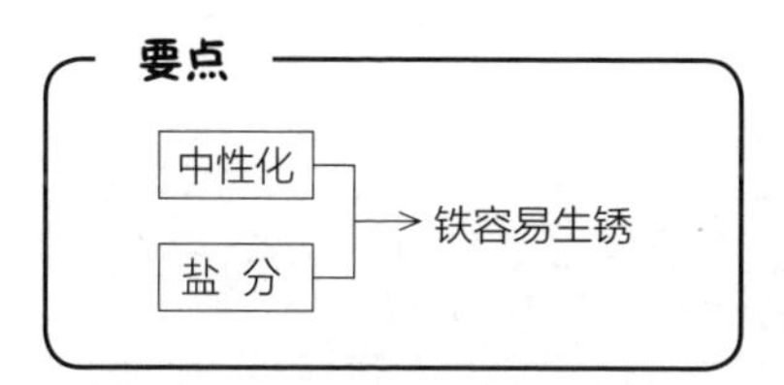

混凝土内部的钢筋生锈时会膨胀，产生裂缝或爆裂。

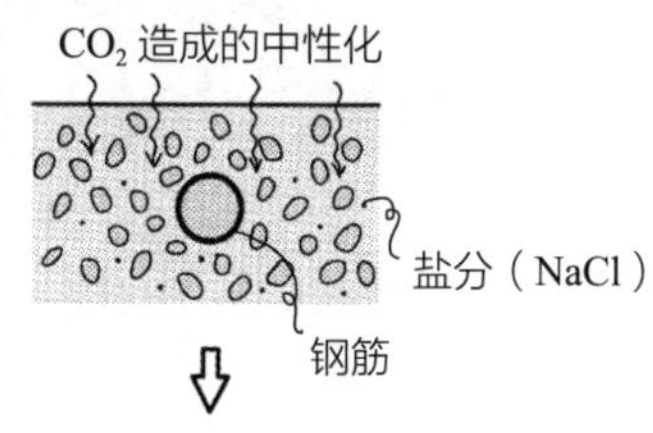

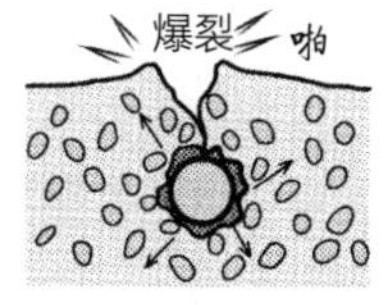

氯离子（氯化钠）含量在 0.3kg/m^3 以下（JASS 5，2 正确）。

答案 ▶ **1.** 正确　**2.** 正确

碱性	pH>7
水灰比	水 ÷ 水泥为 65%以下
单位用水量	185kg/m^3 以下
单位水泥用量	270kg/m^3 以上
坍落度	普通混凝土为 18cm 以下
细骨料	85%以上通过 5mm 的筛网
空气量	使用 AE 剂时为 4% ~ 5%
碱含量	为了抑制碱骨料反应，在 3kg/m^3 以下
氯离子含量	为了防止钢筋生锈，在 0.3kg/m^3 以下
相对密度	混凝土 2.3 钢筋混凝土 2.4 钢 7.85
弹性模量 E	混凝土 2.1×10^4MPa 钢 2.05×10^5MPa
剪切弹性模量 G	$G=0.4E$
线膨胀系数	混凝土、钢 1×10^{-5}℃$^{-1}$

Q 1. 使用早强波特兰水泥的混凝土，与使用普通波特兰水泥的混凝土相比，水化热较小。

2. 早强波特兰水泥与普通波特兰水泥相比，其粉末更细，会使水化热较大，较快产生早期强度。

3. 混凝土初期强度（材龄在 7 天左右，为硬化初期的强度）的大小关系是：早强波特兰水泥 > 普通波特兰水泥 > 高炉水泥 B 种。

A 混凝土的强度会随着水泥与水的水化反应时间延长而逐渐增大，28 天（4 周）后会达到设计强度以上。在抗压强度的曲线图中，开始是急速上升的陡坡，随着时间推移，逐渐变成和缓的曲线。

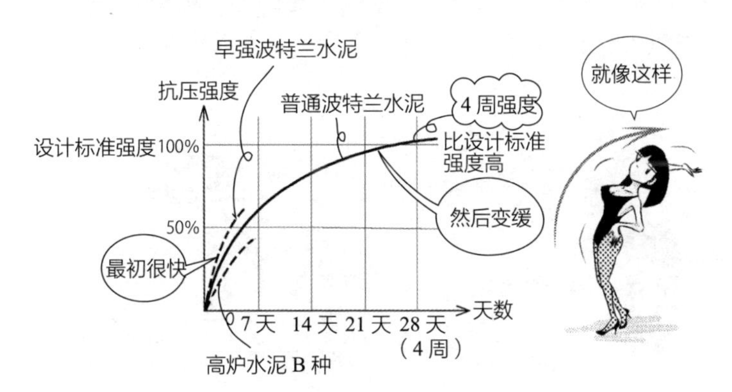

早强波特兰水泥为了快速产生水化反应，水泥粒子会较小。由于可以很快产生很多水化反应，水化热也会随之变大（1 错误，2 正确）。

初期强度大→水化热大。为了抑制水化热，加入了高炉残渣（高炉矿渣）的高炉水泥，初期强度较小（3 正确）。

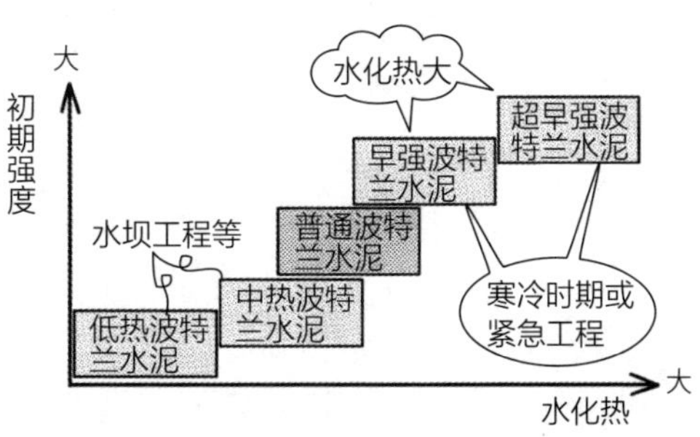

答案 ▶ **1.** 错误 **2.** 正确 **3.** 正确

Q 1. 将高炉矿渣作为混凝土的混合材料，可以在保持良好的和易性的情况下，降低水化热，抑制氯离子的渗透。

2. 使用高炉矿渣的混凝土，对酸类、海水、下水道等侵蚀的抵抗性较小。

3. 水泥和水反应所产生的水化热，通过混入粉煤灰，可以降低至一定程度。

A 混合了从炼铁厂高炉中取得的高炉矿渣（slag）的水泥，称为高炉水泥。混合了从火力发电厂锅炉中取得的粉煤灰（fly ash）的水泥，称为粉煤灰水泥。像这样混合矿渣或粉煤灰来减少水泥用量，能抑制水化热的效果，并提高抗化学腐蚀性，但混凝土强度会降低（1、3 正确，2 错误）。按照混合量的多少顺序排列是 A 种 < B 种 < C 种，结构混凝土使用 A 种。

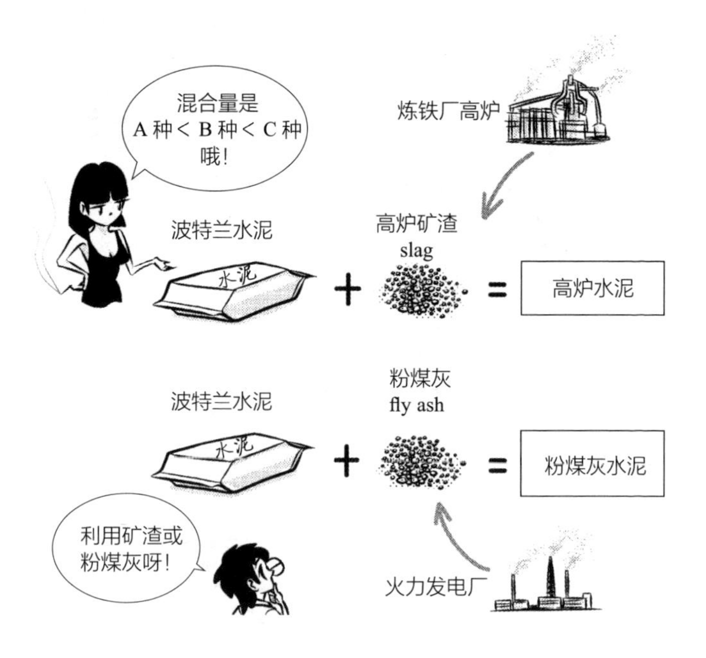

答案 ▶ **1.** 正确 **2.** 错误 **3.** 正确

Q 1. 普通混凝土的面干单位容积质量的范围以 2.2 ~ 2.4t/m³ 为标准。

混凝土配合比表

单位用水量（kg/m³）	绝对容积（L/m³）			质量（kg/m³）		
	水泥	细骨料	粗骨料	水泥	细骨料	粗骨料
160	92	265	438	291	684	1161

以质量计算的细骨料、粗骨料为表面干燥饱水状态

2. 上表中，
拌合混凝土的单位容积质量
= 160 + 291 + 684 + 1161 = 2296（kg/m³）

3. 上表中，
水泥的相对密度 $=\dfrac{291}{92} \approx 3.16$

A 面干是指空气中干燥的状态，骨料中有多少残留水分（参见 R022）。单位容积质量是指混凝土 1m³ 单位中的质量。普通混凝土的面干单位容积质量为 2.2 ~ 2.4t（2200 ~ 2400kg）。1m³ 的质量，单位是 t/m³，即 2.2 ~ 2.4t/m³（JASS 5，1 正确）。

2 是求出混凝土 1m³ 质量的问题。只要将 1m³ 的水、水泥、砂子、砾石的质量相加就能够求得（2 正确）。

相对密度是指与水相比的重量比。相对密度 1 是与水相同重量，相对密度 2 是水的两倍的重量。更为正确的表述是与 4℃的水的质量比。质量的单位为 kg，重量的单位为 N、kgf 等。

1L 水的质量是 1kg（1000g），对于 92L 水泥来说，水的质量是 92kg。水泥 92L 的质量是 291kg，与 92kg 水相比，可求得水泥的相对密度是 $\dfrac{291}{92} \approx 3.16$（3 正确）。

请记住混凝土的相对密度是 2.3，钢筋混凝土的相对密度是 2.4。由于加入钢筋，所以钢筋混凝土会比较重。把相对密度加上 t/m³，可以对应出 1m³ 的质量，更方便使用。

与钢筋混凝土的相对密度 2.4 一起，也请记住其标准抗压强度 24MPa 吧。

答案 ▶ **1.** 正确　**2.** 正确　**3.** 正确

Q 1. 硬化后的混凝土的面干单位容积重量约为 $23kN/m^3$。

2. 在计算钢筋混凝土的单位体积重量时，由于增加了钢筋的重量，因此会是混凝土的单位体积重量加上 $1kN/m^3$。

A 钢筋混凝土的相对密度约为 2.4，混凝土没有钢筋时只小了 0.1，相对密度是 2.3。相对密度 2.3 是指相对于相同体积的水 1，其质量为 2.3。$1m^3$ 水的质量为 1t。将这个质量标准记下来很方便。1t 大约是 1 辆小汽车的质量。相对密度 2.3 表示的是 $2.3t/m^3$。
重量是力的单位，质量 1kg 的重量为 1kgf，质量 1t 的重量为 1tf，换算成 N（牛顿）的单位时，要乘以重力加速度（$9.8m/s^2$）。
1kg 的重量是 $1kg \times 9.8m/s^2 = 9.8N \approx 10N$，1t 的重量是 $1000kg \times 9.8m/s^2 = 9800N = 9.8kN \approx 10kN$。kg、t 再乘以约 10 倍。

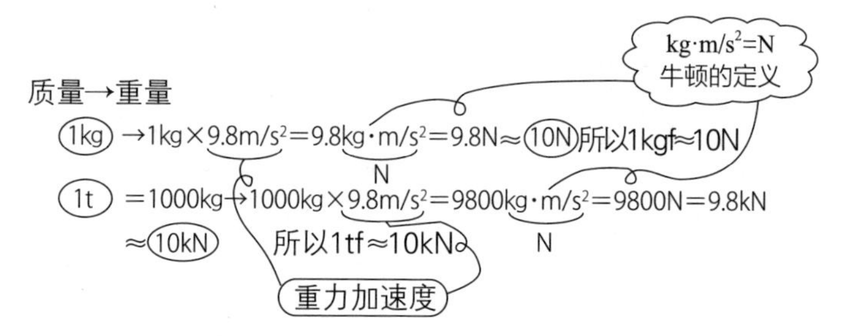

混凝土的相对密度约为 2.3，$1m^3$ 的重量为 $2.3tf \approx 23kN$（1 正确）。钢筋混凝土使用了较重的钢材（钢的相对密度为 7.85），相对密度约为 2.4，$1m^3$ 的重量为 $2.4tf \approx 24kN$（2 正确）。

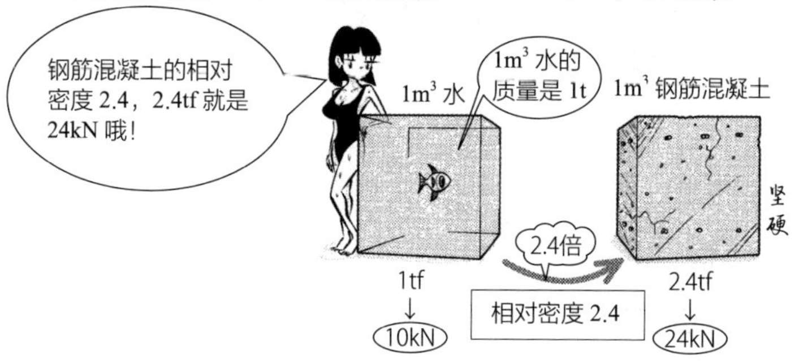

答案 ▶ **1.** 正确　**2.** 正确

Q 1. 混凝土的弹性模量是以应力一应变图中抗压强度的点和原点连成的直线的斜率来表示的。

2. 混凝土的面干体积重量相同，设计标准强度为两倍时，混凝土的弹性模量也几乎为两倍。

3. 混凝土的单位体积重量越大，混凝土的弹性模量越大。

A 以挤压混凝土时的应变 $\varepsilon\left(\frac{变形量\ \Delta l}{原长\ l}\right)$ 为横轴，应力 σ 为纵轴，靠近原点的曲线的斜率称为弹性模量 E。混凝土的曲线不会像钢材那样是一条直线，如果使用最大强度和原点连接的直线，其距离原来的曲线太远。因此，常将最大强度 1/3 或 1/4 处的点和原点连接，以该直线斜率作为弹性模量 E（1 错误），也称为正割模量（secant modulus，割线模量）。

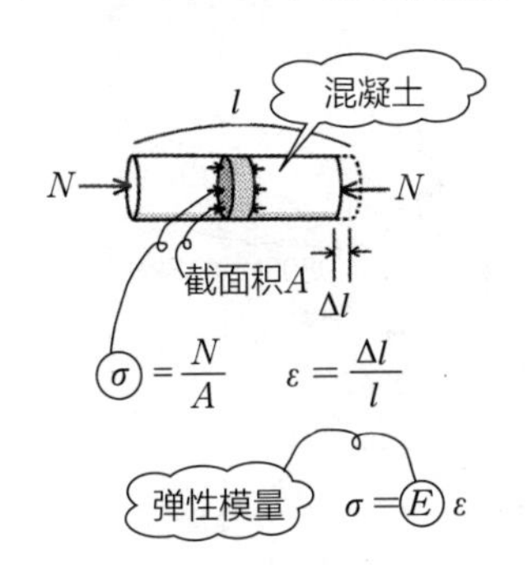

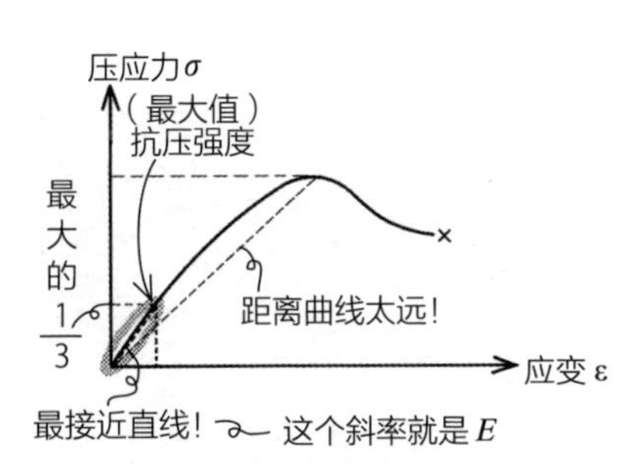

混凝土的弹性模量 E 由下列公式（$F_c \leqslant 36\text{MPa}$ 时）可知，E 随着强度、重量的增加而变大（3 正确）。由于 E 正比 $F_c^{1/3}$，当 F_c 为 2 倍时，E 为 $2^{1/3} = \sqrt[3]{2}$ 倍（钢筋混凝土规范，2 错误）。

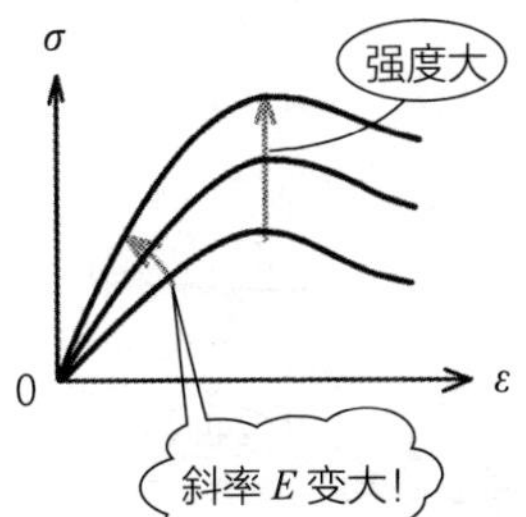

混凝土的 $E=$

$$3.35\times10^4\times\left(\frac{\gamma}{24}\right)^2\times\left(\frac{F_c}{60}\right)^{\frac{1}{3}}\ (\text{N/m}^3)$$

γ：面干单位容积重量（kN/m³）

F_c：设计标准强度（MPa）

$\left(F_c^{\frac{1}{3}} = \sqrt[3]{F_c}\right)$

答案 ▶ **1.** 错误　**2.** 错误　**3.** 正确

Q 1. 钢材的弹性模量及剪切弹性模量，在常温下分别约为 2.05×10^5MPa、0.79×10^5MPa。

2. 铝合金的弹性模量约为钢材的 1/3。

A $\sigma=E\varepsilon$，应变 $\varepsilon=\dfrac{\Delta l}{l}$ 没有单位，故 E 的单位与应力 σ 的单位相同，为 MPa（即 N/mm^2，力 / 面积）。混凝土的 E 约为钢材的 1/10，产生相同的应变，只需要 1/10 的力。如果施加相同的力，就会产生 10 倍的应变。由此可知，与混凝土相比，钢材是更加优良的材料。

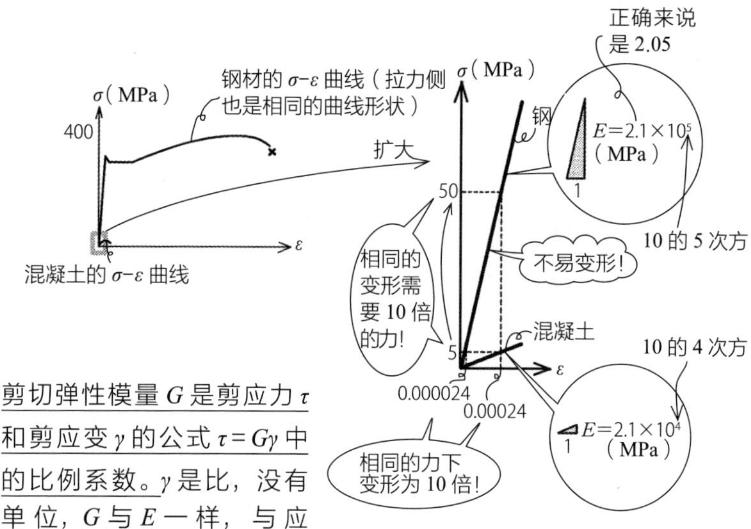

剪切弹性模量 G 是剪应力 τ 和剪应变 γ 的公式 $\tau=G\gamma$ 中的比例系数。γ 是比，没有单位，G 与 E 一样，与应力的单位相同。钢材的 $G=0.79\times10^5$（1 正确）。

铝合金的 $E=0.7\times10^5$MPa，是钢材的 $E=2.1\times10^5$MPa 的 1/3 左右（2 正确）。钢材与铝合金相比，铝合金更容易变形，曲线的角度更平缓，E 也更小。

混凝土	$E\approx2.1\times10^4$	10倍
钢材	$E\approx2.1\times10^5$ (2.05)	$\frac{1}{3}$倍
铝合金	$E\approx0.7\times10^5$	

答案 ▶ **1.** 正确　**2.** 正确

Q 混凝土与钢筋的弹性模量比 n，在混凝土的设计标准强度越高时会越大。

A 弹性模量 E 是 σ–ε 曲线的原点附近的斜率。无论混凝土或钢筋，在原点附近都有 $\sigma=E\varepsilon$ 的直线式。弹性模量比 n 是混凝土 E 与钢筋 E 的比，以混凝土为标准，表示钢筋为其几倍，即混凝土的 E 是分母。

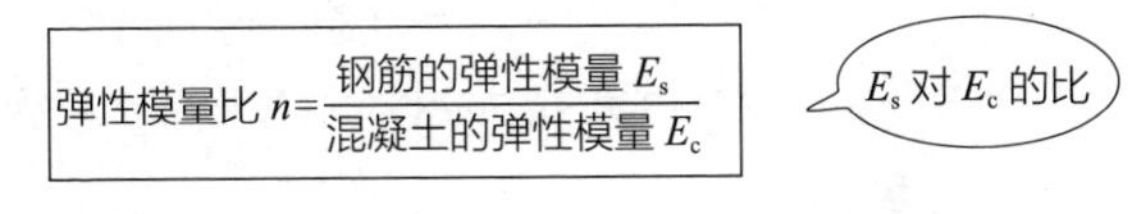

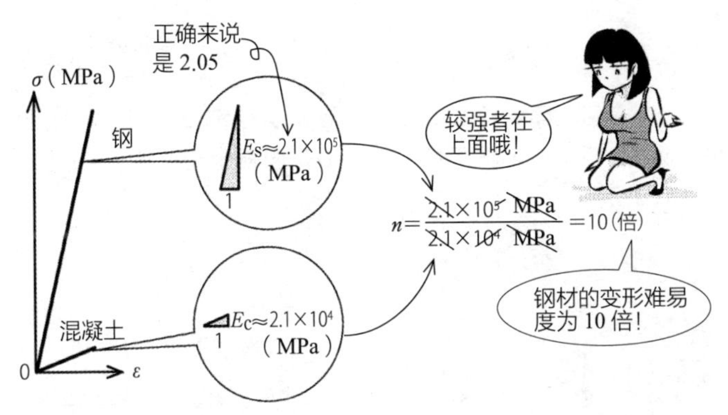

钢筋为工厂制品，规格大致决定了 E_s，混凝土则随着配比而异。混凝土的 E_C 与单位体积重量的 2 次方、强度的$\frac{1}{3}$次方成正比。

$\frac{1}{3}$次方是 3 次方根$\sqrt[3]{\ }$

$$E_c=3.35\times10^4\times\left(\frac{\gamma}{24}\right)^2\times\left(\frac{F_c}{60}\right)^{\frac{1}{3}}$$

γ：面干单位容积重量（kN/m^3）
F_c：设计标准强度（MPa）
（钢筋混凝土规范）

强度越大，E_c 越大，$n=E_s/E_c$ 的分母越大，n 会变小（答案错误）。钢筋与混凝土有相同的应变 ε 时，分别需要 $\sigma_s=E_s\varepsilon$、$\sigma c=E_c\varepsilon$ 的应力，由此可得如下关系式：

$$\sigma_s/\sigma_c=E_s/E_c=n$$

之后会导出许多计算公式，在各种曲线中也会出现弹性模量比（n）。

答案 ▶ **1.** 错误

Q 1. 普通混凝土在抗压强度下的应变约为 1×10^{-2}。
2. 普通混凝土的剪切弹性模量约为弹性模量的 0.4 倍。
3. 普通混凝土的泊松比约为 0.2。

A 混凝土的标准抗压强度 = 24MPa，弹性模量 ≈ 2.1×10^4MPa，代入 $\sigma = E\varepsilon$ 中，求出应变 ε。

$\sigma = 24\text{MPa} \longrightarrow \sigma = E\varepsilon \longleftarrow E = 2.1 \times 10^4\,\text{MPa}$

$$\text{所以}\ \varepsilon = \frac{\sigma}{E} = \frac{24\ \text{MPa}}{2.1 \times 10^4\ \text{MPa}} \approx 11 \times 10^{-4} = 1.1 \times 10^{-3}$$

$\left(10^{-4} = \frac{1}{10^4}\right)$

（1 错误）

力 = 系数 × 变形量（$P = k\Delta l$），$\frac{\text{力}}{\text{面积}}$ = 常数 × $\frac{\text{变形量}}{\text{原长}}$（$\sigma = E\varepsilon$，$\tau = G\gamma$），都是相同形式的公式，称为胡克定律。只是将比例系数换成弹性模量 E、剪切弹性模量 G。混凝土与钢的 G 约是 E 的 0.4 倍（2 正确）。

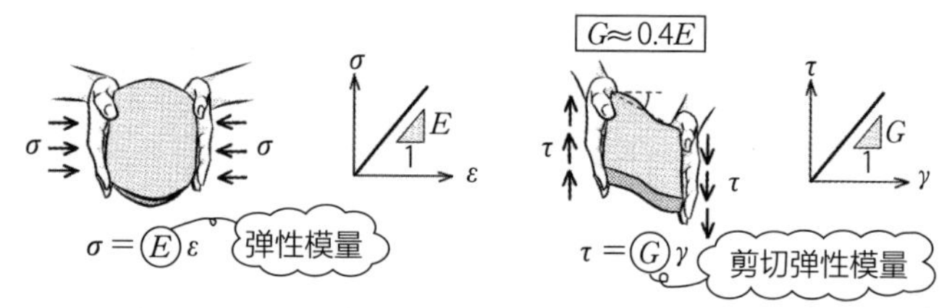

力的垂直方向应变 ε' 与力方向的应变 ε 的比称为泊松比 ν（Poisson ratio）。混凝土的泊松比约为 0.2，钢的泊松比约为 0.3（3 正确）。

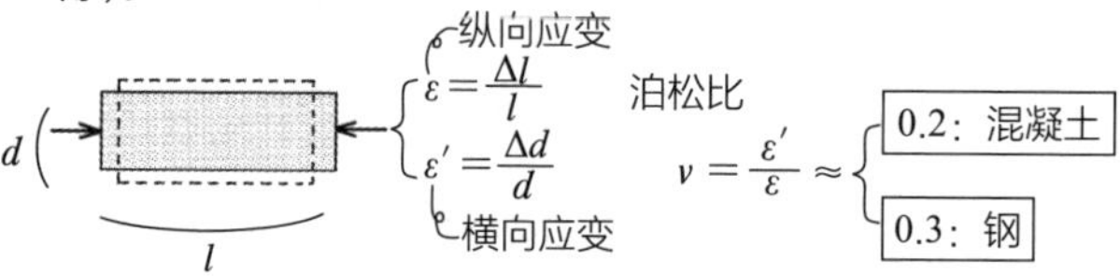

答案 ▶ **1.** 错误 **2.** 正确 **3.** 正确

Q 1. 常温下混凝土的热膨胀变形几乎与钢材相同。

2. 常温下混凝土的线膨胀系数在设计上采用 1×10^{-5}℃$^{-1}$。
3. 长度为 10m 的钢棒，在常温下，当钢材温度上升 10℃时，伸长约 1mm。
4. 铝合金的线膨胀系数约为钢的线膨胀系数的 2 倍，因此使用铝制构件时必须预留足够的膨胀空间。

A 混凝土和钢对于热的伸缩几乎相同，才能组合成钢筋混凝土（1 正确）。混凝土抗拉能力较弱，所以用钢筋进行补强，正好两者对热的变形是一样的。

线膨胀系数是指固体物质的温度每升降 1℃，伸缩长度 Δl 与原长 l 的比即 $\Delta l/l$ 的变化。上升（或下降）1℃，相对于原长的伸长（或缩短）的比率。由于不是体积比而是长度比，所以在前面加上"线"字。混凝土与钢的线膨胀系数均为 1×10^{-5}℃$^{-1}$（2 正确）。

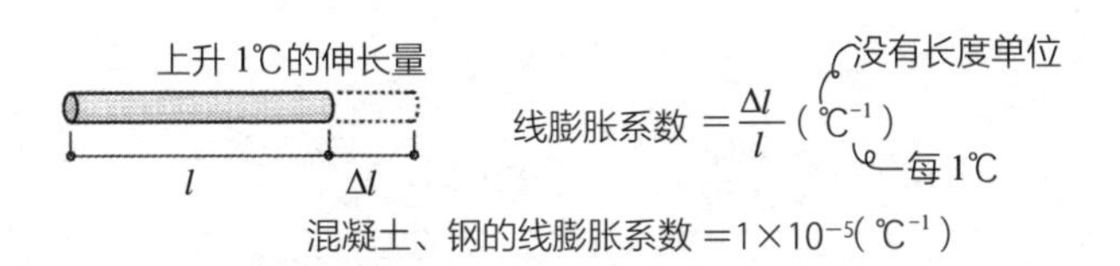

10m 即 10×10^3mm。上升 1℃时，伸长量为（10×10^3mm）×（10^{-5}℃$^{-1}$）× 1℃ =0.1mm；上升 10℃时，伸长量为（10×10^3mm）×（10^{-5}℃$^{-1}$）× 10℃ =1mm（3 正确）。

铝合金的线膨胀系数约为 2.3×10^{-5}℃$^{-1}$，约是钢的 2 倍。由于遇热会有较大的伸长，因此必须预留足够的空间来吸收其伸长变形（4 正确）。

答案 ▶ **1.** 正确 **2.** 正确 **3.** 正确 **4.** 正确

Q 1. 混凝土的设计标准强度 F_c 是结构计算时作为混凝土抗压强度的标准。
2. 混凝土的质量标准强度 F_q 是混凝土的设计标准强度 F_c 与耐久设计标准强度 F_d 中，取较大的值加上 3MPa 所得的值。
3. 混凝土配合比设计中，强度的大小关系为：配合比强度 > 配合比管理强度 > 质量标准强度 F_q。

A 结构计算中，作为标准的抗压强度，即设计标准强度 F_c，为 18MPa、21MPa、24MPa、27MPa、30MPa、33MPa、36MPa（JASS 5，1 正确）。高强混凝土或预应力混凝土另有规定。
根据预定、计划的耐久年限，即设计使用年限的等级规定的强度，是耐久设计标准强度 F_d，是由耐久性确定的强度。
F_c 与 F_d 进行比较，较大的值加上 3MPa 是质量标准强度 F_q（2 正确）。这是耐力和耐久性两者皆可满足的标准强度。
F_q 再加上强度修正值（S 值）就是配合比管理强度，考虑安全性后得到配合比强度（3 正确）。

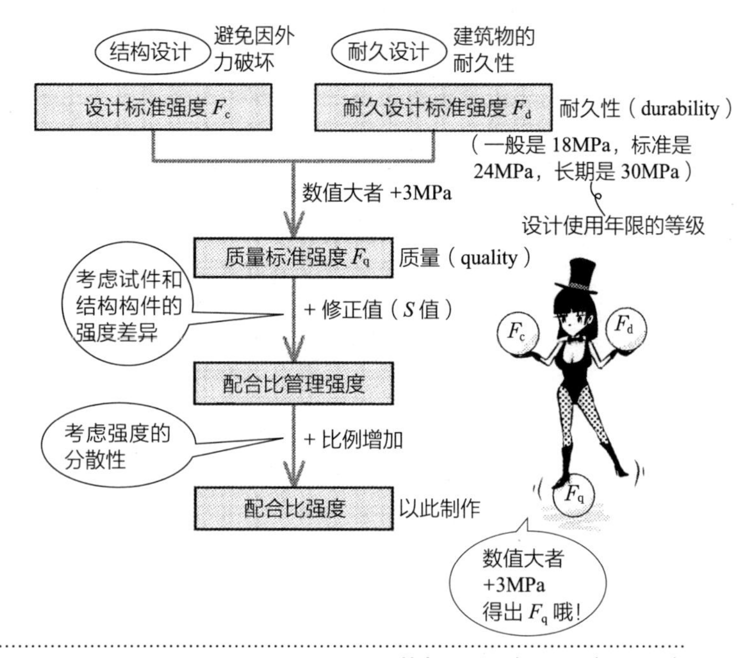

答案 ▶ **1.** 正确 **2.** 正确 **3.** 正确

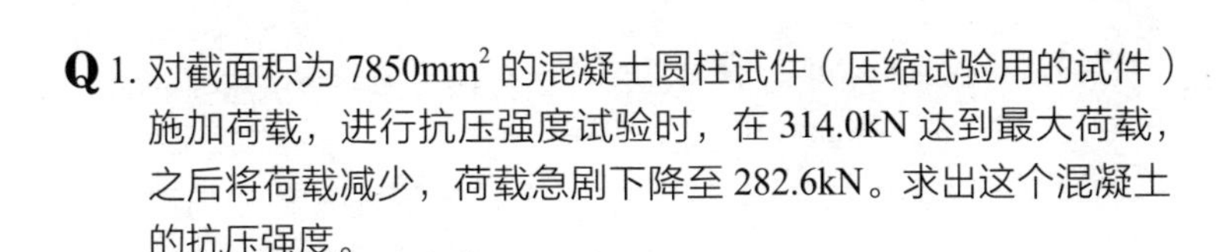

Q 1. 对截面积为 7850mm^2 的混凝土圆柱试件（压缩试验用的试件）施加荷载，进行抗压强度试验时，在 314.0kN 达到最大荷载，之后将荷载减少，荷载急剧下降至 282.6kN。求出这个混凝土的抗压强度。

2. 荷载速度越快，混凝土试件的抗压强度越小。
3. 形状相似时，混凝土试件尺寸越小，抗压强度越大。
4. 高度对直径的比越小，混凝土试件的抗压强度越大。

A 最大压应力，σ–ε 曲线的顶点为抗压强度。广义的抗压强度是指 $\sigma=\dfrac{N}{A}$，在试件的试验中得到的抗压强度就是 σ 的最大值。试件是指供试验用的物体，即试验体，是直径为 10cm、12.5cm、15cm，高度为直径 2 倍的圆柱。

由于压力 $N=314.0$kN 是最大的，所以除以截面积 A 可求出 σ 的最大值（1 是 40MPa）。

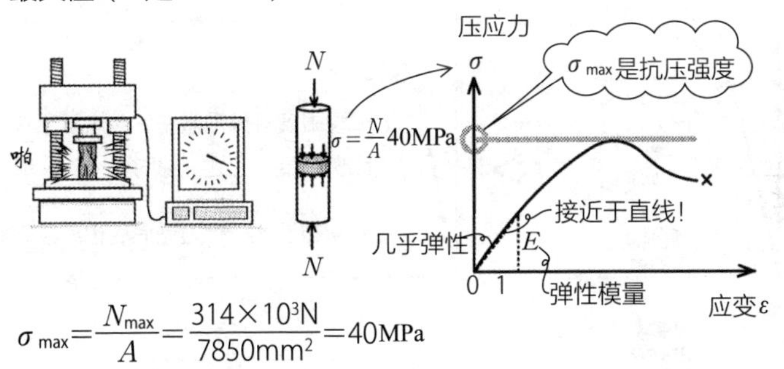

$$\sigma_{max}=\frac{N_{max}}{A}=\frac{314\times10^3\text{N}}{7850\text{mm}^2}=40\text{MPa}$$

荷载速度越快，力越无法顺利传递到试件，越不易破坏，因此抗压强度越大（2 错误）。当试件较小时，包含缺陷的概率比试件较大者低，因此抗压强度较大（3 正确）。而且高度对直径的比越小，即试件越粗，抗压强度越大（4 正确）。

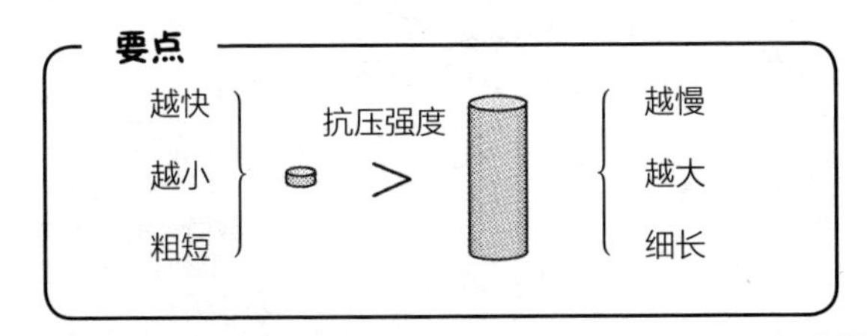

答案 ▶ **1.** 40MPa **2.** 错误 **3.** 正确 **4.** 正确

Q 对钢材进行拉伸试验时，得到如图所示的拉应力—应变曲线。哪一个点是此钢材的上屈服点？

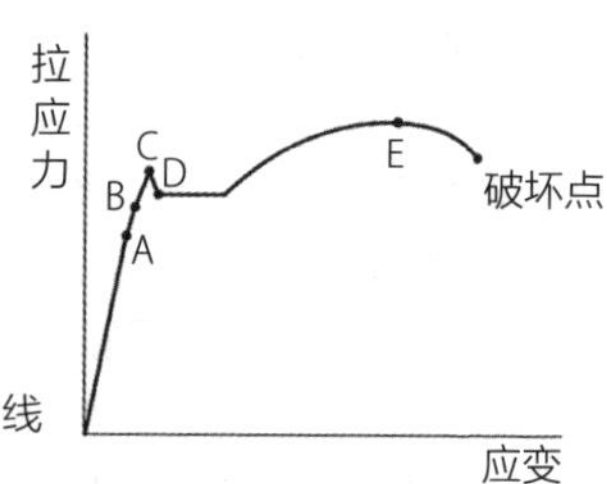

A 弹性是应力与应变成正比，外力撤消后钢材能够恢复原状的性质。屈服点是弹性阶段结束、塑性阶段开始的点。根据这些定义可知，比例限度 = 弹性限度 = 屈服点，之后则是在相同的力下，只有变形不断增加的塑性区。实际上在拉长钢材时，曲线会更加复杂，各个变化点都会有其名称（答案是 C 点）。

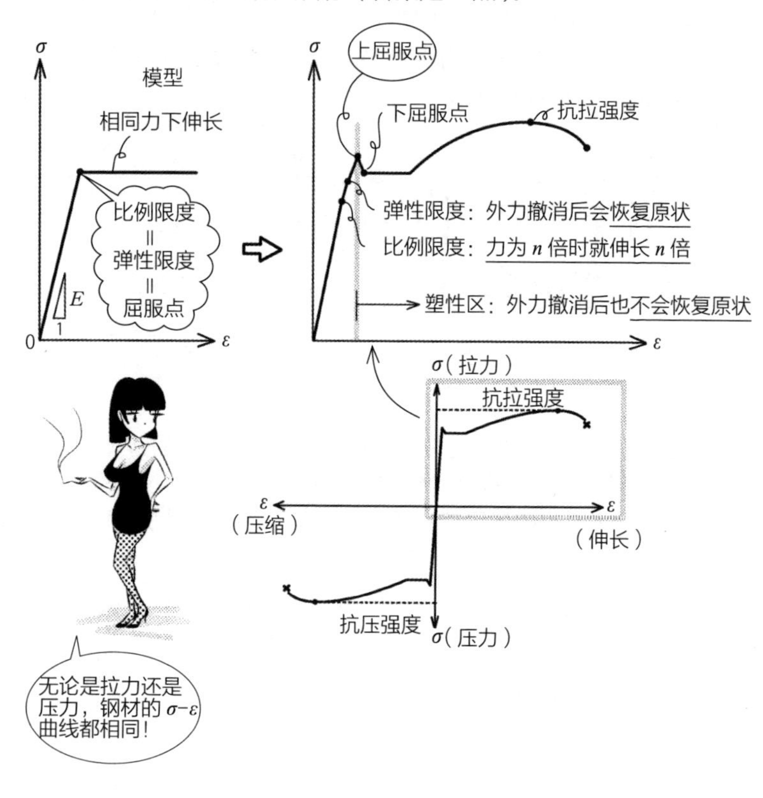

答案 ▶ **C** 点

Q 1. 在施工现场对建筑的结构构件所使用的混凝土进行抗压强度试验取样，以适当的间隔从每 3 台混凝土搅拌车中采集 1 个，共采集 3 个。

2. 结构构件的混凝土抗压强度试验要求试件在现场进行水中养护管理，强度管理龄期为 28 天。

3. 为了不影响混凝土强度的形成，在浇筑混凝土过程中及浇筑后 5 天内，混凝土的温度不能低于 2℃。

A 结构构件是指实际建筑物的结构部位，强度管理上以制作试件来做试验。3 个试件为 1 组，经过水中养护或者封罐养护，28 天（4 周）后进行破坏试验（JASS 5，1、2 均正确）。

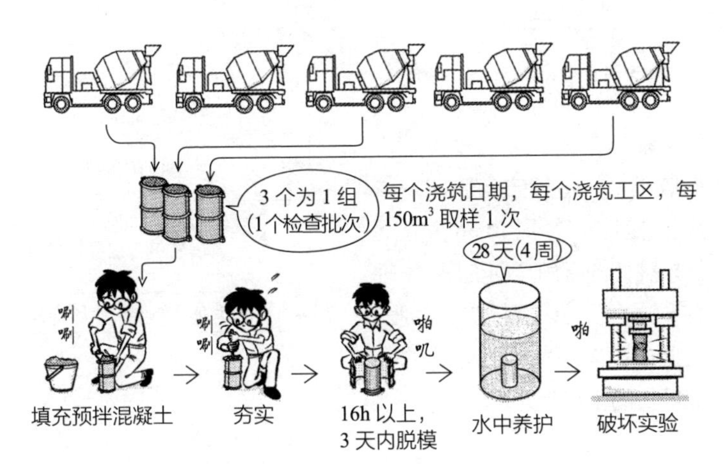

混凝土在低温下难以形成强度，初期 5 天内温度不能低于 2℃（JASS 5，3 正确）。

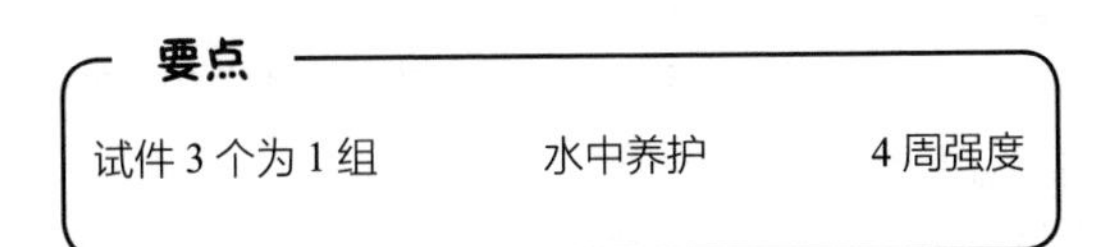

答案 ▶ **1.** 正确 **2.** 正确 **3.** 正确

Q 1. 普通混凝土在 3 轴压应力下的抗压强度比单轴压应力下的抗压强度小。

2. 承受局部压缩的混凝土承载强度比承受全面压缩时的强度大。

A 上下挤压的一般性试验称为<u>单轴压缩试验</u>。<u>3 轴压缩试验</u>是上下、左右、前后皆受力的 3 轴试验，侧面使用油压等施加压力。

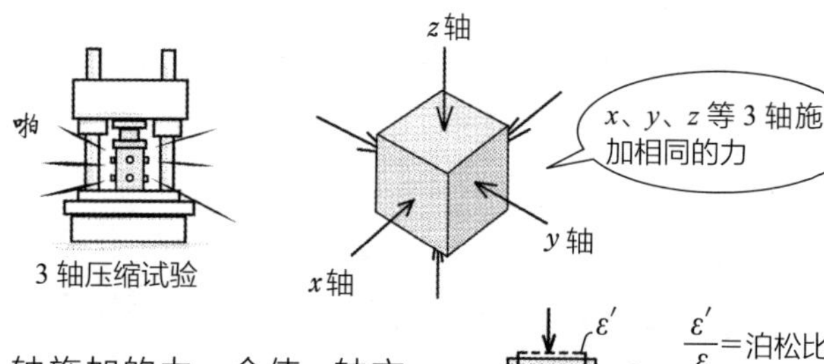

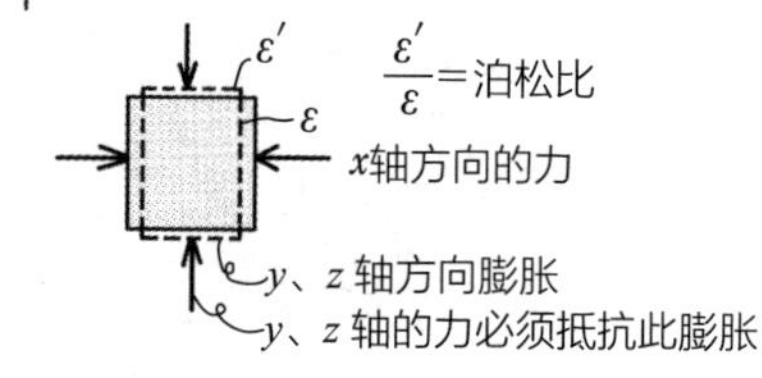

所以 3 轴抗压强度 > 单轴抗压强度

对 x 轴施加的力，会使 x 轴方向收缩，y、z 轴方向膨胀。依照泊松比（参见 R036）的比例，往力的直角方向变形。y 轴和 z 轴的压力必须抵抗此膨胀，因此必须有更大的力才能达到破坏目的（1 错误）。

<u>承载强度</u>是指混凝土部分受到压力作用时所能承受的最大压应力。在面积大的混凝土板上有钢骨的柱等。不受力作用的混凝土周围会受到压缩部分的混凝土约束，抑制和力为直角方向的膨胀，因此强度比全面压缩要大（2 正确）。

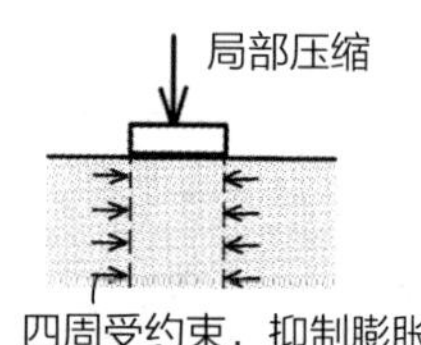

所以 承载强度 > 抗压强度

答案 ▶ **1.** 错误　**2.** 正确

Q 1. 混凝土的抗拉强度是抗压强度的 1/3 左右。
2. 混凝土的抗压强度越大，抗拉强度就越大。
3. 混凝土的抗拉强度可以利用圆柱试件的劈裂试验间接求出。

A 混凝土的抗拉强度非常弱，约为抗压强度的 1/10（1 错误）。因此，在受拉区会以钢筋补强（reinforce），形成钢筋混凝土（reinforced concrete，RC）。抗拉强度约为抗压强度 F_c 的 1/10，并随着 F_c 的增大而减小（2 错误）。F_c 越大，抗拉强度与抗压强度的比越小。钢筋混凝土的结构计算取抗拉强度为零，在钢筋混凝土规范中也没有规定允许拉应力。

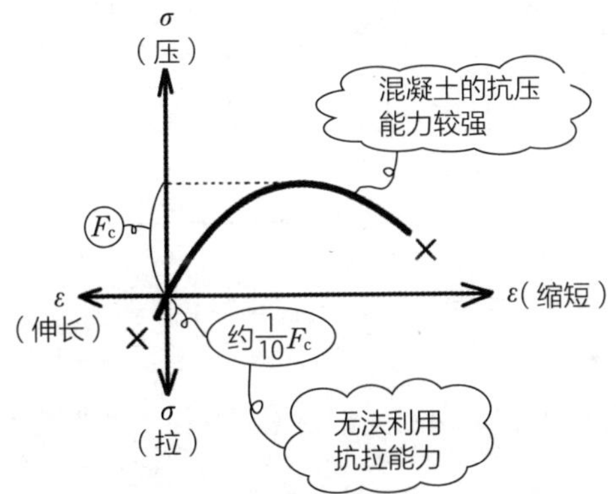

直接拉开混凝土是很困难的，通过将圆柱横放受压的劈裂试验，可以间接求得抗拉强度（3 正确）。相对于抗压，抗拉强度非常小，因此在压缩破坏之前就会因拉力而破坏。

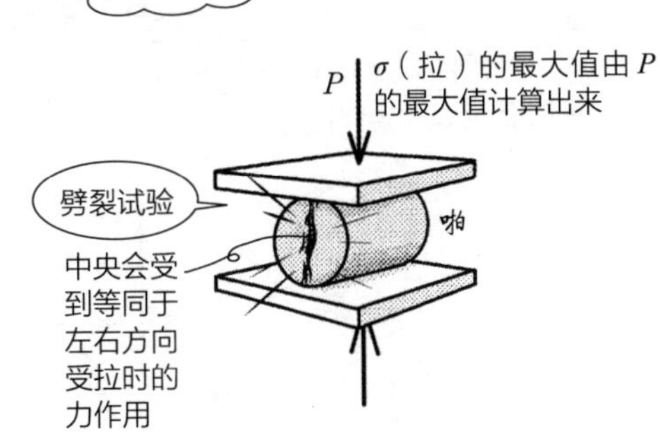

答案 ▶ **1.** 错误　**2.** 正确　**3.** 正确

Q 1. 水灰比越小，混凝土的抗压强度越大。
2. 与普通混凝土相比，轻质混凝土在超过最大抗压强度后，应力会大幅降低。

A 水灰比（参见 R017）与强度的关系非常重要，在此再次强调一遍。水灰比越小，强度越大，中性化变慢，干燥收缩变少（1 正确）。在水泥凝结硬化的范围内，加入 AE 剂的预拌混凝土的流动范围内，用水量越少越好。

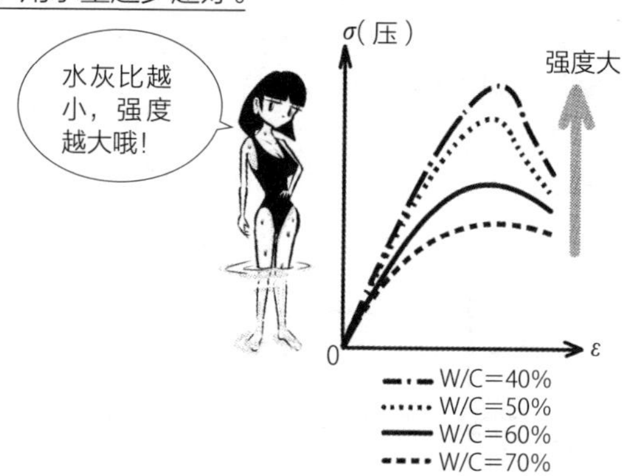

轻质混凝土是将普通混凝土的砾石（粗骨料）换成气泡较多的轻砾石。混凝土根据骨料的种类分为轻质和普通。轻质骨料有人造的和天然的，一般人造的居多，常用于防水部位和钢结构的楼板，也可用于结构构件上。在 σ-ε 曲线中，超过 σ_{max} 后，σ 会大幅降低（2 正确）。

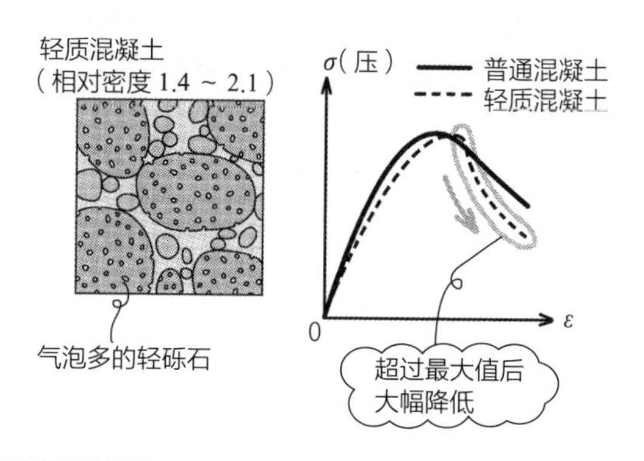

答案 ▶ **1.** 正确 **2.** 正确

Q 1. 混凝土的长期允许压应力，是设计标准强度乘以 2/3 的值。
2. 混凝土的短期允许压应力，是设计标准强度乘以 2/3 的值。

A 构件长时间承受荷载的情况下，用构件产生的长期内力，除以单位截面积得到长期应力。此应力必须在可允许的一定标准即长期允许应力以下。地震等短期产生的短期应力，则要在短期允许应力以下。

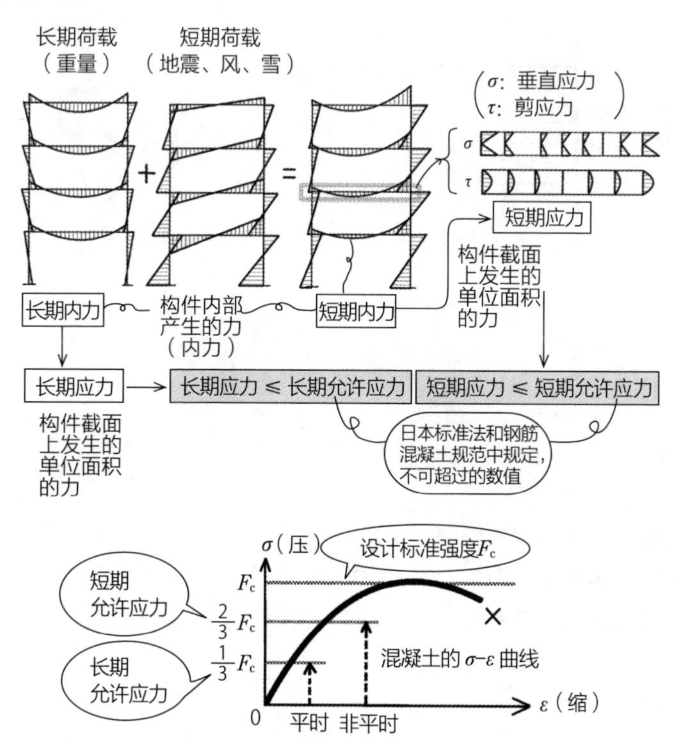

允许应力在日本的标准法和钢筋混凝土规范中有规定，两者之间有一些差异。相对于设计标准强度 F_c 的压缩允许应力，考虑其安全性，长期为 $F_c/3$，短期为 $2F_c/3$。平时的“重量”可用 1/3 以下的力来抵抗，非平时的“重量 + 地震力”可用 2/3 以下的力来抵抗（1 错误，2 正确）。

答案 ▶ **1.** 错误 **2.** 正确

Q 1. 混凝土的强度大小关系是：抗压强度＞弯曲强度＞抗拉强度。

2. 混凝土的抗拉强度约为抗压强度的 1/10，由于忽略了弯曲材料受拉区的抗拉强度，因此在日本的钢筋混凝土规范中没有规定允许拉应力。

A 混凝土的设计标准强度 F_c（标准法中的符号为 F）为抗压强度，拉力为 1/10 左右，弯曲、剪力、黏结在 1/5 左右（1 正确）。

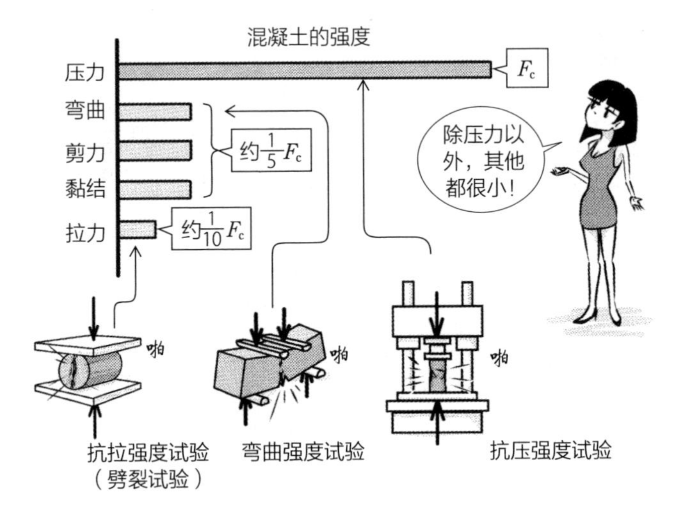

钢筋混凝土结构中由钢筋承受拉力，所以日本的钢筋混凝土规范中将混凝土的抗拉力视为零，未规定允许拉应力。日本的标准法中规定拉力是压力的 1/10，长期为$\frac{F_c}{30}$，短期为$\frac{2F_c}{30}$（2 正确）。

混凝土的允许应力（日本的钢筋混凝土规范）

项目	长期			短期		
	压力	拉力	剪力	压力	拉力	剪力
普通混凝土	$\frac{1}{3}F_c$	—	$\frac{1}{30}F_c$ 且在 $(0.5+\frac{1}{100}F_c)$ 以下	长期的 2 倍	—	长期的 1.5 倍

没有拉力

日本标准法中是$\frac{1}{30}F_c$

日本标准法中只有$\frac{1}{30}F_c$

没有拉力

日本标准法中，短期是长期的 2 倍

日本标准法中是 2 倍

答案 ▶ **1.** 正确　**2.** 正确

Q 1. 在日本的钢筋混凝土规范中，轻质混凝土 1 种的允许剪应力，与相同设计强度下的普通混凝土的允许剪应力相同。

2. 在日本的钢筋混凝土规范中，轻质混凝土 1 种的允许剪应力，无论长期还是短期，都是相同设计强度下，普通混凝土的允许剪应力的 0.9 倍。

A 轻质混凝土、普通混凝土的轻质和普通是根据砾石（粗骨料）的不同进行分类的。轻质混凝土的 1 种、2 种是根据强度的不同进行分类的，1 种的强度 > 2 种的强度。

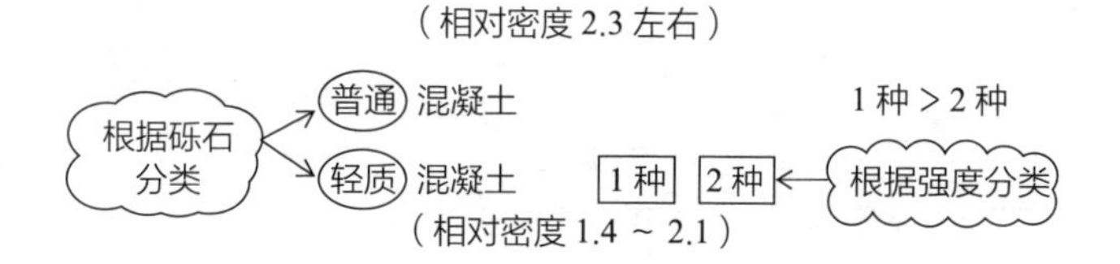

轻质混凝土的长期允许剪应力是普通混凝土的 0.9 倍（1 错误，2 正确）。除此之外的允许应力都与普通混凝土相同。

混凝土的允许应力（日本的钢筋混凝土规范）

项目	长期			短期		
	压力	拉力	剪力	压力	拉力	剪力
普通混凝土	$\frac{1}{3}F_c$	–	$\frac{1}{30}F_c$ 且在 $(0.5+\frac{1}{100}F_c)$ 以下	长期的 2 倍	–	长期的 1.5 倍
轻质混凝土 1 种及 2 种			普通混凝土的 0.9 倍			

除剪力以外都相同

σ（压）
F_c
$\frac{2}{3}F_c$
$\frac{1}{3}F_c$
0 平时 非平时
ε（缩）

只有剪力是 0.9 倍呀！

答案 ▶ **1.** 错误 **2.** 正确

Q 1. 在日本的钢筋混凝土规范中，梁主筋的混凝土允许黏结应力，上部钢筋比下部钢筋小。

2. 用于计算所需黏结长度的允许黏结应力，比起“上部钢筋（弯曲材料的钢筋，下方浇筑 300mm 以上混凝土的水平钢筋）”，“其他钢筋”更大。

A 黏结力是指混凝土和钢筋之间黏结的力，包含水泥浆（paste：浆体）和钢筋之间的黏结力 + 侧压力产生的摩擦力 + 钢筋表面凹凸所产生的抵抗力。钢筋受拉时，为了避免在混凝土内滑动，钢筋每单位表面积的力必须在允许黏结应力以下。

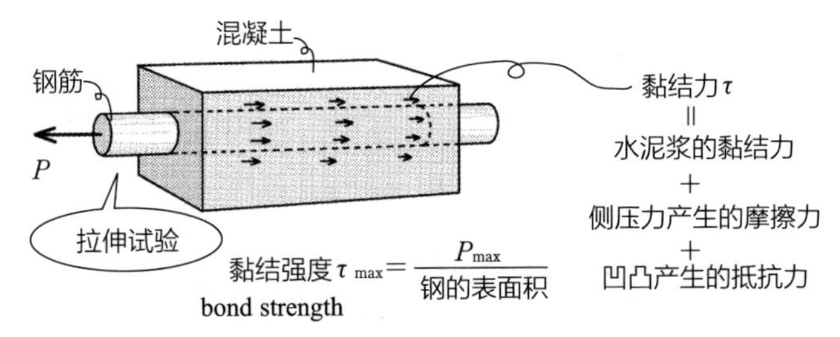

在梁的上部钢筋下面的混凝土下沉，形成缝隙，使混凝土的黏结力下降。因此，在日本的钢筋混凝土规范中，上部钢筋的允许黏结应力较小（1、2 均正确）。

螺纹钢筋的混凝土允许黏结应力（日本的钢筋混凝土规范）

	长期		短期
	上部钢筋	其他钢筋	
普通混凝土	$\frac{1}{15}F_c$且在 $(0.9+\frac{2}{75}F_c)$ 以下	$\frac{1}{10}F_c$且在 $(1.35+\frac{1}{25}F_c)$ 以下	长期的 1.5 倍

上部钢筋是在弯曲材料中，其钢筋下方浇筑 300mm 以上混凝土的水平钢筋。

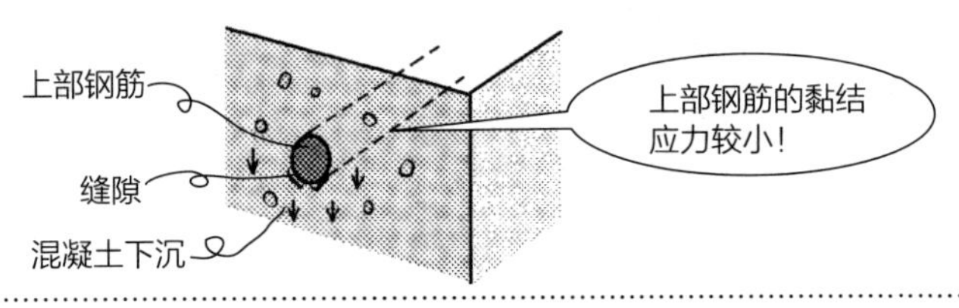

答案 ▶ **1.** 正确　**2.** 正确

Q 1. SD345 是一种钢筋混凝土用的螺纹钢筋。

2. 钢筋 SR235 中的符号 R 表示该钢筋是以再生钢筋制成。

3. 螺纹钢筋 SD345 的屈服点的下限值是 345MPa。

4. 螺纹钢筋 SD345 的屈服点或 0.2% 偏移屈服强度为 345 ~ 440MPa。

A SD 是 steel deformed bar 的缩写，即表面凹凸不平的螺纹钢筋（1 正确）。SR 是 steel round bar 的缩写，即表面光滑的光圆钢筋（2 错误）。SD、SR 后面的数字表示屈服点强度（3、4 正确）。根据钢筋的成形、加工，有可能无法得到标准的屈服点、屈服台阶。此时可取 ε 向右偏移（offset）0.2% 的直线与曲线的交点，以 0.2% 偏移屈服强度作为屈服点（参见 R181）。

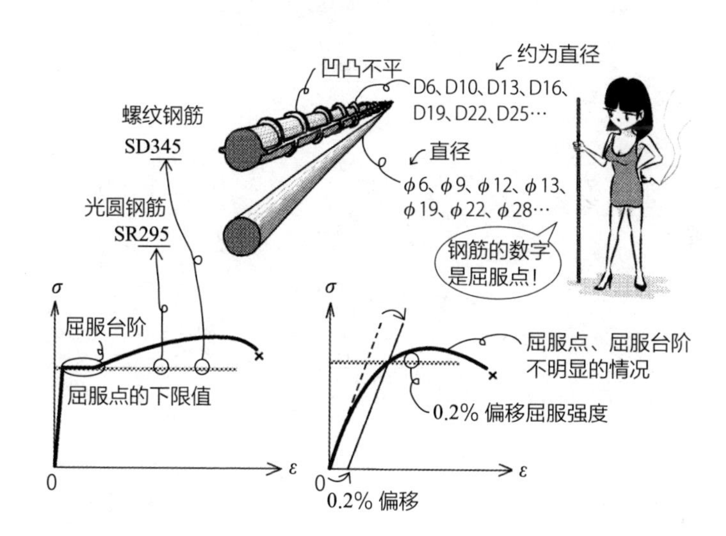

答案 ▶ **1.** 正确 **2.** 错误 **3.** 正确 **4.** 正确

Q 为了确认建筑物的挠度和振动不会对使用功能造成影响，采用了研究梁和楼板的截面应力的方法。

A 梁和楼板产生多少挠度，或者是否会因挠度引起振动等，是由弹性模量 E 和截面二次矩 I 决定的。每变形 1 个单位的应变 ε（变形量 / 原长）所需的力 σ（MPa）为弹性模量 E，是由材料决定的系数。由截面的形状和大小决定的是截面二次矩 I。$E\times I$ 的值越大，挠度越小。在相同弯矩 M 下，会因混凝土、钢筋的不同，梁的形状是 T 形或四角形而改变。因此只要计算内力→应力，比较材料强度，就可以知道是否容易破坏（答案错误）。

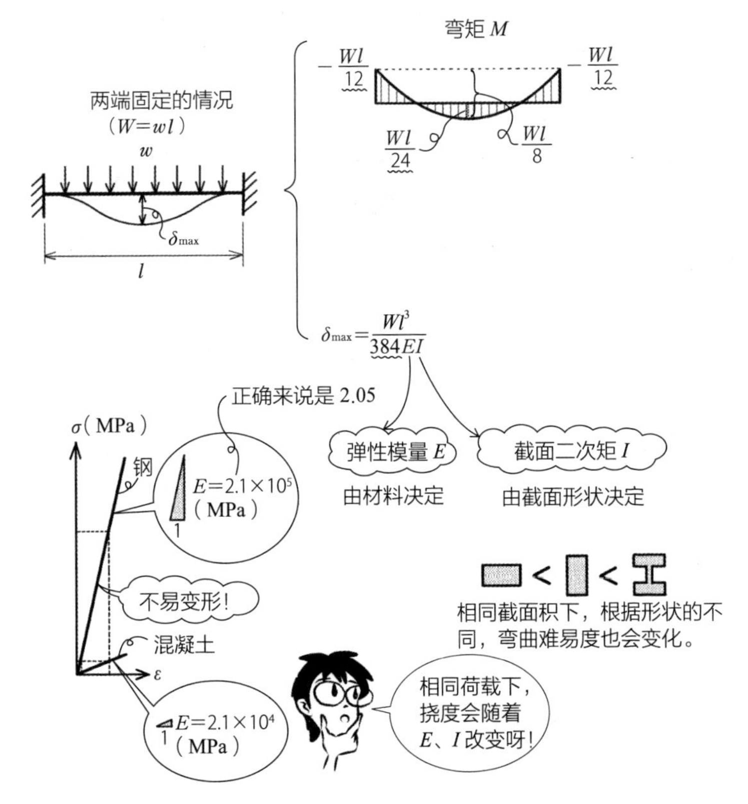

- 译注：我国把截面一次性矩称为截面面积矩，又称为截面静矩；把截面二次矩称为截面惯性矩。

答案 ▶ 错误

Q 1. 在钢筋混凝土结构中，计算柱和梁的刚度时，可以忽略弹性模量小的混凝土，使用弹性模量较大的钢筋刚度。

2. 在钢筋混凝土结构中，计算柱构件的截面抗挠刚度时，截面二次矩采用混凝土截面，弹性模量采用混凝土和钢筋的平均值。

A 刚度（抗挠刚度）是表示弯曲难易度、挠曲难易度的系数，由 EI（弹性模量 × 截面二次矩）求得。E 是 σ–ε 曲线原点附近的斜率，是由材料决定的系数。E 越大表示越难变形。I 是由截面形状决定弯曲难易度的系数。相同截面积下，纵长或 H 形横放的梁，I 较大，较难弯曲。挠度 δ 和挠角 θ 的公式中必定会出现 EI。因为这是由共轭梁法的虚拟荷载 $\frac{M}{EI}$ 求得的关系。

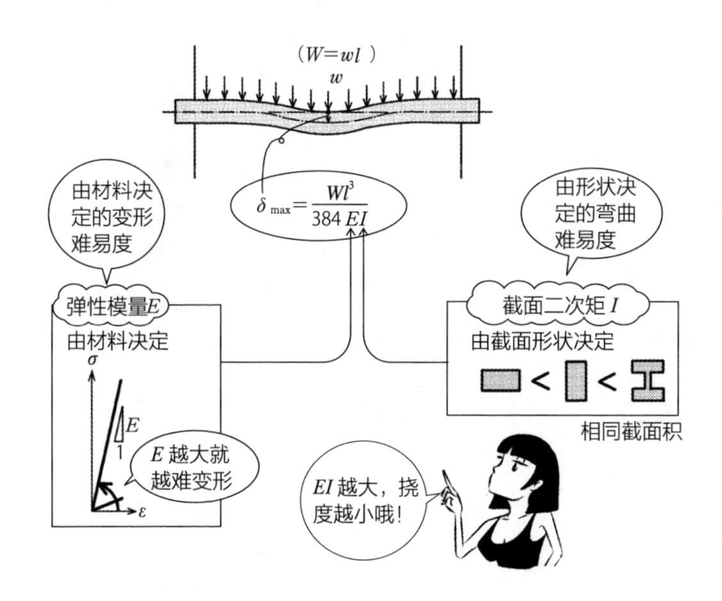

在钢筋混凝土结构中，混凝土的截面积有着压倒性的分量，求出混凝土的 E 和 I，就能得到抗挠刚度 EI（钢筋混凝土规范，1、2 均错误）。或可将钢筋的截面积全部换算成混凝土，全截面以混凝土的弹性模量加起来，是另一种计算方法。

答案 ▶ **1.** 错误　**2.** 错误

Q 1. 计算一次设计的内力时，如梁构件附有楼板的抗挠刚度时，要考虑楼板的有效宽度，使用 T 形截面构件的数值。

2. 梁和楼板为整体浇筑，计算梁的刚度时，要考虑楼板的有效宽度，以 T 形梁来计算。

A 在钢筋混凝土结构中，梁和楼板通常情况下是一次性整体浇筑混凝土。楼板的钢筋会和梁固定在一起（无法拔出，相当坚固）。梁和楼板成为 L 形、T 形的梁，比矩形截面的梁更不易弯曲。截面二次矩 I 会成比例增加，更不易弯曲。此比率称为刚度增加率，L 形的概算为 1.5 倍，T 形的概算为 2 倍。抗挠刚度 $=E\times I$，E 为混凝土的值，I 为以比例增加后的值来计算（1、2 均正确）。

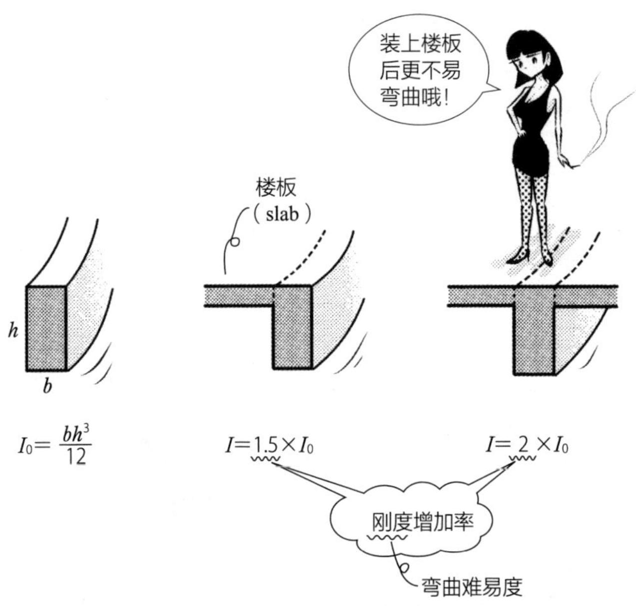

一次设计是指允许应力的计算，以①荷载计算，②框架的内力计算，③构件截面的应力计算，④应力≤允许应力的顺序进行。在内力计算时，求得 I，由刚度 $K=I/l$ 计算出刚度比 $k=K/K_0$ 时，I 依上述进行比例增加。

答案 ▶ **1.** 正确　**2.** 正确

Q 1. 在钢筋混凝土结构中，计算构件截面的弯矩时，可忽略混凝土的拉应力。

2. 在钢筋混凝土结构中，计算柱和梁的允许弯曲应力时，除混凝土外，主筋也承担压力。

A 混凝土的拉应力最大值（抗拉强度）只有压应力最大值（抗压强度）的1/10。混凝土的抗压强度是钢筋的抗压强度的1/20 ~ 1/10。考虑钢筋混凝土结构的截面时，可以忽略混凝土的抗拉强度，将其视为零（1 正确）。

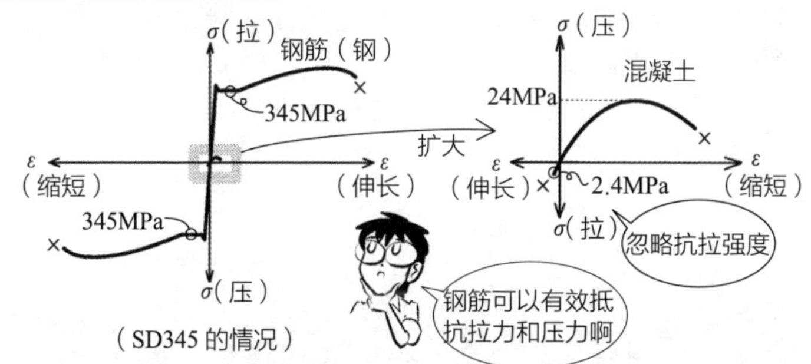

无论是柱或梁，在轴方向加入的粗钢筋为主筋。柱或梁弯曲时，凸出侧为拉伸，凹陷侧为压缩。受拉区只有钢筋在抵抗，受压区则由钢筋和混凝土共同抵抗（2 正确）。距离既不伸长也不缩短的中性轴越远，其伸长和缩短的变形越大，因变形而产生的压应力和拉应力也是离中性轴越远就越大。受压区为钢筋和混凝土共同承受，受拉区只有钢筋在承受，因此中性轴不会像钢材一样在矩形截面的中心。

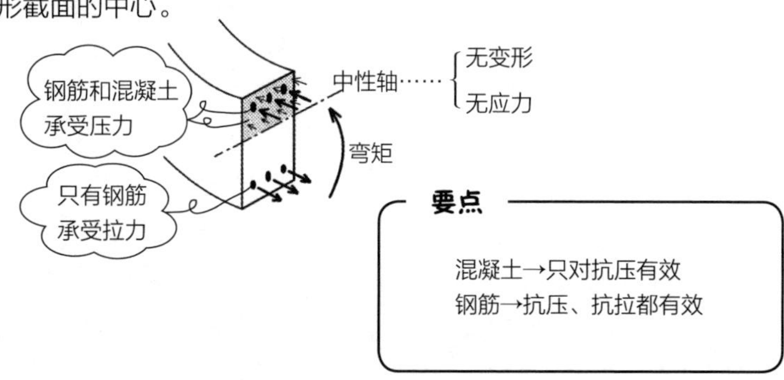

要点

混凝土→只对抗压有效
钢筋→抗压、抗拉都有效

答案▶ **1.** 正确 **2.** 正确

Q 在钢筋混凝土结构中：

1. 使用普通混凝土的柱短边，在不进行结构计算的情况下，为支承间距的 1/20。
2. 使用轻质混凝土的柱短边，为支承间距的 1/10。
3. 在无法确实计算因徐变等造成的变形增加，形成使用障碍的情况下，梁高要使用超过梁的支承间距的 1/10。

A 柱或梁较细长时容易弯折产生屈曲或挠度，因此要先决定相对于高度或长度的粗细（直径、高度）。短边是指宽度中较小者。普通混凝土的钢筋混凝土柱为支承间距的 1/15 以上，轻质混凝土为 1/10 以上（钢筋混凝土规范，1 错误，2 正确）。钢筋混凝土梁为支承间距的 1/10 以上（建设省公告，3 正确）。

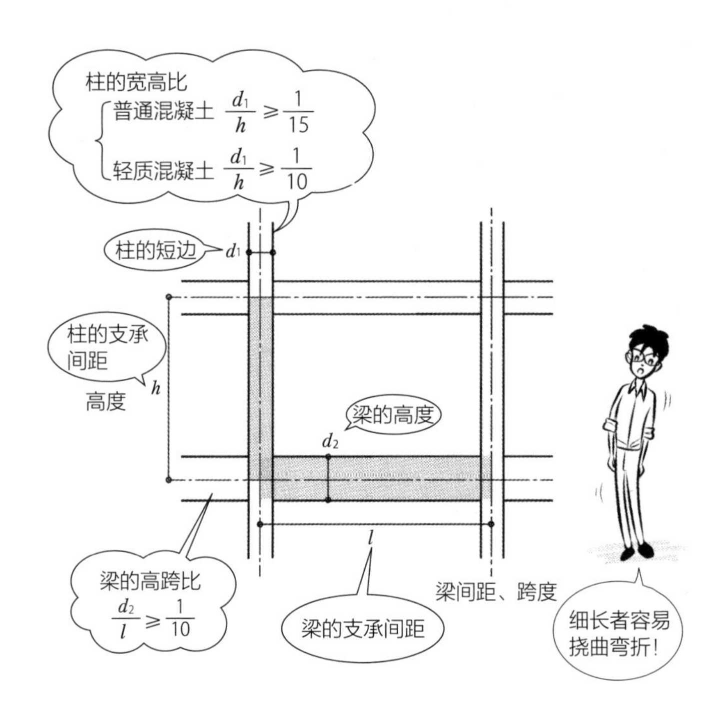

答案 ▶ **1.** 错误 **2.** 正确 **3.** 正确

Q 在钢筋混凝土结构中：

1. 在梁上设置设备用圆形贯穿孔时，直径是梁高的 1/2。
2. 在梁上设置贯穿孔时，最好不要接近柱。
3. 梁的构件端部有较大的地震应力，所以在设置贯穿孔时，比起在构件两端，设置在构件中央可以减少梁的韧性降低。

A 贯穿孔也可称为梁开孔（sleeve，袖子），设置在梁、墙时，需要特别注意其位置、大小和补强。直径在梁高的 1/3 以下（钢筋混凝土规范解说部分，1 错误）。

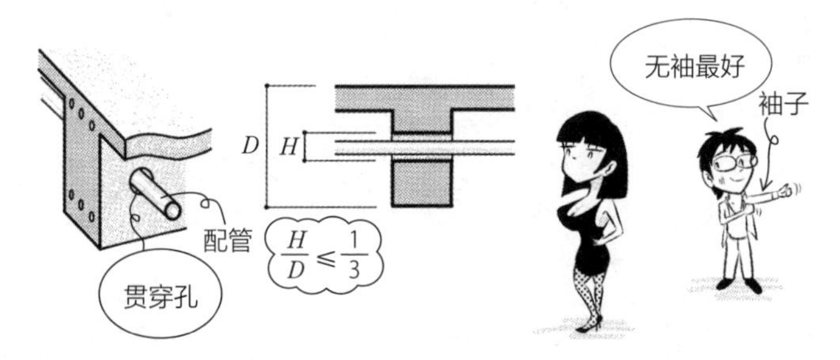

短期（非平时）作用的地震力，会在梁端部产生较大的弯矩 M。加上长期（平时）的垂直荷载产生的 M，端部的 M 就更大了。剪力 Q 是 M 的斜率（$Q=\frac{dM}{dx}$），端部的 Q 也会较大。因此贯穿孔要避免设置在应力大的端部（2、3 均正确）。

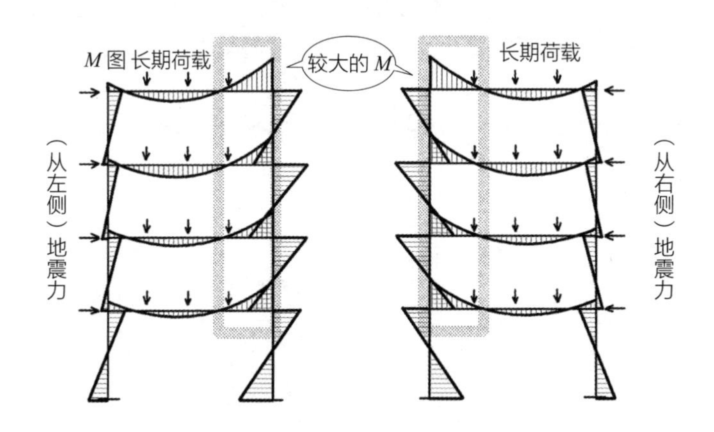

答案 ▶ **1.** 错误 **2.** 正确 **3.** 正确

Q 如图所示承受荷载的钢筋混凝土结构梁，最不适当的主筋位置是哪一个？

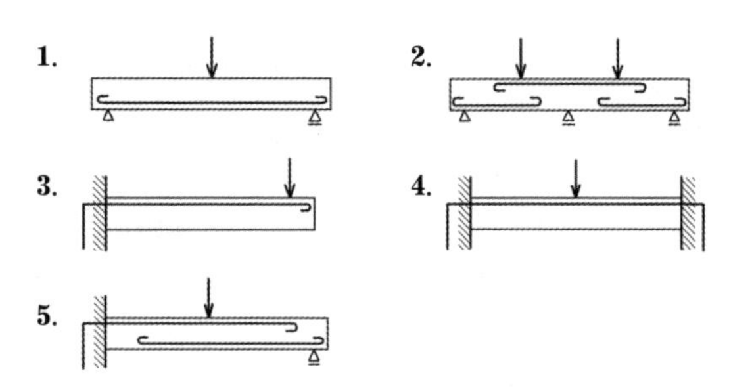

A 混凝土的抗拉强度只有抗压强度的 1/10。如果受拉区不用钢筋补强，梁很快就会开裂。钢筋的抗压强度和抗拉强度基本相同，约为混凝土抗压强度的 15 倍。梁的轴方向加入的主筋是抗拉的补强，但对抗压也有效。

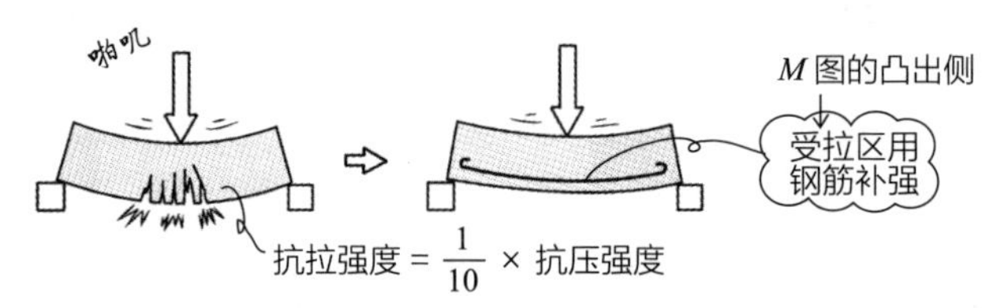

考虑梁的 M 图和变形形状，在 M 图的凸出侧加入钢筋。实际上，梁会承受来自左右的地震或风的水平力作用，凸出侧会上下移动，因此主筋也会跟着设置在上下方（双筋梁）。

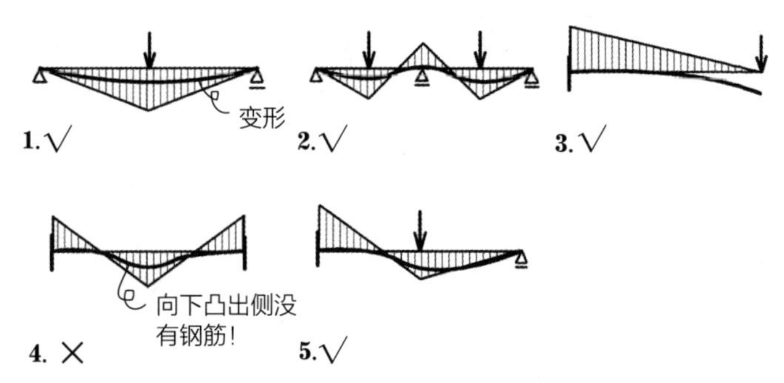

答案 ▶ 4

柱梁截面产生的弯矩 M 非常重要，先记住哪边是凸出侧会比较轻松。M 图往凸出侧变形，成为受拉区，钢筋混凝土结构就需要在轴方向加入粗钢筋（主筋）。

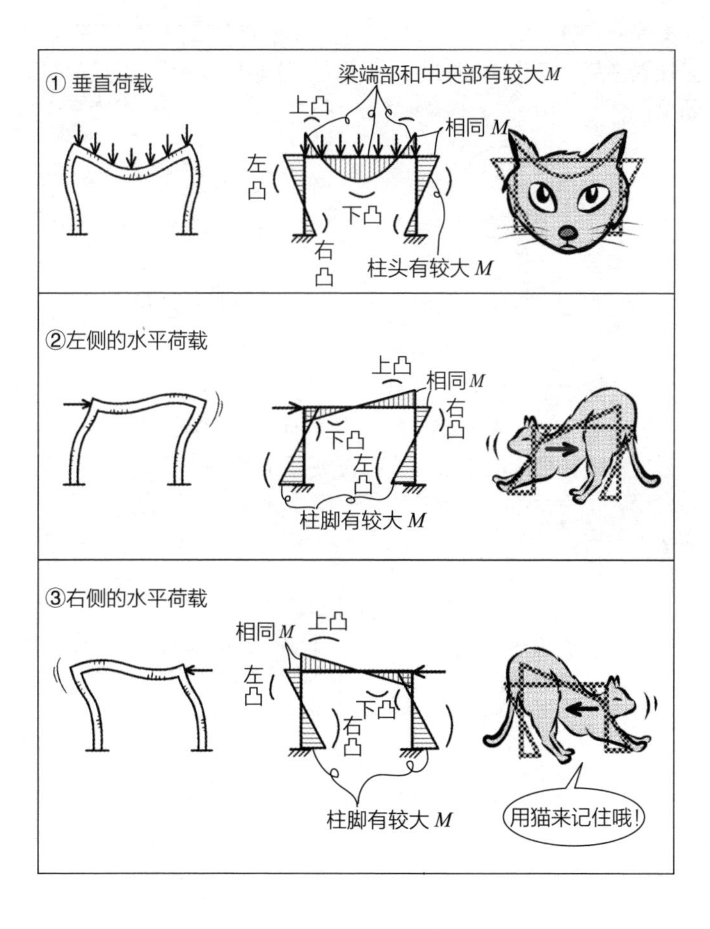

地震时，会产生②→③→②→③，左右交替作用的水平力。在地震时，①也同时在作用，因此 M 图是加法计算的① + ②、① + ③。

Q 1. 钢筋混凝土结构的主要梁，全跨度都是双筋梁。

2. 钢筋混凝土结构梁的抗压钢筋，可以抑制长期荷载造成的徐变挠度，在地震时亦可有效确保韧性，因此全跨度都是双筋梁。

A 在梁的上下轴方向加入粗钢筋（主筋）的称为双筋梁。只在受拉区加入主筋的称为单筋梁。一般来说，钢筋混凝土框架梁都是双筋梁。

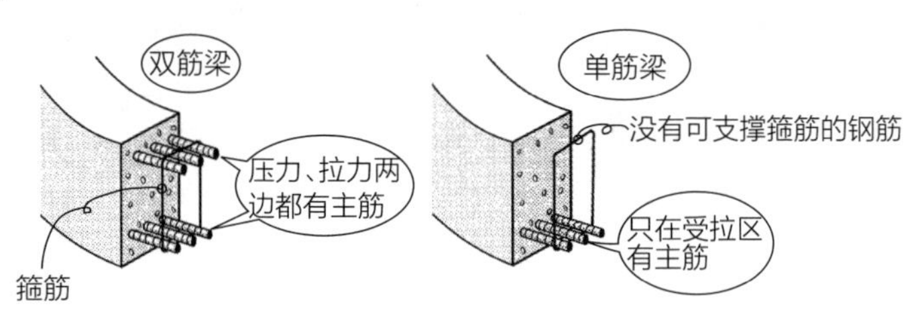

如果受压区也加入主筋，则表示混凝土承受的压应力会变小。无论是压力或拉力，钢筋都会发挥完全相同的效果。混凝土产生的压应力变小，可以防止混凝土压坏或发生脆性破坏。另外，压应力变小，使徐变不容易发生，因徐变引起的挠度也会变少（1、2均正确）。

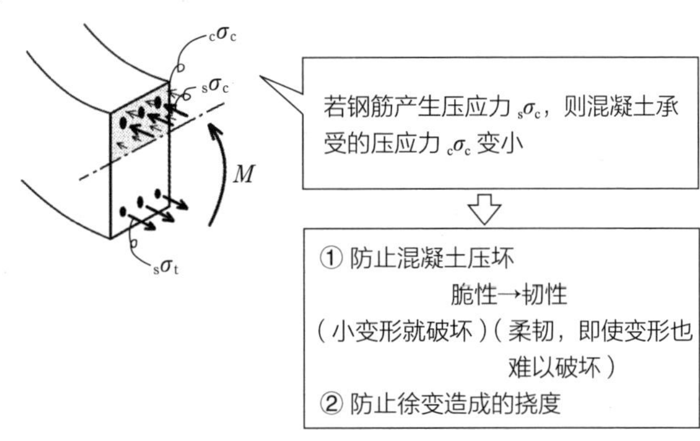

- 徐变（又称蠕变）是在荷载持续作用下，变形随着时间延续而缓慢增加的现象，会发生在混凝土和木材上，但钢材不会。

答案 ▶ **1.** 正确 **2.** 正确

Q 下图有关钢筋混凝土结构构件中，用于锚固螺纹钢筋的叙述，请判断是否正确。

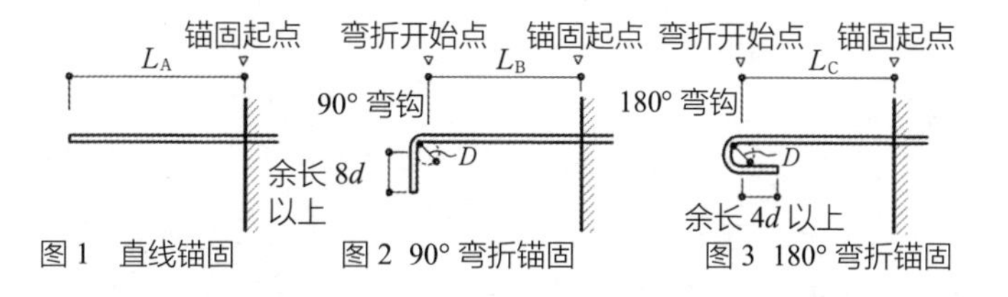

图 1　直线锚固　　图 2　90° 弯折锚固　　图 3　180° 弯折锚固

1. 图 1 所示直线锚固的必要长度 L_A，在钢筋强度越高时会越长。
2. 使用相同的钢筋和混凝土时，图 1 所示的直线锚固的必要长度 L_A，比图 2 所示的 90° 弯折锚固的必要长度 L_B 长。
3. 使用相同的钢筋和混凝土时，图 3 所示的 180° 弯折锚固的必要长度 L_C，比图 2 所示的 90° 弯折锚固的必要长度 L_B 短。
4. 图 2 所示的 90° 弯折钢筋的弯折开始点以后的部分，若在横向加强筋约束范围予以锚固，则锚固性能可以提高。

A 混凝土的设计标准强度 F_c 越大，黏结强度越大，钢筋就越难拔出，锚固长度就可以较短。相同 F_c 下，钢筋的强度越高，承受的内力越大，锚固长度就越长（配筋指南，1 正确）。

混凝土 F_c 大→黏结强度大→锚固长度较短
钢筋强度大→承受内力大→锚固长度较长

以直线状放入混凝土中锚固时，会比带弯钩的钢筋更容易拔出。因此，直线锚固的锚固长度比较长（配筋指南，2 正确）。

在配筋指南中，只对是否带弯钩做区别，不看其形状是 180° 或者 90°（3 错误）。

混凝土横向受到箍筋约束时，钢筋所受的压力不易减少，混凝土破坏时不易露出缝隙，因此钢筋不易拔出（4 正确）。

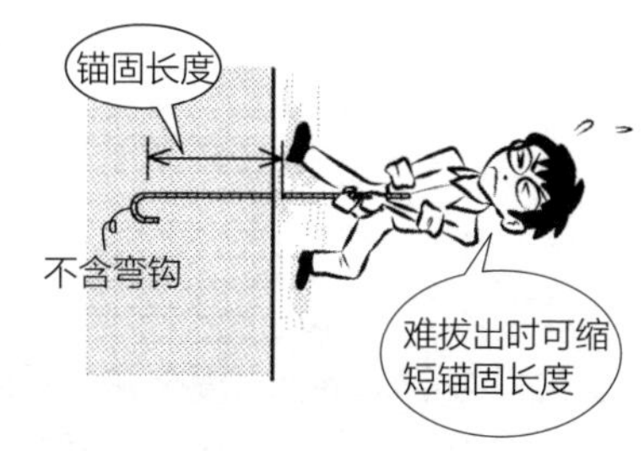

答案 ▶ **1.** 正确　**2.** 正确　**3.** 错误　**4.** 正确

Q 下图中关于钢筋混凝土结构的叙述，请判断是否正确。

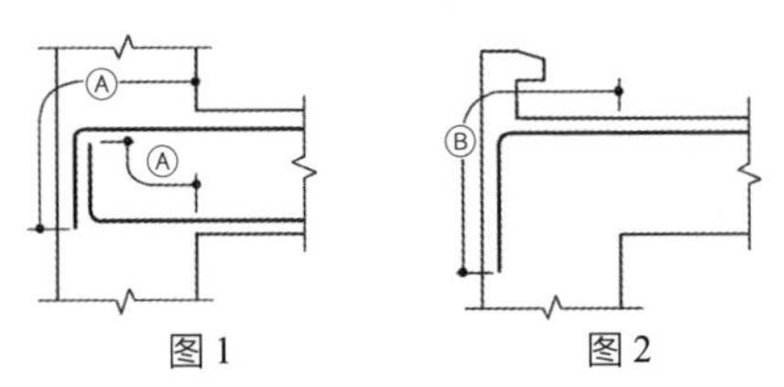

图 1　　　　图 2

1. 如图 1 所示，在一般楼层的梁端部主筋，Ⓐ部分是锚固长度。
2. 如图 2 所示，在最高楼层梁的上部钢筋，Ⓑ部分是锚固长度。

A 梁的主筋如图 1 所示，在柱内有 L 形弯折，用螺栓锚固，使梁不会掉落（配筋指南，1 正确）。上部钢筋向下弯折，下部钢筋向上弯折，以设置在节点域（panel zone，柱梁连接处）为原则（钢筋混凝土规范）。因为节点域不容易破坏。

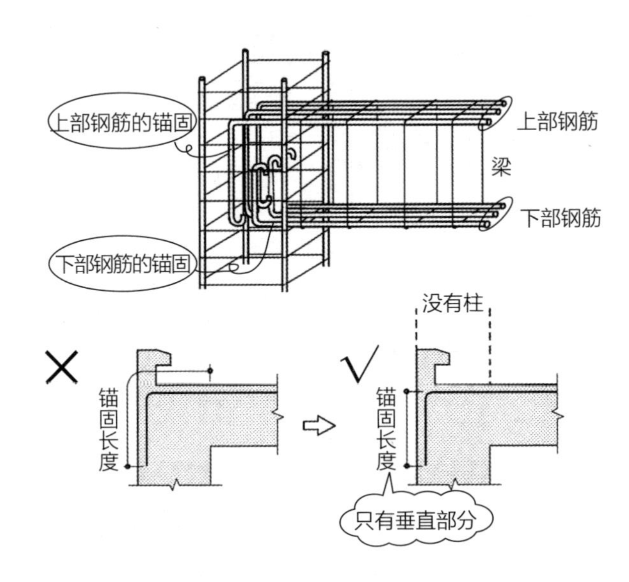

最上层的上部钢筋的上方没有柱，容易拔出，以弯折后的垂直部分作为锚固长度（配筋指南，2 错误）。

答案 ▶ **1.** 正确　**2.** 错误

Q 在钢筋混凝土结构中：

1. 在外柱的柱梁连接处，为了确保韧性，梁的下部钢筋会向上锚固，梁的上部钢筋和下部钢筋在柱梁连接处内要有一定的水平锚固长度。
2. 在外围的柱梁连接处，梁主筋的水平投影长度为柱宽的 0.75 倍以上。
3. 在最上层的梁的上部钢筋的 1 段筋会有如右图Ⓐ部分的锚固长度。
4. 在最上层的梁的上部钢筋的 2 段筋会有如右图Ⓑ部分的锚固长度。

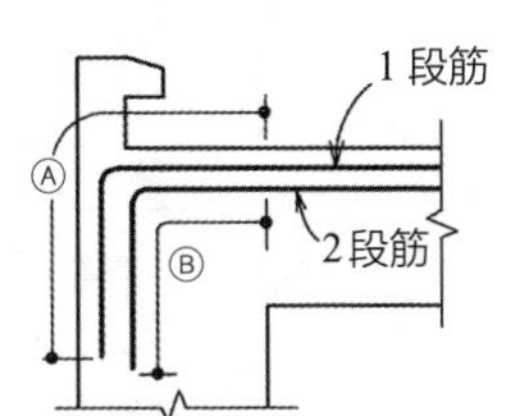

A 梁的下部钢筋要向上弯折，较不容易破坏，黏结力（韧性）较强（钢筋混凝土规范，1 正确）。若向下弯折，连接处会产生斜向的剪力裂缝，沿着钢筋逐渐破坏，使钢筋容易拔出。无论是上部钢筋或下部钢筋，原则上都要维持在节点域（柱梁连接处）。钢筋要深入柱宽 0.75 倍（钢筋混凝土规范，2 正确）。

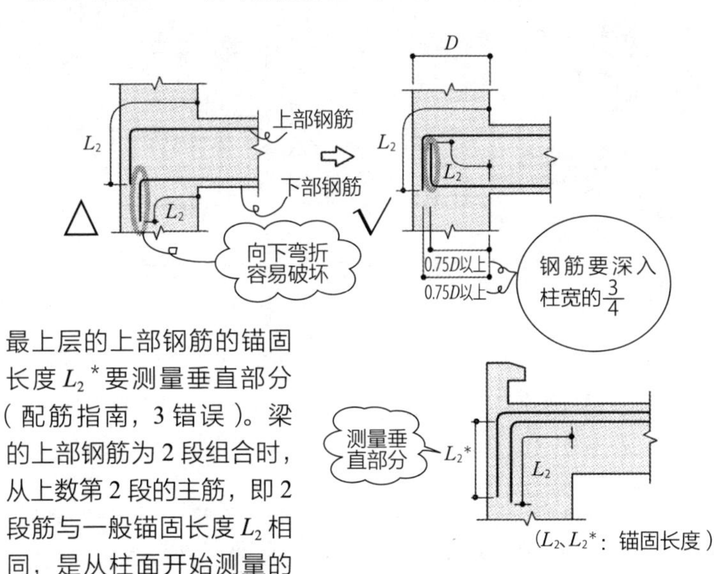

最上层的上部钢筋的锚固长度 $L_2{}^*$ 要测量垂直部分（配筋指南，3 错误）。梁的上部钢筋为 2 段组合时，从上数第 2 段的主筋，即 2 段筋与一般锚固长度 L_2 相同，是从柱面开始测量的（配筋指南，4 正确）。

（L_2、$L_2{}^*$：锚固长度）

答案 ▶ **1.** 正确 **2.** 正确 **3.** 错误 **4.** 正确

Q 钢筋混凝土结构的钢筋锚固如图所示，请判断是否正确。

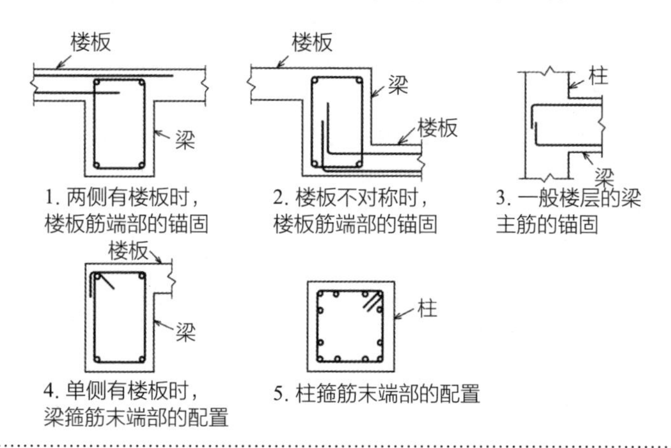

1. 两侧有楼板时，楼板筋端部的锚固
2. 楼板不对称时，楼板筋端部的锚固
3. 一般楼层的梁主筋的锚固
4. 单侧有楼板时，梁箍筋末端部的配置
5. 柱箍筋末端部的配置

A 楼板的钢筋，只要以直线方式穿过梁就可以了，但是楼板端和梁之间的锚固就要靠上部钢筋的弯折（配筋指南，1、2 均正确）。

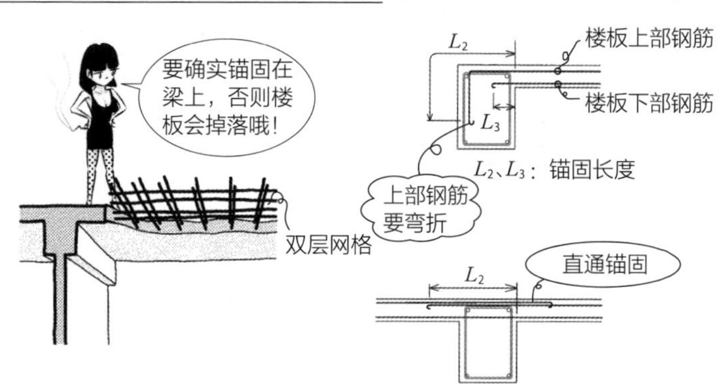

梁主筋与柱之间的锚固，原则上要使上部钢筋、下部钢筋的弯折都进入节点域（配筋指南，3 正确）。比起下部钢筋向下弯折，要向上弯折才能进入节点域。

柱箍筋的 135° 弯钩是可以的（参见 R104，5 正确）。原则上梁箍筋的弯钩也是 135°，只有楼板侧允许弯钩 90°（配筋指南，4 错误）。请记住螺旋钢筋末端是 135° 。

答案 ▶ **1.** 正确 **2.** 正确 **3.** 正确 **4.** 错误 **5.** 正确

Q 在钢筋混凝土结构中：

1. 柱的主筋全截面积相对于混凝土全截面积的比例，在没有进行结构计算的情况下，会随着混凝土截面积增加到一定程度以上，即0.4%。
2. 计算剪力墙框架（剪力墙四周的框架）的梁主筋时，除去楼板部分，梁主筋的全截面积相对于混凝土全截面积的比例为0.4%。

A 柱的主筋量是柱全截面积的0.8%（钢筋混凝土规范，1错误）。梁的主筋量在剪力墙框架的情况下为0.8%以上（钢筋混凝土规范，2错误）。0.4%以上是梁的平衡钢筋比 p_t 的规定（参见R065）。

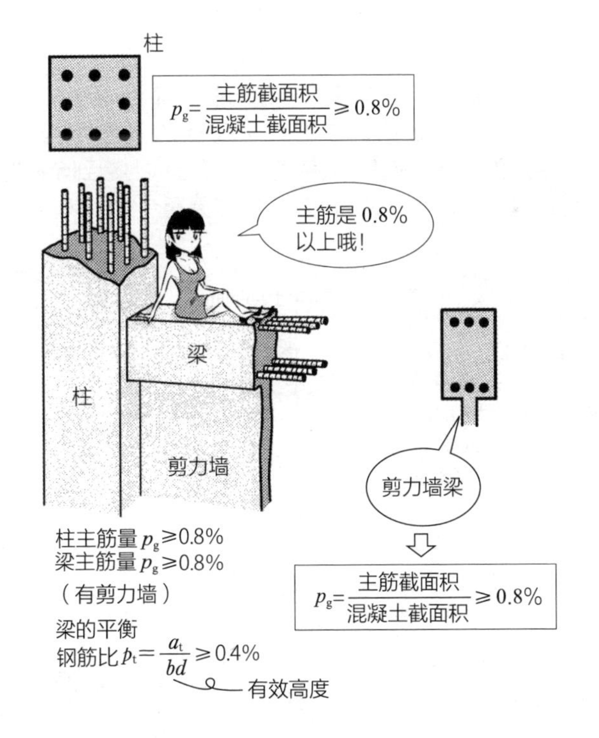

答案▶**1.** 错误　**2.** 错误

Q 梁的受拉钢筋比低于平衡钢筋比时，梁的最大弯矩几乎与受拉钢筋的截面积成正比。

A 受拉钢筋比 p_t 是指与弯曲材料的截面积相比，有多少受拉钢筋的比例。请注意，分母不是整体的截面积，而是有效截面积。

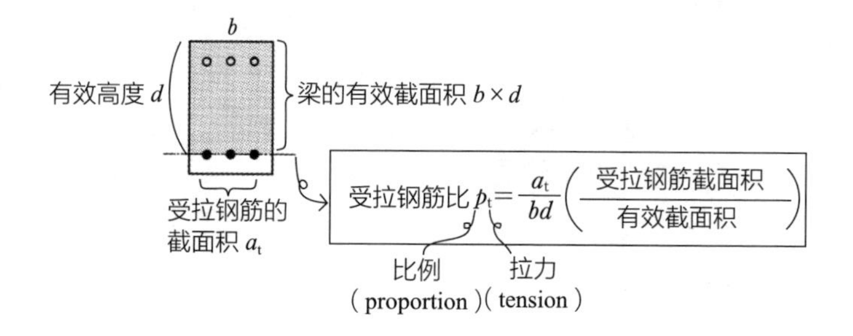

受拉钢筋的量少时，弯矩 M 变大，钢筋很快就会达到允许拉应力 f_t。若增加钢筋量，钢筋达到 f_t 的同时，混凝土的压应力最大值（边缘压应力）会达到允许压应力 f_c。钢筋和混凝土同时达到允许应力时的受拉钢筋比 p_t，称为平衡钢筋比。注意 M 是整个截面，f_t 是截面的一部分。

在受拉钢筋比以下，与混凝土的抗压强度相比，钢筋量较少，允许弯曲应力由钢筋量决定。钢筋截面积 a_t 较大时，允许弯曲应力几乎成正比变大（答案正确）。

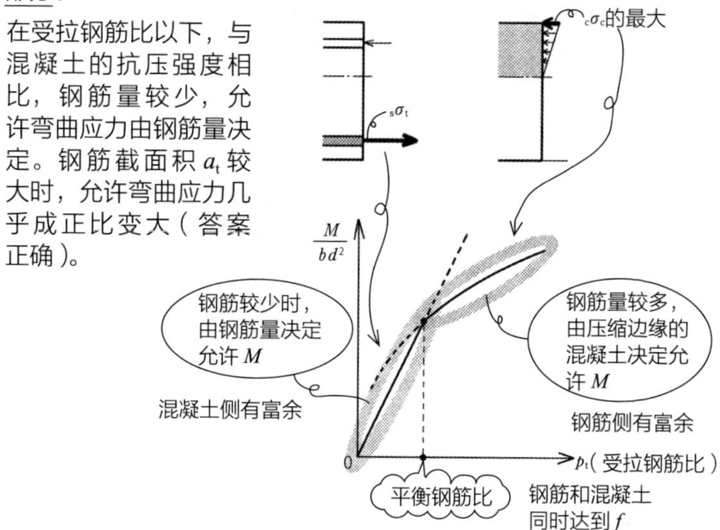

答案 ▶ 正确

Q 梁承受长期荷载时的正负最大弯矩的截面，其最小受拉钢筋比是在“0.4%”和“存在内力的需求量的 4/3 倍”中，取较小者以上的数值。

A 为了决定梁的最大弯距，要从混凝土的压缩边缘达到允许压应力 f_c 时的 M，以及受拉钢筋达到允许拉应力 f_t 时的 M 里面，选择较小者。受拉钢筋的量是在平衡钢筋比时，混凝土和钢筋同时达到允许应力。混凝土常为现场制作，所以钢筋的可靠性较高。要以钢筋侧决定允许 M 时，受拉钢筋比 p_t 在平衡钢筋比以下，与混凝土相比，钢筋会设计成较弱侧。就像马拉松比赛的时候，两个体力相当的人同时筋疲力尽一样，钢筋和混凝土也几乎同时达到允许应力。因此以距离平衡钢筋比较近的地方来决定钢筋量，是最不浪费的设计方案。p_t 在 0.4% 以上、平衡钢筋比以下时，可以调整至距离平衡钢筋比较近的数值。

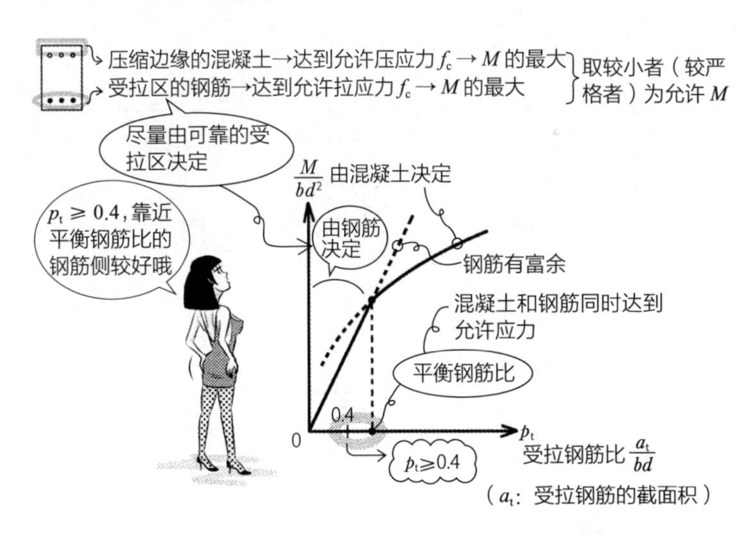

p_t 太小时，钢筋和混凝土之间的平衡变差，有黏结力的钢筋变少，因此至少要在 0.4% 以上。另外，如基础梁等的大截面，较少产生因拉力导致的开裂危险，即使 p_t 不到 0.4%，只要有内力的 4/3 倍的钢筋量也是可以的（钢筋混凝土规范，答案正确）。

答案 ▶ 正确

Q 在计算梁截面的弯矩时，梁的受拉钢筋比在平衡钢筋比以下，梁的允许弯距会以 a_t（受拉钢筋的截面积）$\times f_t$（钢筋的允许拉应力）$\times j$（弯曲材料的内力中心距离）来计算。

A 受拉钢筋比 p_t 和弯矩 M 的关系，若是以压力和受拉钢筋量的比来决定，会形成一个曲线。以 M/bd^2 作为纵轴，是因为宽度 b 和有效高度 d 组成此式时，只剩下 M 和 p_t 的关系。p_t= 平衡钢筋比，表示受拉钢筋和压缩边缘的混凝土同时达到允许应力，在平衡钢筋比以下，表示受拉钢筋先达到允许应力。M 是压力和拉力的力偶产生的，由钢筋决定允许 M 时，可以用钢筋的 f_t 产生的力偶 = 允许 M 来进行计算。

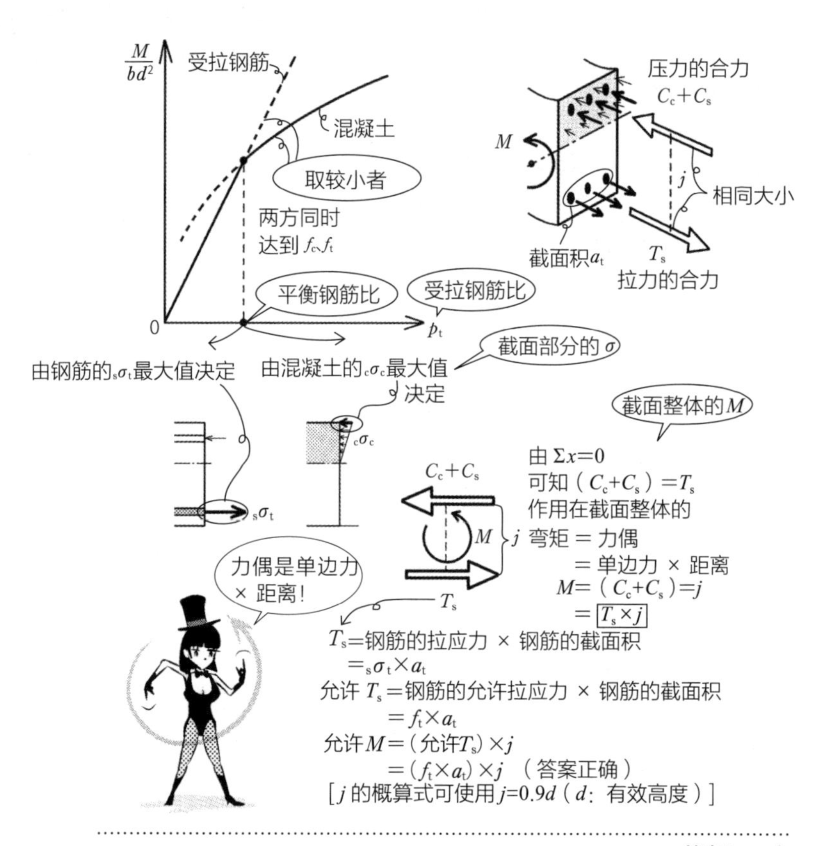

答案 ▶ 正确

Q 矩形梁的允许弯曲应力，是在压缩边缘的混凝土达到允许压应力，以及受拉区钢筋达到允许拉应力时所算出的值中，取较大者。

A 下图受弯矩作用的矩形梁中，中性轴以上受压力而缩短，中性轴向下受拉力而伸长。假设截面变形后仍保持平面，变形会与中性轴的距离成正比而变大（①），使其变形的应力也变大。混凝土的压应力是以上缘为最大（②）。钢筋的应力是变形较大的受拉区比受压区要大（③）。混凝土的压应力和钢筋的拉应力中，只要有一方达到允许应力的阶段，梁就会弯曲，并且判断为危险状态，这时的弯曲应力就是允许弯曲应力。因此选取较小的数值（答案错误）。

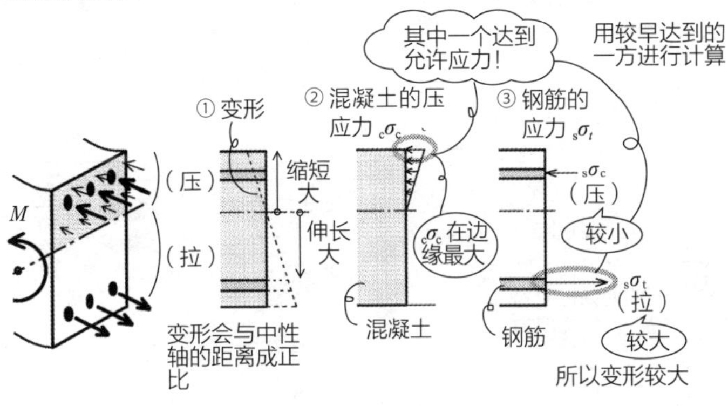

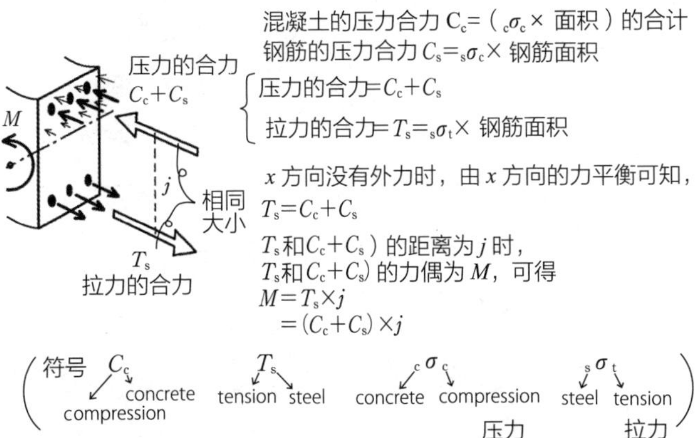

答案 ▶ 错误

在此总结一下有关求取梁的钢筋量的曲线。请连同形状一起记下来吧。用内力计算求出梁各部位的弯曲应力，再由截面形状求出$\frac{M}{bd^2}$。由 γ、F_c、f_t、f_c、E 等的比求出 p_t。

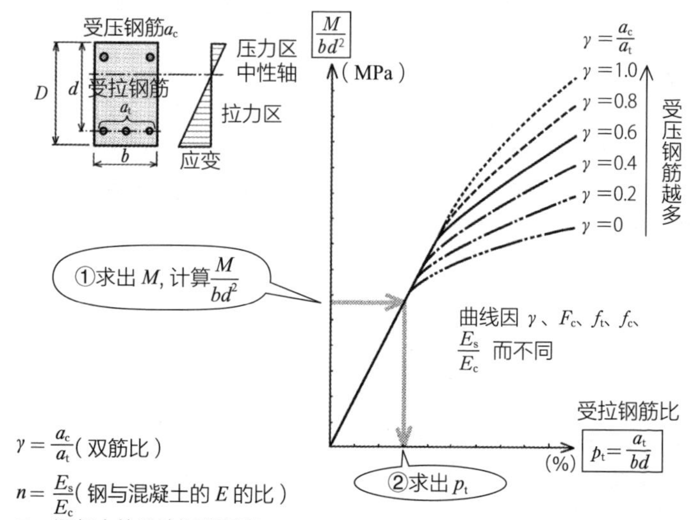

$\gamma=\frac{a_c}{a_t}$（双筋比）

$n=\frac{E_s}{E_c}$（钢与混凝土的 E 的比）

F_c：混凝土的设计标准强度

f_t：钢筋的允许拉应力

f_c：钢筋的允许压应力

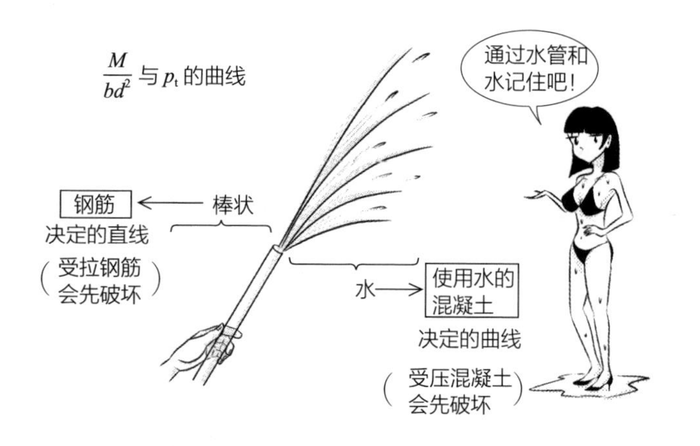

Q 如图所示的截面的钢筋混凝土结构梁，承受上侧压力、下侧拉力的弯矩作用时，请求出其极限弯矩的值。此时，混凝土的抗压强度为36MPa，每根主筋（D25）的截面积为 507mm²，主筋的屈服应力为345MPa，受拉钢筋的屈服会比受压混凝土的破坏早发生。

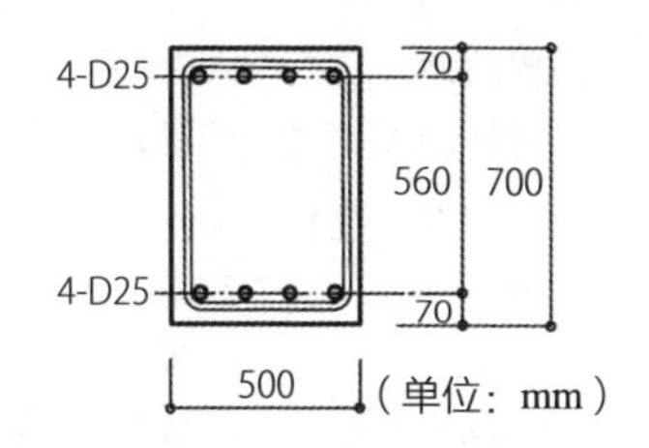

A ①塑性弯矩 M_p（plasticity：塑性）是全截面屈服成为塑性状态时的弯矩。钢的压力、拉力屈服应力 σ_y（yield：屈服）都相同。全截面塑性时，受压区的 σ_y 区块与受拉区的 σ_y 区块大小相同，成为很简单、理想的形状。

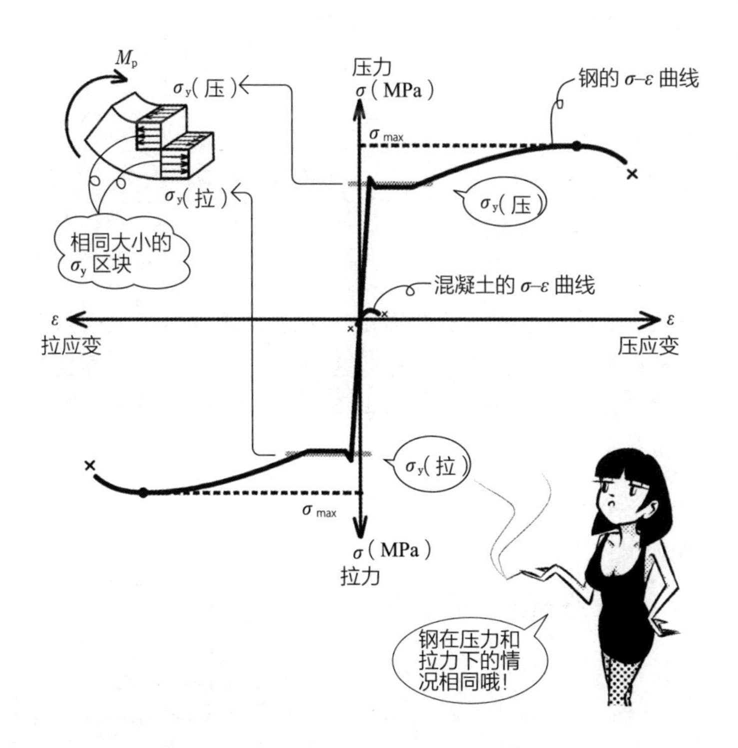

②混凝土的 $\sigma-\varepsilon$ 曲线，高度只有钢的曲线的 1/15 左右，也没有从原点拉出的直线部位（弹性区），混凝土的拉力 σ_{max} 只有压力的 1/10 左右。当梁受到强大的弯曲作用时，受拉区的混凝土很容易开裂，形成只剩钢筋与之抵抗的情形（下图②）。当弯矩更大时，受压区剩下的混凝土 σ_{max} 与受拉区钢筋的 σ_y 形成力偶，一边抵抗弯曲，一边变形直至破坏（下图③）。此时不是全截面塑性的塑性弯矩，而是破坏、最终的弯矩，称为极限弯矩 M_u（ultimate：极限）。

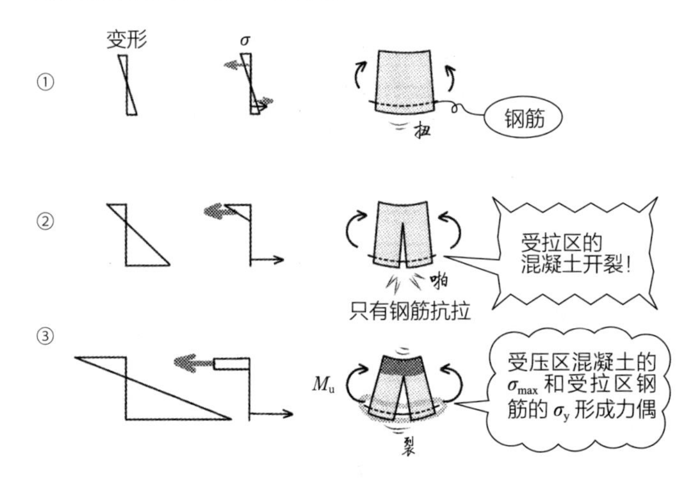

③压力 C 的 σ_{max} 区块较难确定，无法计算。而拉力 T 可由（钢筋的截面积合计）×（钢筋的 σ_y）求出。另外，j 是用受拉钢筋中心至梁上端的高度 d（有效高度）的 0.9 倍来概算。

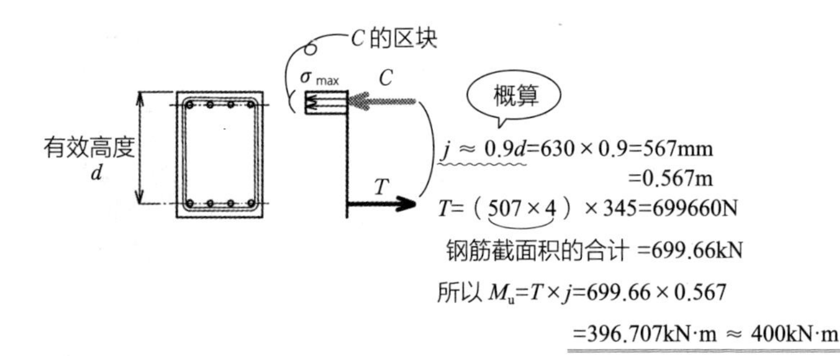

$j \approx 0.9d=630\times0.9=567\text{mm}$
$=0.567\text{m}$

$T=(507\times4)\times345=699660\text{N}$

钢筋截面积的合计 $=699.66\text{kN}$

所以 $M_u=T\times j=699.66\times0.567$

$=396.707\text{kN·m}\approx400\text{kN·m}$

答案 ▶ 400kN・m

Q 如图 1 所示，在承受水平力 P 的钢筋混凝土框架结构中，全长的梁截面如图 2 所示，梁的受拉钢筋屈服会比混凝土的压力破坏早发生。请求出此时 A 点的极限弯矩 M_u。其他条件如（1）~（4）所述。

条件：

（1）钢筋的屈服应力 σ_y：350MPa。

（2）混凝土的抗压强度 F_c：24MPa。

（3）每根主筋（D25）的截面积：500mm²。

（4）忽略梁的自重。

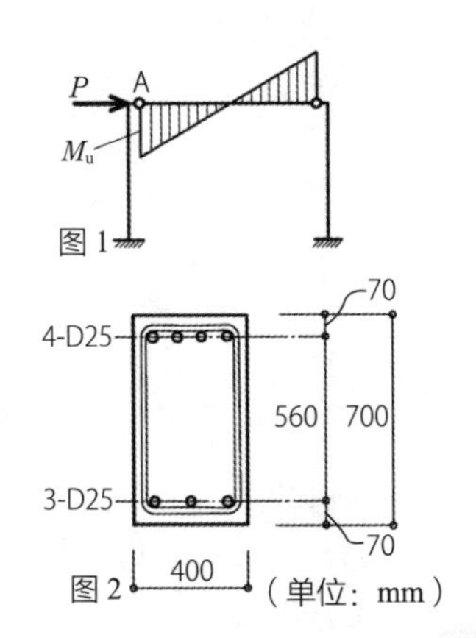

A ①只以平衡不能求出反力、内力的（静不定）框架，先记住 M 图的形状会很方便。一般是先将 M 图分成承受垂直荷载时和水平荷载的情况，分别算出之后再进行组合（相加）。

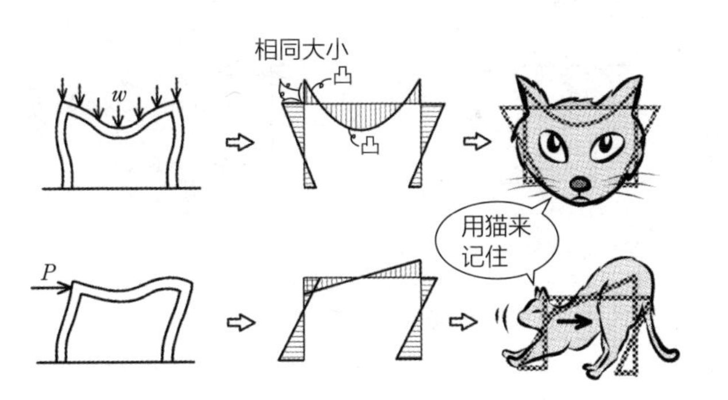

②水平力 P 较大，某点材料会产生屈服，在相同的力下会持续变形。因为像铰接一样旋转，所以称为塑性铰。在柱梁连接处，柱和梁之间抗弯较弱者会形成塑性铰，产生旋转。

达到屈服点 σ_y 的钢筋，不会马上断掉，而是会延长。从整个梁来看，就像是铰接在旋转一样。

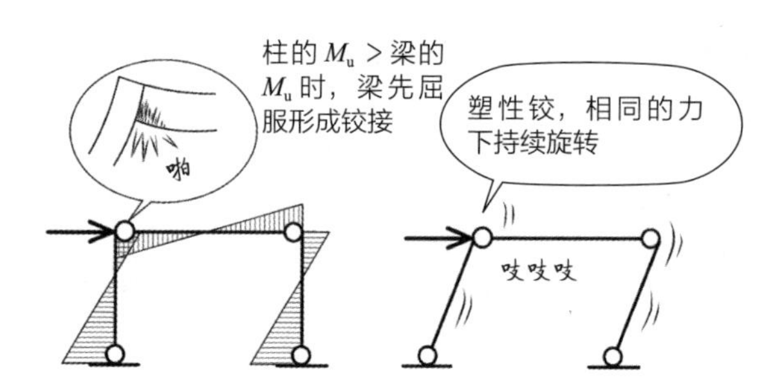

③题目的 A 点，从 M 图可知为向梁下凸出，下侧的钢筋抵抗拉力。可算出 3 根钢筋的屈服强度（T），再乘以 $j=0.9\times$ 有效高度，求得 M_u。

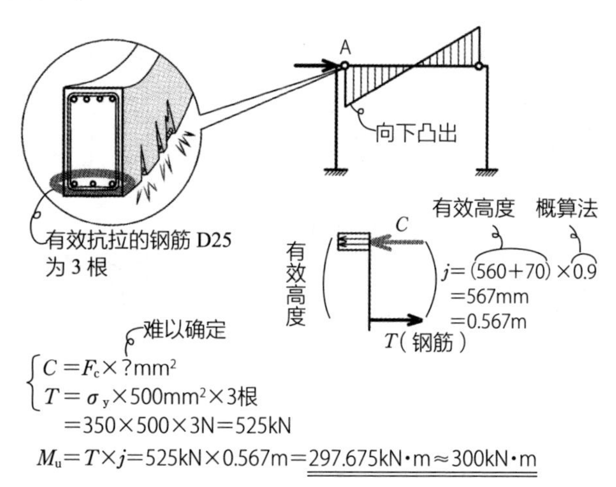

$$\begin{cases} C=F_c\times ?\text{mm}^2 \\ T=\sigma_y\times 500\text{mm}^2\times 3\text{根} \end{cases}$$

$=350\times500\times3\text{N}=525\text{kN}$

$M_u=T\times j=525\text{kN}\times0.567\text{m}=\underline{\underline{297.675\text{kN}\cdot\text{m}\approx300\text{kN}\cdot\text{m}}}$

要点

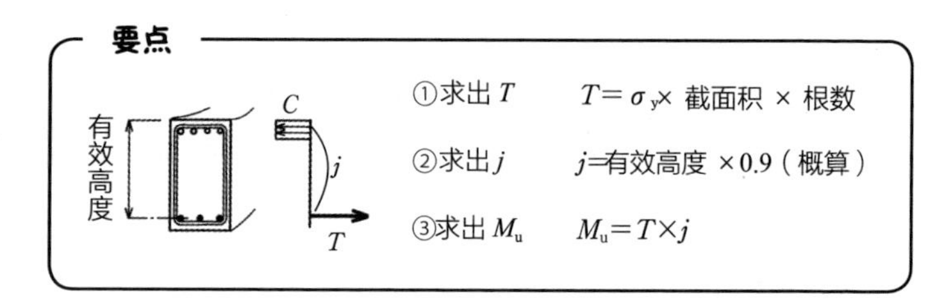

①求出 T　　$T=\sigma_y\times$ 截面积 × 根数

②求出 j　　j=有效高度 ×0.9（概算）

③求出 M_u　　$M_u=T\times j$

答案 ▶ **300kN · m**

梁的弯曲破坏有几种形式，比较复杂，在此总结一下。利用图像记忆下来吧。

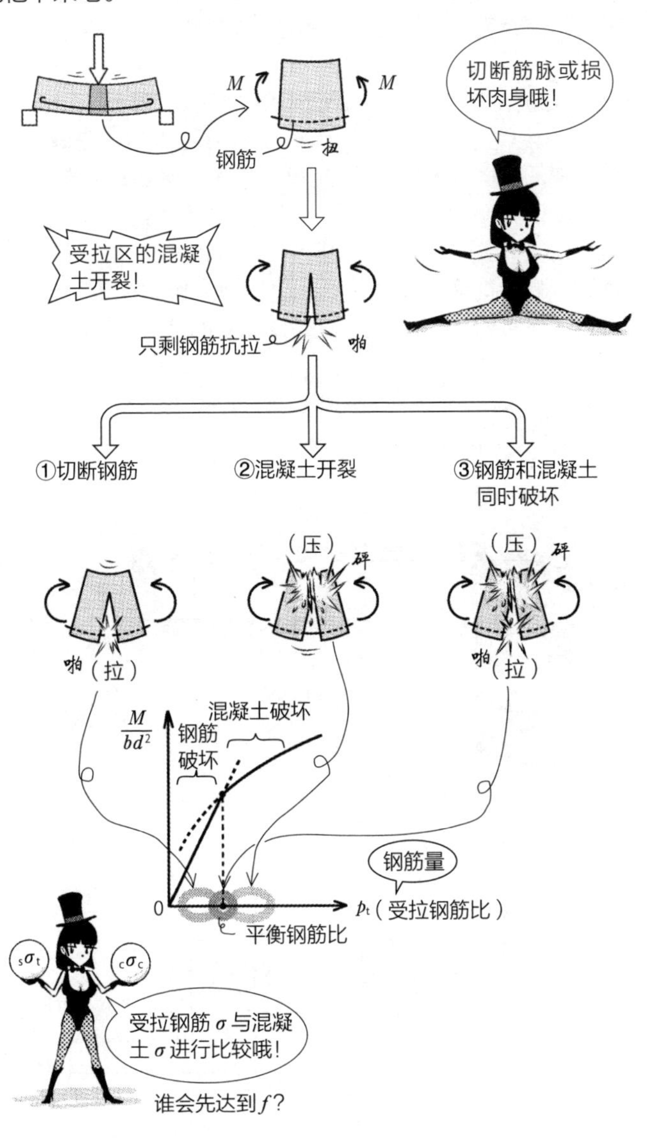

Q 在钢筋混凝土结构中：

1. 在计算柱和梁的允许剪力时，主筋不会承担剪力作用。
2. 箍筋的间隔越密，构件之间的黏结力效果越强。

A 主筋是柱梁方向的粗钢筋，主筋上围绕的细钢筋是箍筋（stirrup、hoop）。抵抗剪力 Q 的是缠绕的箍筋，而不是主筋（1 正确）。

Q 会将柱梁的截面变形为平行四边形，在截面内的中央部位有最大剪应力 τ 作用。平行四边形的长方向会有对角线的拉力作用，箍筋就是使之不要往对角线方向扩张，抵抗拉力。

Q 作用时，微小的变形就能使混凝土坏掉（脆性破坏）。增加箍筋数量可以提高抗剪强度，提高黏结力（韧性）（2 正确）。

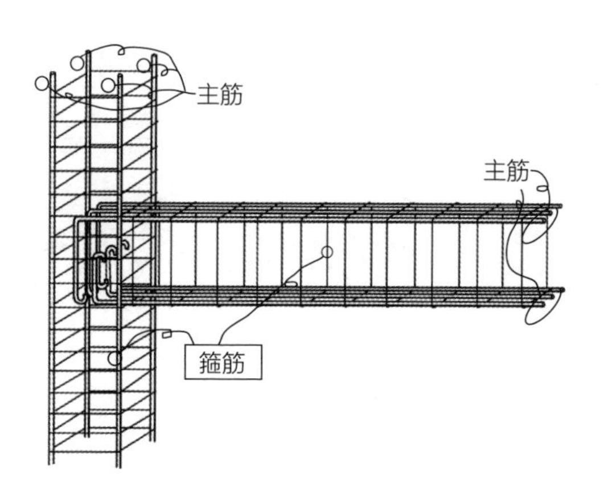

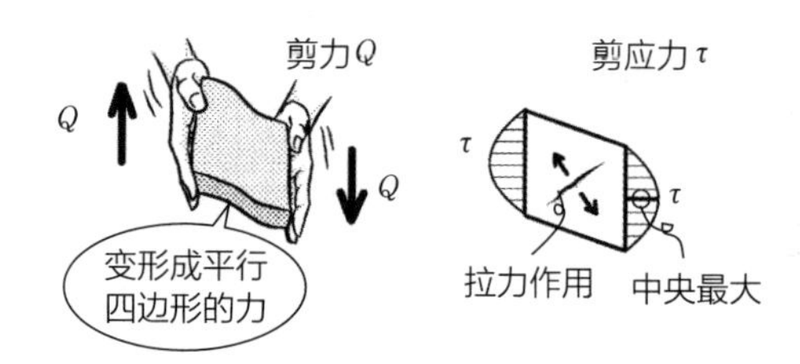

答案 ▶ **1.** 正确 **2.** 正确

Q 在钢筋混凝土结构中：

1. 设置箍筋的主要目的是抑制剪力裂缝发生。
2. 设置箍筋不是要抑制剪力裂缝的发生，而是防止裂缝延伸，有增加构件剪力极限强度的效果。

A 箍筋也可称为剪力筋，主要是为了抵抗剪力 Q 而围绕在主筋上（1 错误）。剪力极限强度是剪力破坏时的强度，混凝土的抗剪强度会与箍筋的抗拉强度一起抵抗破坏。箍筋虽然不能阻止剪力裂缝的发生，但是可以防止裂缝延伸（钢筋混凝土规范解说部分，2 正确）。

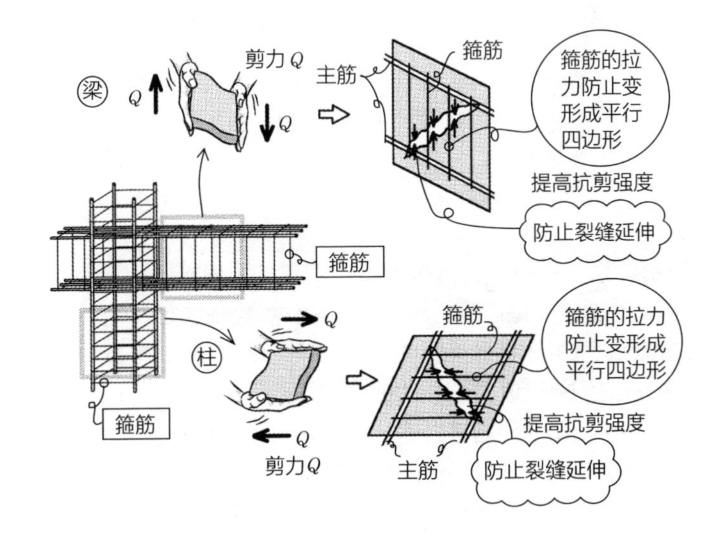

要点

剪力筋（箍筋）⇨ 剪力裂缝 { 抑制发生 × ／ 防止延伸 √ }

答案 ▶ 1. 错误　2. 正确

Q 梁发生剪力裂缝后，夹着裂缝的斜向混凝土部分会有剪力作用，剪力筋和主筋有拉力作用，形成桁架结构来抵抗剪力。

A 结构计算中，抗剪强度（极限强度：最大强度）是根据混凝土的效果＋剪力筋的效果计算而得。在钢筋混凝土规范中，求取柱、梁允许剪应力的计算公式并没有出现主筋量。用来抵抗整体剪力 Q 的，是在构件中央附近的混凝土剪力，以及抵抗斜向拉力的剪力筋拉力。

抵抗剪力 Q= 混凝土的效果 + 剪力筋的效果

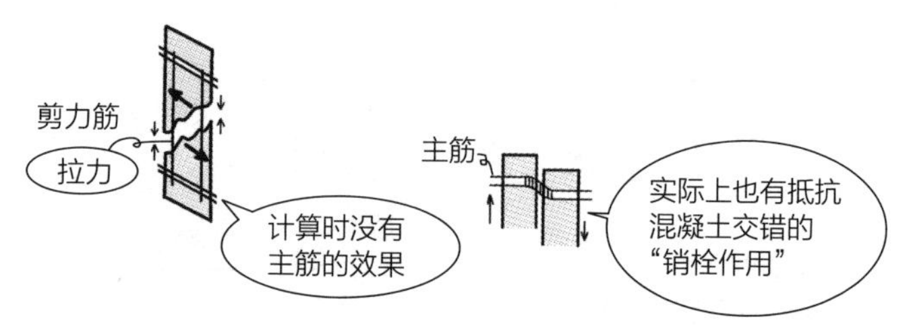

仔细看的话，主筋还有抵抗混凝土交错的“销栓作用”（dowel action）。“销栓”是连接材料的小型构件，担任着防止错开或滑动的角色。例如巴特农神殿（Patron Temple）的柱，在被切成圆形的圆柱之间就设置了许多木制的构件。

从试验中求得的允许剪应力的公式，无法适用于使用高强度混凝土和钢筋的情况。此时用桁架结构的模型进行替代，进行求出剪力极限强度的研究。混凝土发生剪力裂缝分裂时，混凝土可用斜向压缩材料、主筋和剪力筋作为水平、垂直的拉伸材料，组成三角形的桁架，予以简化（答案正确）。

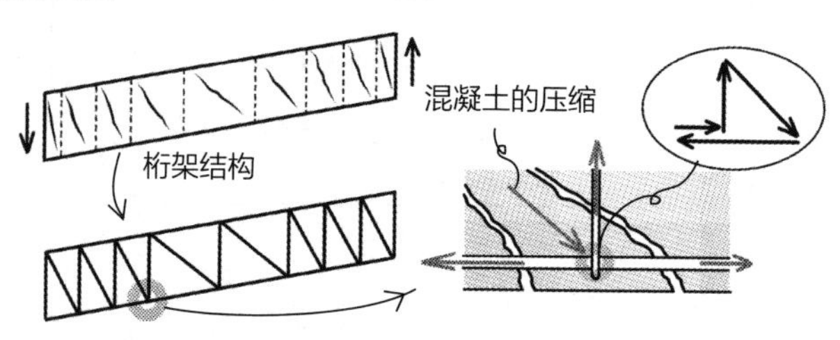

答案▶正确

Q 在钢筋混凝土结构中：

1. 为了确保柱和梁的韧性，构件会设计成在剪力破坏之前，先达到弯曲屈服。
2. 柱构件的受拉钢筋越多，弯曲承载力会越大，韧性越好。
3. 弯曲屈服的梁，在两端都达到弯曲屈服时的剪力和梁剪力的比（剪力富余）较大者，较难形成弯曲屈服后的剪力破坏，韧性较高。

A 弯矩 M 超过允许应力，达到极限弯矩 M_u 时，M 不继续增加，也会以 M_u 产生旋转。从达到 M_u 到破坏前，会在韧性状态中持续变形。另外，剪力破坏没有韧性，会一口气达到破坏，因此在剪力破坏前先发生弯曲屈服（1 正确）。增加剪力筋会增加构件的抗剪强度，增强韧性（2 错误，3 正确）。

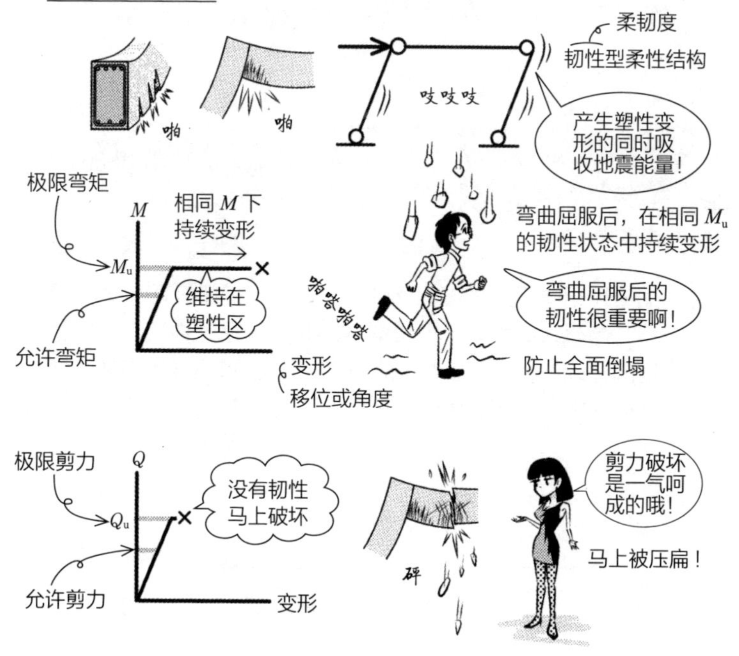

答案▶ 1. 正确　2. 错误　3. 正确

Q 1. 若主梁的端部为塑性铰，则和主梁连接的柱的屈服弯矩值会被设计成比主梁的值小。

2. 设置建筑物的破坏机构时，最好把各层的梁端部及一层柱脚设计成产生塑性铰的整体破坏型。

A 施加两倍的力后会有两倍的变形，除去力后恢复原状的是弹性。弹性的结束点就是屈服。屈服以后是塑性区，在力不增加的情况下会持续变形至破坏。承受荷载不变并旋转的塑性铰会吸收地震的能量，在韧性状态中破坏。屈服点的弯矩 M_u 的大小，若柱较小，则柱会先产生塑性铰（1 错误）。

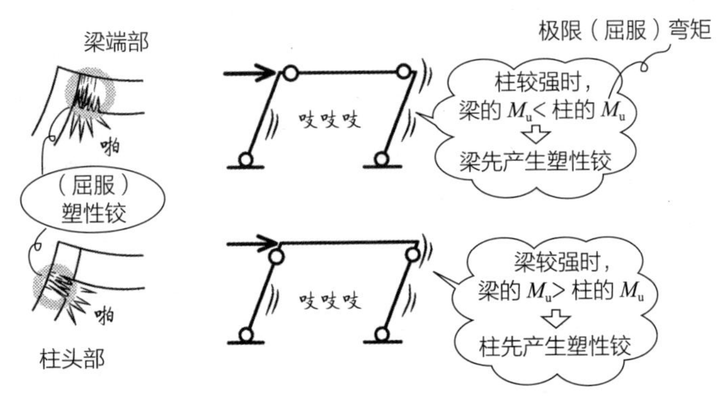

若各层的梁端和一层的柱脚为塑性铰，则很多铰接在吸收地震能量，破坏时是整体破坏型。一层的柱头和柱脚是塑性铰，就成为只有一层的柱以塑性铰在抵抗的部分破坏，会瞬间发生破坏。底层架空结构的柱，必须避免部分破坏，让柱的 M_u 较大（2 正确）。

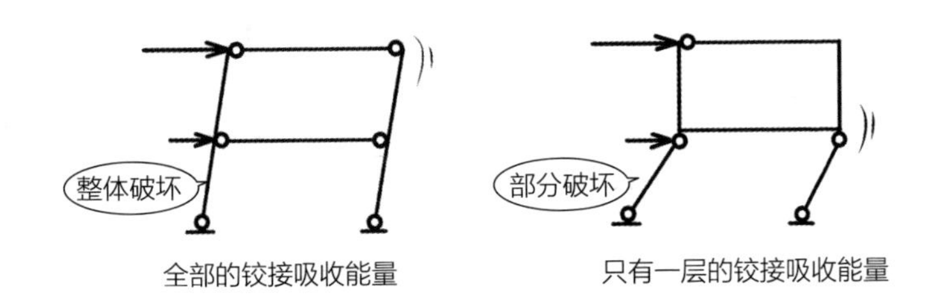

答案 ▶ 1. 错误　2. 正确

先把极限水平承载力总结一下。高度超过 31m 的建筑物适用抗震计算路径 3，要进行极限水平承载力的计算。

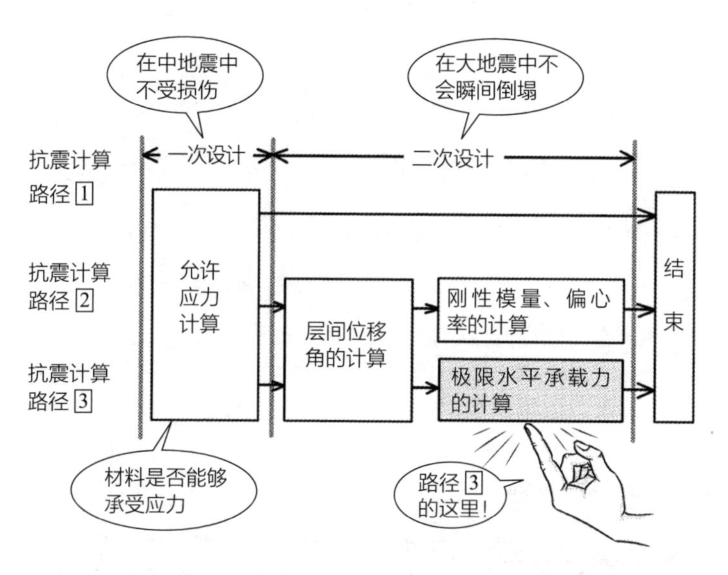

一次设计时，要确认建筑物各部位所承受的应力都在屈服点以下的弹性范围内。从屈服点保留一些富余，将允许应力设定在安全侧，使各应力都能控制在设计之下。

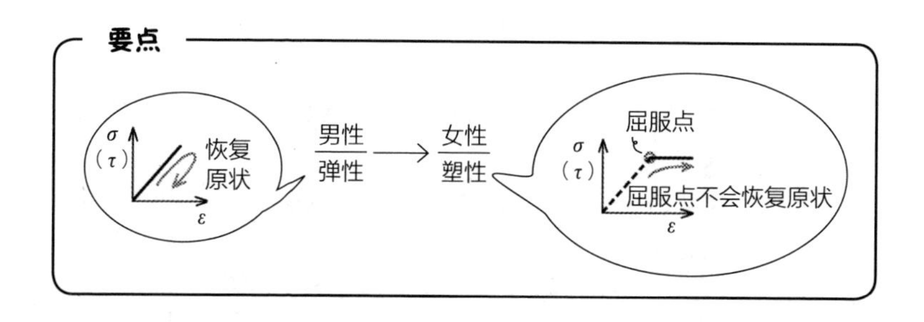

二次设计是进入应力超过屈服点的塑性区，变形持续发生，也不会恢复原状的极限状态。此时整体都会吸收能量直到破坏，即产生整体破坏。此设计是为避免只有部分楼层破坏的部分破坏，或部分柱破坏的局部破坏等，造成瞬间倒塌的情况。

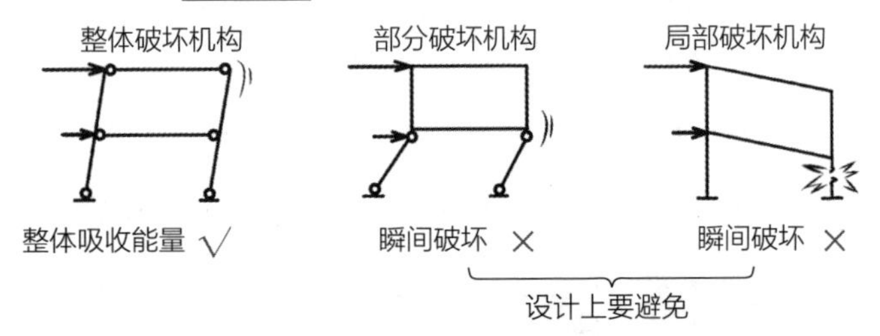

水平承载力是破坏开始时，各层所拥有的最大水平力、最大层剪力。承载力和屈服点的意思相近，力再大一些就会离开弹性区，进入塑性区，框架的变形也无法恢复原状。极限水平承载力是指框架现在持有的水平承载力，可从各柱梁、承重墙的塑性弯矩 M_p（钢结构）、极限弯矩 M_u（钢筋混凝土结构）等计算出来。

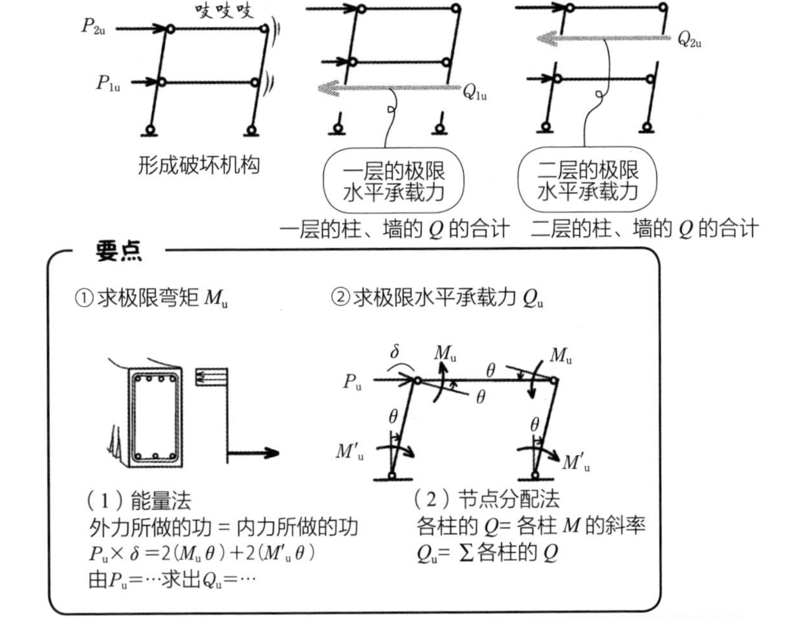

当不限定某种破坏机构时，计算出的极限水平承载力 Q_u 也有大有小。较小的 Q_u 先形成破坏机构，极限水平承载力就是取较小的 Q_u。

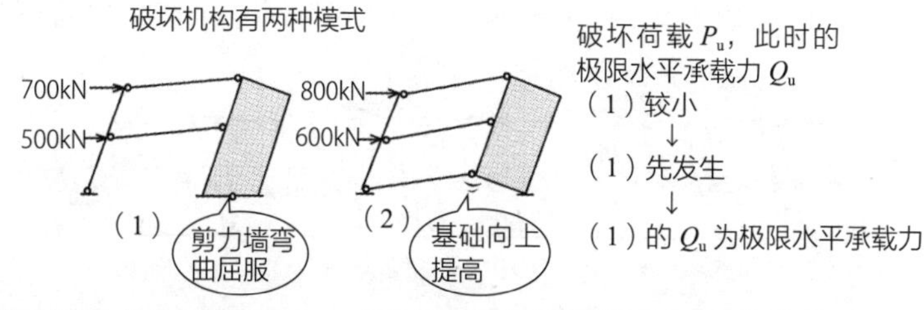

必要极限水平承载力 Q_{un}，是法律规定的极限水平承载力的必要量、最低值。可以利用由标准剪力系数 $C_o \geqslant 1$ 计算的层剪力 Q_{ud}，随变形难易度、韧性程度而折减的结构特性系数 D_s，以及随平面的、立体的偏心、交错程度而增幅的形状系数 F_{es}，相乘求得。

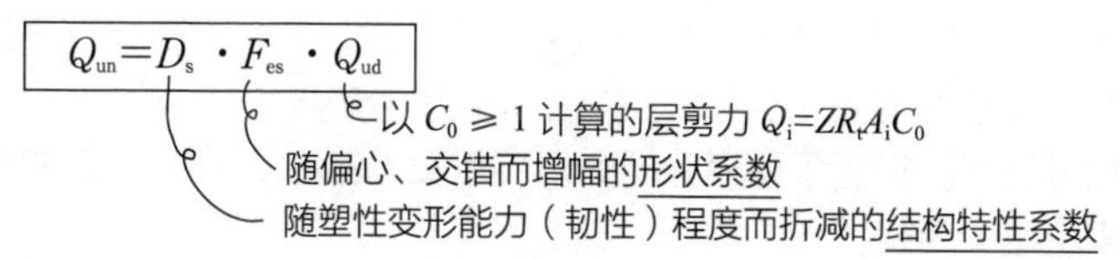

D_s 是折减系数，F_{es} 是增幅系数。柔软易变形者，D_s 较小，钢结构在 0.25～0.5 以上，钢筋混凝土结构在 0.3～0.55 以上。F_{es} 是增幅系数，根据不平衡、偏心和交错的程度，在 1～1.5 之间。

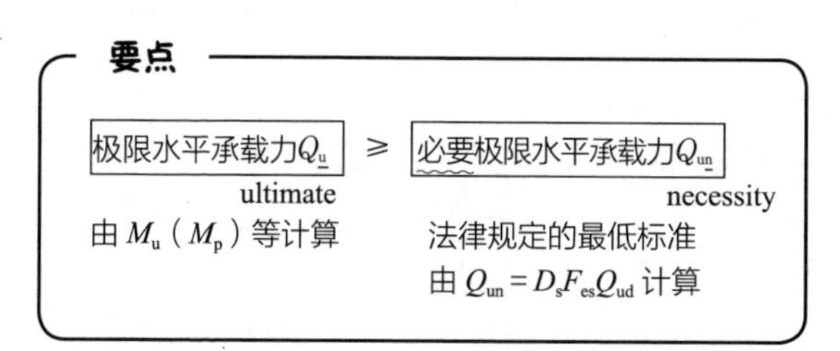

塑性变形能力大的纯框架，D_s 较小；难变形、坚硬的承重墙框架和墙体结构，D_s 较大。

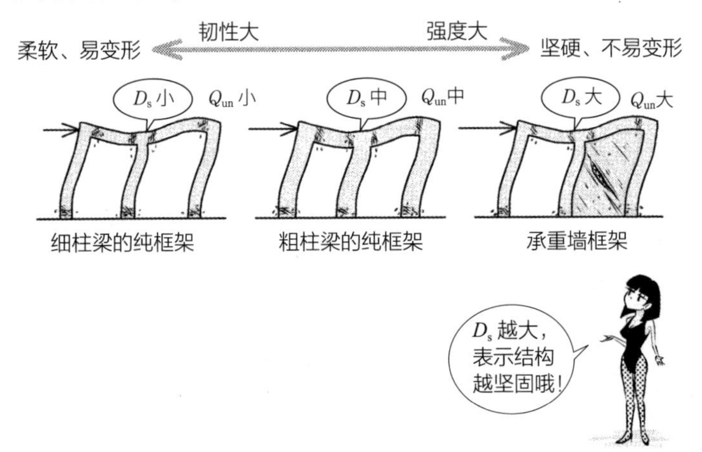

D_s 的求取方法（国交省公告）是，将柱梁墙的各构件根据变形难易（韧性）程度分成 A ~ D 级，然后将聚集在该构件的构件群划分等级，根据承重墙分担的水平承载力的比 β_u 和构件群的等级来决定 D_s 值。

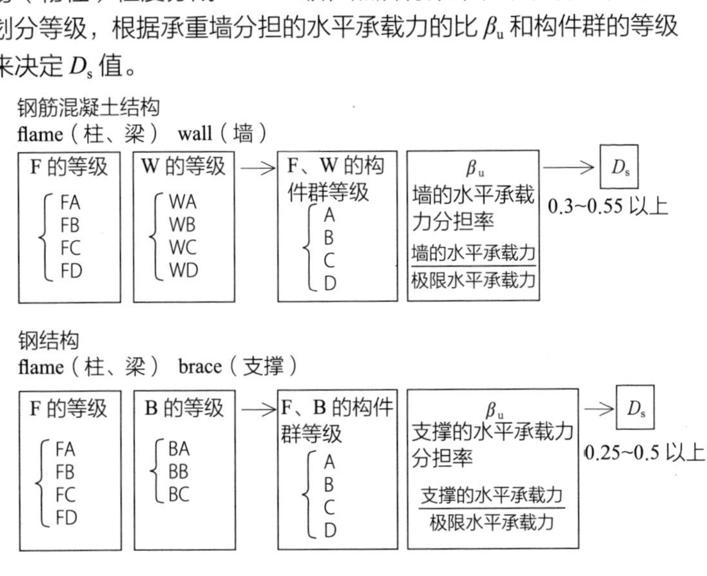

Q 1. 对于建筑物的地上部分，作用在某层的地震层剪力，是由该层的总重量乘以该层的地震层剪力系数 C_i 计算而得。

2. 在地震地域系数 Z 为 1.0，振动特性系数 R_t 为 0.9，标准剪力系数 C_o 为 0.2 的情况下，地上部分的最下层的一次设计用的地震层剪力系数 C_i 为 0.18。

A 第 i 层的层剪力公式为 $Q_i = C_i \times W_i$，要注意 W_i 是第 i 层以上的总重量，而不是只有第 i 层的重量（1 错误）。C_i 的分布系数 A_i 是越往上层越大，最下层的 $A_i = 1$。在题目 2 中，由于 $A_i = 1$，因此 $C_i = Z \times R_t \times A_i \times C_o = 1 \times 0.9 \times 1 \times 0.2 = 0.18$（2 正确）。

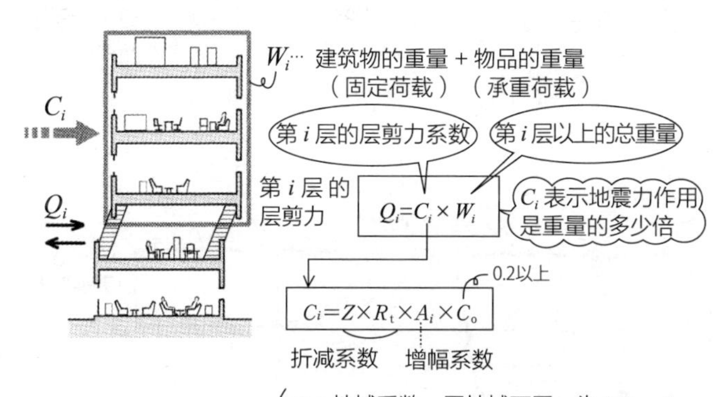

A_i 的 A 是 amplification（增幅）的意思。越上层的挥鞭子效果，越会使加速度增加。

- 关于 R_t、A_i 等，请参考《图解建筑结构入门》。

答案 ▶ 1. 错误　2. 正确

Q 计算建筑物地上部分的必要极限水平承载力时，标准剪力系数 C_o 必须在 1.0 以上。

A $C_o=0.2$ 是指地震加速度约为重力加速度 g 的 0.2 倍，也就是 $0.2g$。$C_o=1.0$ 是指地震加速度约为 $1.0g$。$0.2g$ 的加速度表示重量的 0.2 倍，因此 $1g$ 表示横向有整个重量的力在作用。C_o 乘以 Z、R_t、A_i 进行调整。在一次设计的应力计算中，以 $0.2g$ 以上求出层剪力 Q_i，在二次设计的必要极限水平承载力 Q_{un} 计算中，使用 $1.0g$ 以上（答案正确）。

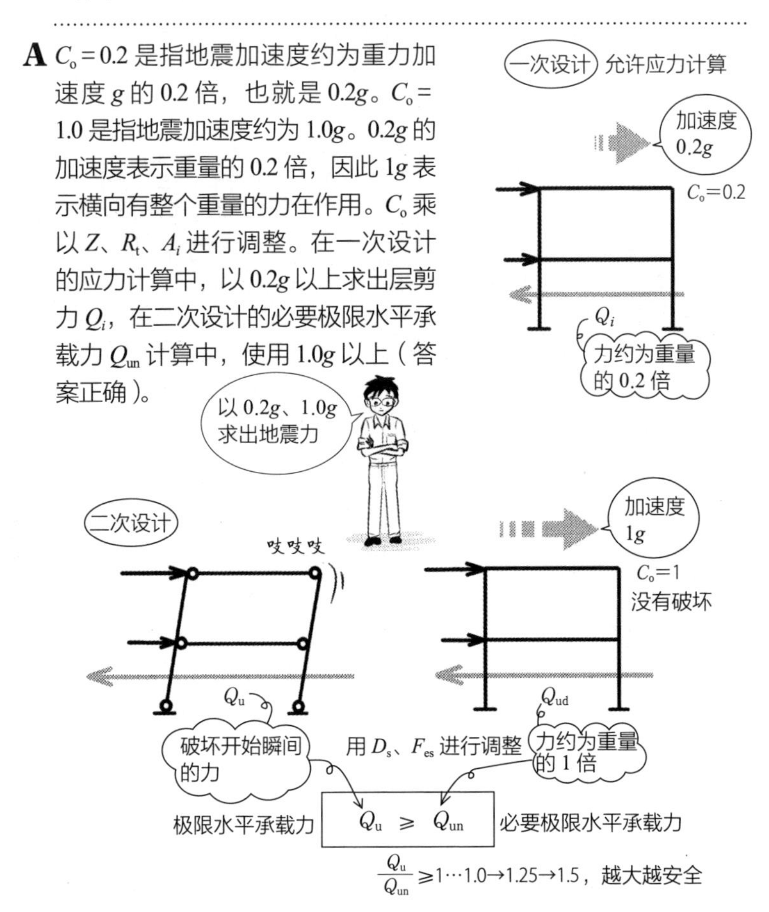

要点

应力计算… $C_o \geqslant 0.2$（加速度 $\geqslant 0.2g$）

必要极限水平承载力计算… $C_o \geqslant 1$（加速度 $\geqslant 1g$）

答案 ▶ 正确

总结一下地震力是如何作用在框架上的。Q_i 是作用在各层的层剪力（该层以上的水平力 P_i 的总和），由作用在各层的 P_i 可以计算出 Q_i。

① 一次设计
力作用在框架上，计算各部的内力、应力。

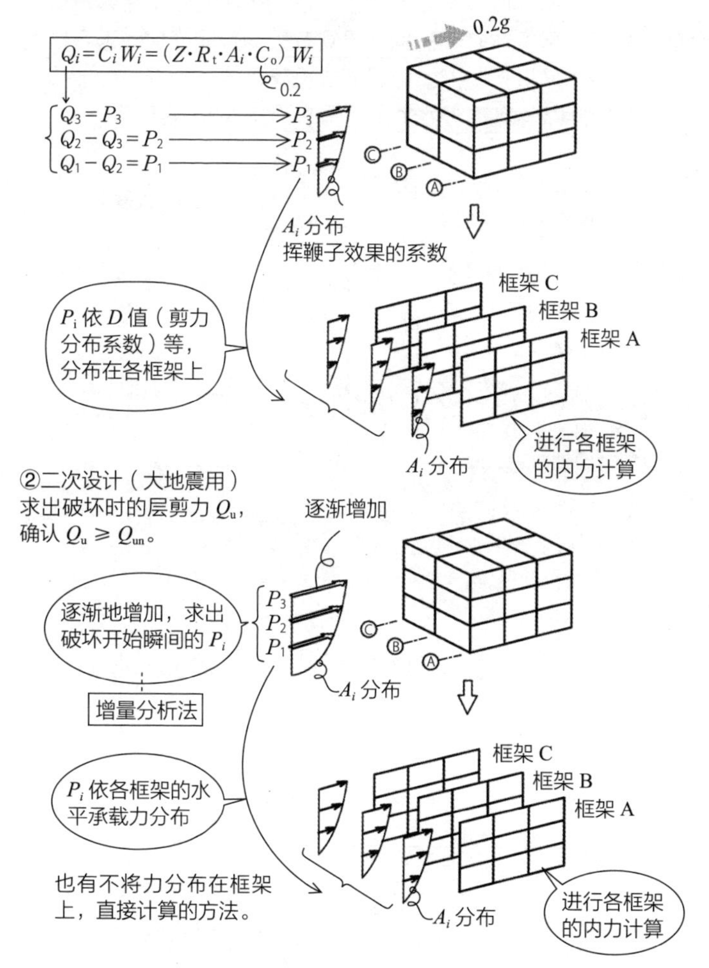

Q 对于建筑物的抗震安全性，在抗震强度非常大的情况下，不要太期待韧性有多好。

A 载荷 P 和变形 δ 的理想化曲线如图所示。承重墙（钢结构中是支撑）较多的建筑物，强度较大，就是左侧的曲线图。如果是墙剪力破坏先发生的类型，不会有韧性变形的情况发生（答案正确）。高层的框架等是整体破坏机构，是具有柔韧度的韧性型破坏。地震能量会成为使框架变形的能量而被框架吸收。当变形的能量相等时，可以判断出其抗震性也是相同的。

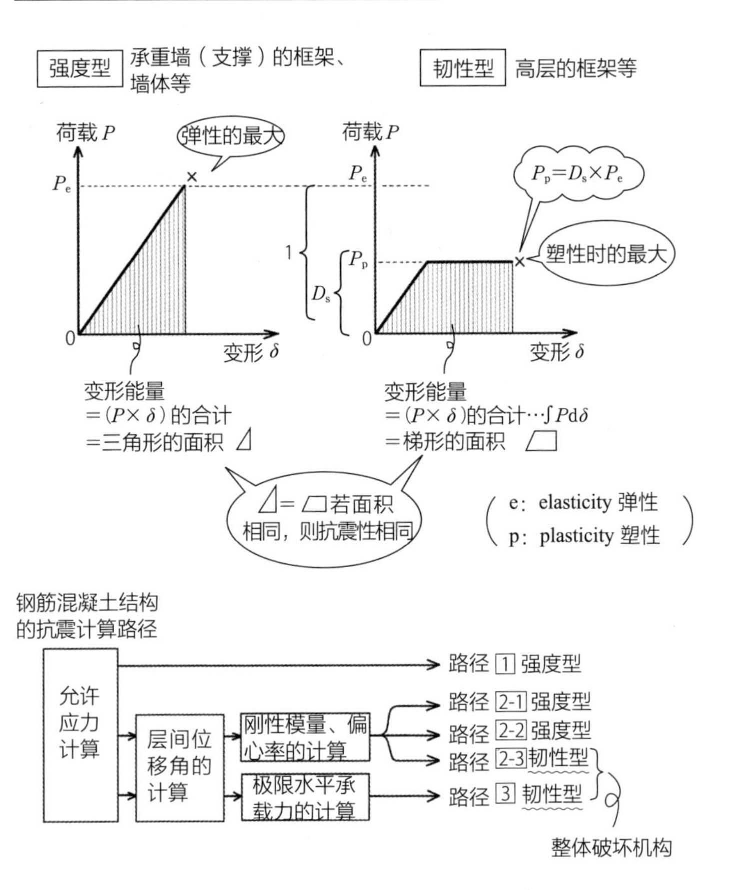

答案 ▶ 正确

Q 钢骨钢筋混凝土结构与钢筋混凝土结构的结构特性系数 D_s 的最小值是相同的。

A 按照钢筋混凝土（RC）、钢骨钢筋混凝土（SRC）、钢（S）的顺序，韧性越大，越柔软，D_s 就越小。D_s 的值除结构类型不同外，还可以由柱梁的等级（FA ~ FD）、墙（支撑）的等级（WA ~ WD、BA ~ BC）、构件群的等级（A ~ D）、墙（支撑）的水平承载力分担率 β_u 求出。越坚硬，D_s 越大；越柔软，D_s 越小。关于 D_s 的最小值，钢筋混凝土是 0.3，钢骨钢筋混凝土、钢是 0.25（答案错误）。

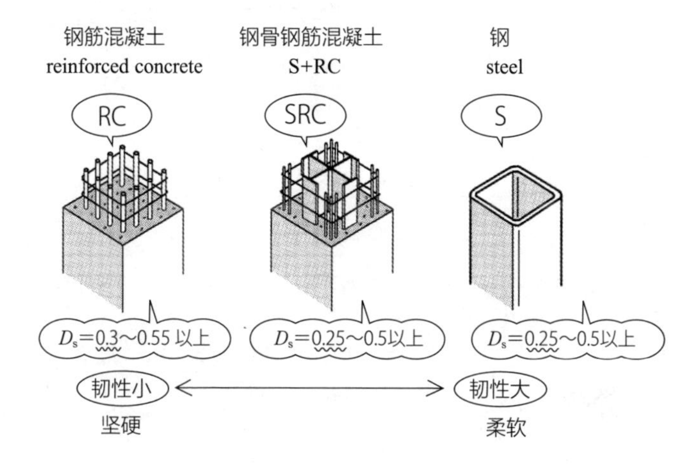

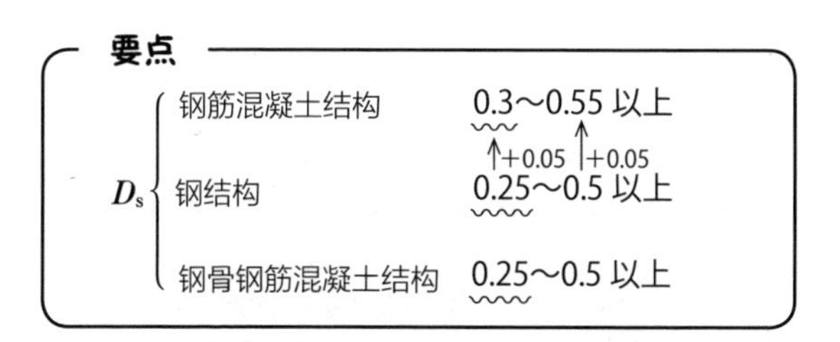

答案▶ 错误

Q 在钢骨结构纯框架结构的抗震设计中，所需的结构特性系数 D_s 为 0.25，若为 0.30，就要考虑极限水平承载力。

A 钢结构纯框架的塑性变形能力出色，D_s 的最低值是 0.25。通过 $D_s \times F_{es} \times Q_{ud}$ 可以求出法定的必要极限水平承载力 Q_{un}。此时的 D_s 为 0.25，若以 0.3 进行计算，Q_{un} 就会变大，此时的框架水平承载力 Q_u 必须设计得较大。因此成为安全侧的设计（答案正确）。

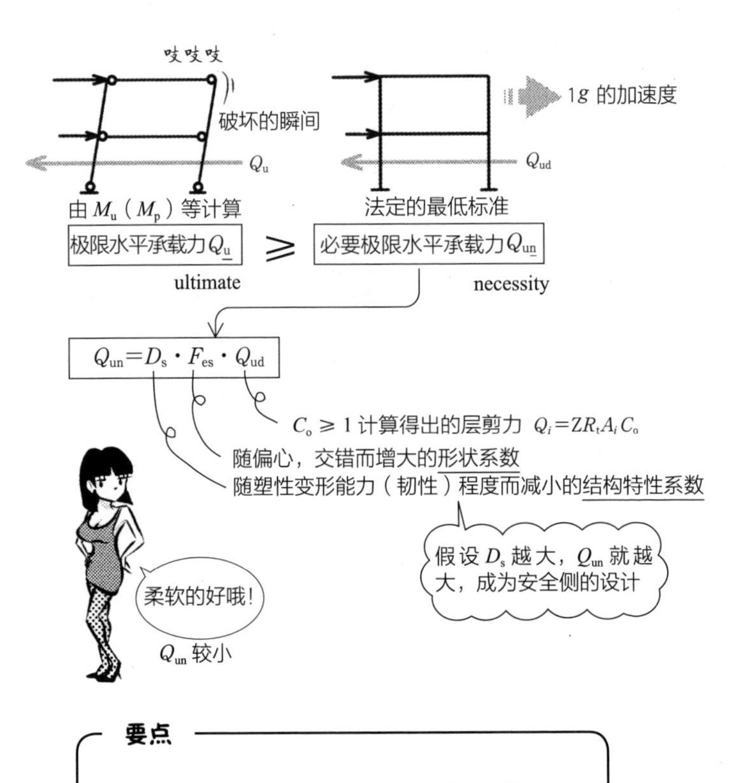

要点

D_s 大（坚硬）→ Q_{un} 大→ Q_u 必须设计得较大

D_s 小（柔软）→ Q_{un} 小→ Q_u 可以设计得较小

答案 ▶ 正确

Q 1. 在钢接框架与承重墙并用的钢筋混凝土结构中，当其柱、梁、承重墙的构件群种类相同时，承重墙的水平承载力之和与极限水平承载力的比 β_u，相较于 0.2，在 0.7 的情况下，结构特性系数 D_s 会较小。

2. 在探讨钢骨结构的必要极限水平承载力时，某层极限水平承载力占 50% 且配有支撑，与没有支撑的纯框架相比，结构特性系数 D_s 较小。

A 题目 1 是承重墙框架，题目 2 是支撑框架。β_u 是承重墙（支撑）的水平力分担率，表示在某层的水平力中，承重墙（支撑）所分担的比例。从柱梁框架的等级、承重墙（支撑）的等级可以得出构件群的等级，再由构件群的等级和 β_u 求出 D_s。随韧性减小的系数 D_s，受到承重墙（支撑）坚硬程度的影响很大。

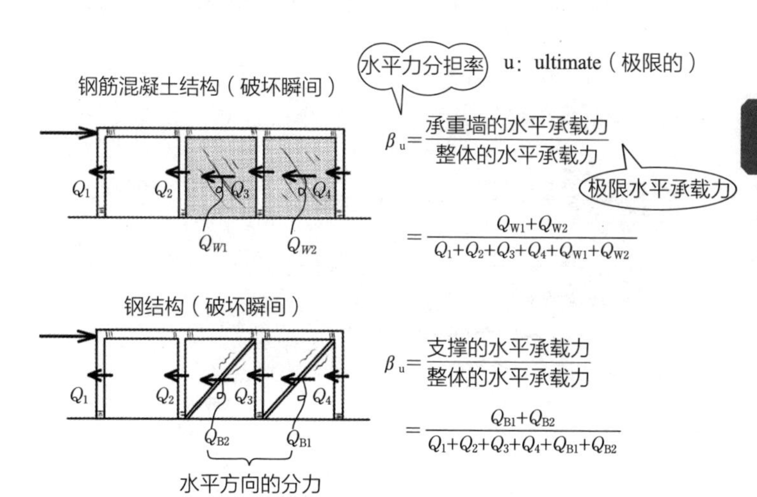

β_u 越大，承重墙（支撑）的负担越大，柔软性越差，为坚硬且韧性低的结构构件。因此 D_s 较大（1、2 均错误）。

要点

β_u 大→ 墙、支撑多且坚硬→ D_s 大

答案▶ 1. 错误　2. 错误

Q 在钢筋混凝土结构设计中，为了增大极限水平承载力，会设置很多承重墙，因此必要极限水平承载力会随之变大。

A 承载力是指强度、不易被破坏的程度。水平承载力是指结构物某层有多少强度在抵抗水平力，即最大层剪力。结构物某层所有的最大层剪力就是极限水平承载力 Q_u。地震水平力为 Q_u 时，柱梁端部变成塑性铰，以相同的水平力 Q_u 旋转，吸收地震的能量，防止或延迟倾倒。墙或支撑越多，倾倒开始的最大层剪力、极限水平承载力就越大。

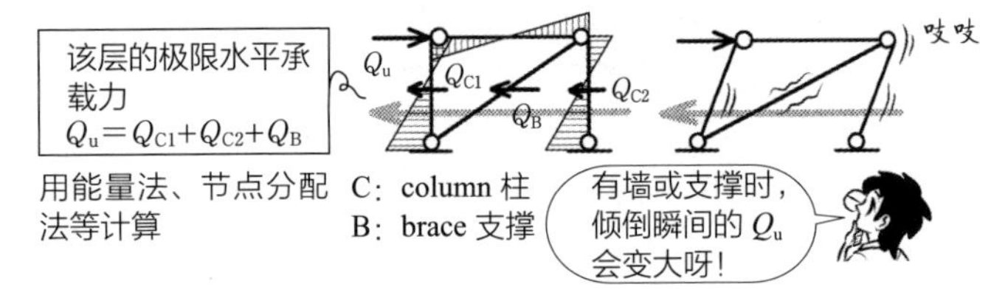

计算得出极限水平承载力 Q_u，另外还有必须在一定标准以上、日本标准法规定的必要极限水平承载力 Q_{un}。由公式 $Q_{un} = D_s F_{es} Q_{ud}$ 得出。

极限水平承载力 Q_u ≥ 必要极限水平承载力 Q_{un} $= D_s\ F_{es}\ Q_{ud}$

D_s：结构特性系数…递减系数
F_{es}：形状系数…增幅系数
Q_{ud}：由 C_o=1.0 计算的层剪力

变形能力越高，D_s 的值越小；变形能力越低，D_s 的值越大。结构构件越柔软，越富有韧性，折减率越小，相应地，Q_{un} 就越小。承重墙越多就越坚固，D_s 越大，必要极限水平承载力也越大。求 D_s 值时，除了柱、梁、墙、支撑的韧性等级之外，还要求出墙、支撑的水平承载力分担率 β_u。增加墙或支撑时，β_u 变大，最终韧性折减率 D_s 也随之变大。结构越坚固，能量吸收越少，水平承载力越大（答案正确）。

答案 ▶ 正确

Q 由“弯（挠）曲屈服型的柱、梁构件”和“剪力破坏型的承重墙”构成的钢筋混凝土结构的建筑物，其极限水平承载力是以各自的极限强度所求出的水平剪力之和。

A 只有柱梁的纯框架，在大的变形下弯（挠）曲屈服，形成塑性铰，在韧性状态下逐渐产生倾倒破坏。另外，微小的变形会让承重墙因剪力破坏而瞬间破坏。

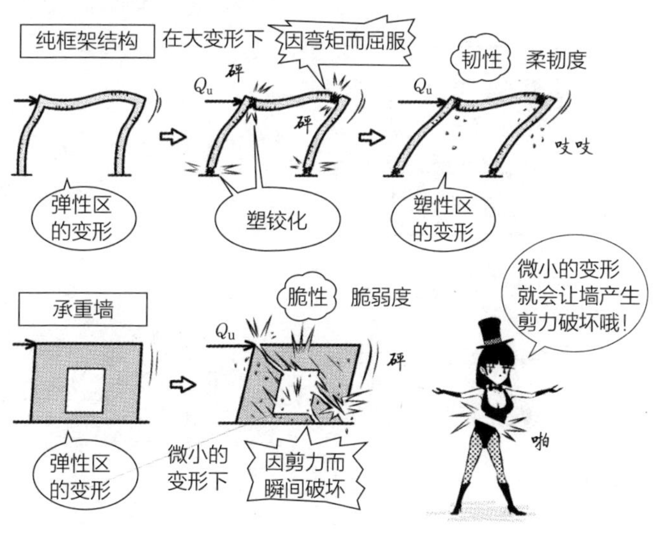

对于有承重墙的框架，在柱梁弯（挠）曲屈服之前，承重墙会先因剪力而破坏，属于剪力破坏先行类型。因为不是同时破坏，所以计算整体 Q_u（最终的水平力 = 极限水平承载力）时，并不是纯框架的 Q_u 和承重墙的 Q_u 相加（答案错误）。

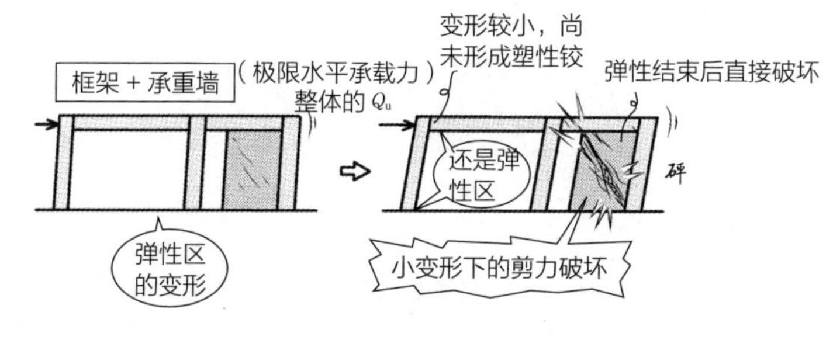

总结一下承重墙框架的水平力 Q 与变形的关系。在中高层不会先产生剪力破坏（脆性破坏），会旋转产生弯（挠）曲屈服，产生塑性铰时也不会如图所示。

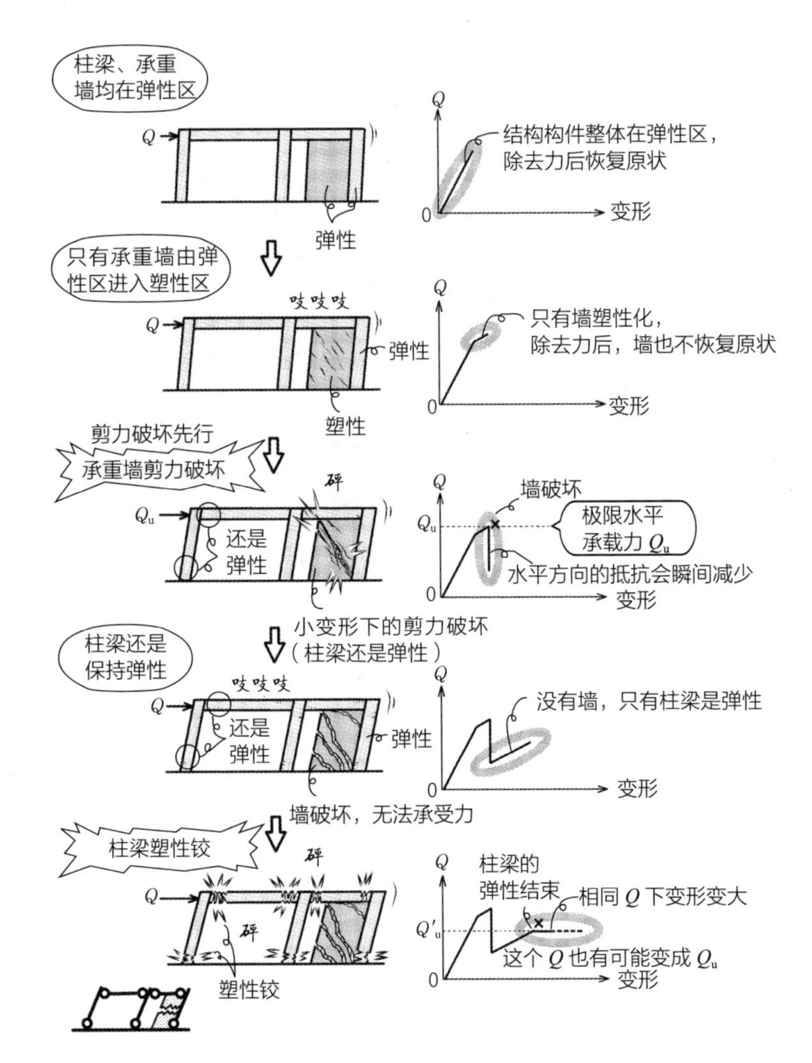

- 为了易懂，以上用一层的承重墙框架进行说明，但实际上是以超过 31m 的情况计算极限水平承载力。

答案 ▶ 错误

Q 计算各层的极限水平承载力以确认安全时，若偏心率超过一定限度，或刚性模量低于一定限度，则必要极限水平承载力会变大。

A 当平面方向、高度方向的刚度、强度平衡不好时，结构容易因扭转或变形集中于弱层而被破坏。因形状平衡不好所造成的必要极限水平承载力增加，产生了形状系数 F_{es}（答案正确）。因为阪神大地震（1995 年）时，许多底层架空结构被破坏，因此修正了 F_{es} 的值。

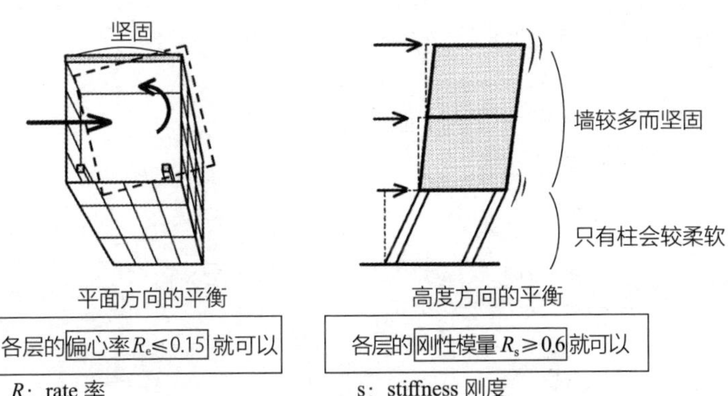

平面方向的平衡变差，$R_e>0.15$，则 $F_e>1$

高度方向的平衡变差，$R_s<0.6$，则 $F_s>1$

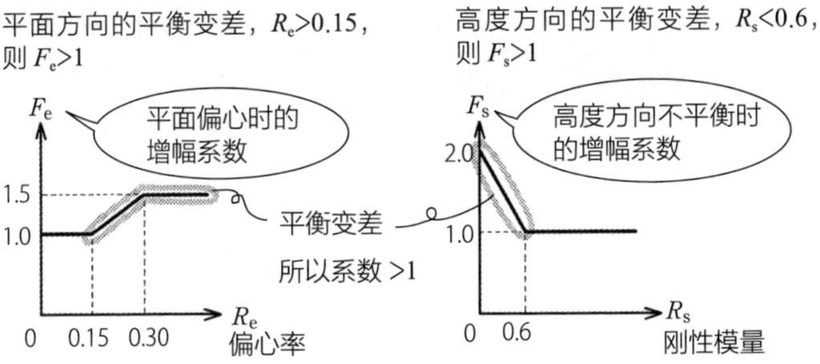

平面方向的平衡是偏心率 R_e，高度方向的平衡是刚性模量 R_s。各自的增幅系数为 F_e、F_s，它们的乘积就是 F_{es}。

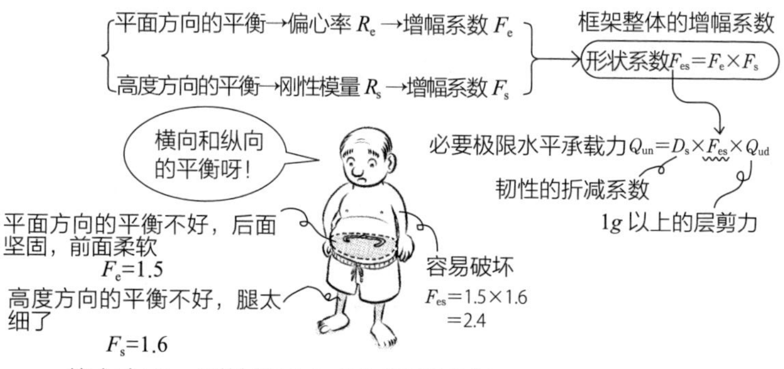

偏心率 R_e、刚性模量 R_s 如图所示求得。

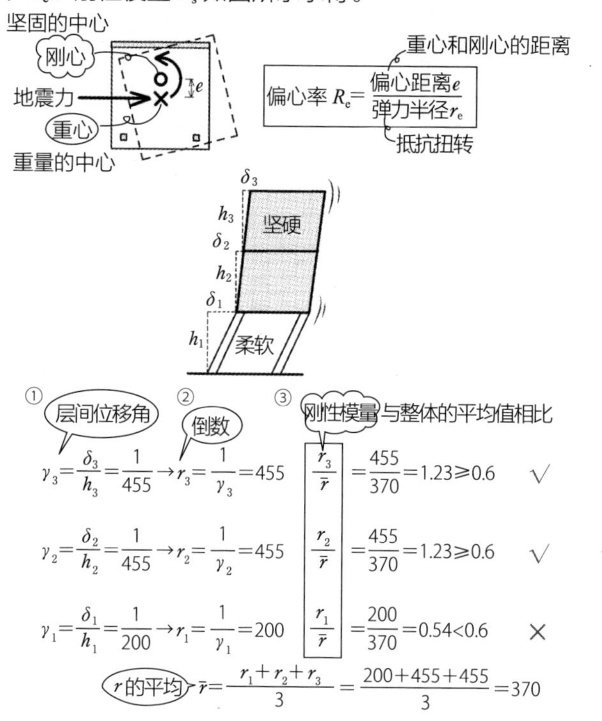

答案 ▶ 正确

Q 在钢筋混凝土结构的抗震计算中：

1. 在抗震计算路径 2 中，进行柱和承重墙的剪力设计探讨，以及刚性模量、偏心率的计算时，省略了高宽比的探讨。
2. 在抗震计算路径 3 中，对象为柱构件可能脆性破坏的建筑物，必须在该柱构件发生破坏时，计算该层的极限水平承载力。

A 31m 以下的建筑物，一般走路径 2 就可以了。当高宽比 H/D 超过 4，为细长形的建筑物时，必须走路径 3 来计算极限水平承载力。因此路径 2 必须要先确认高宽比（1 错误）。

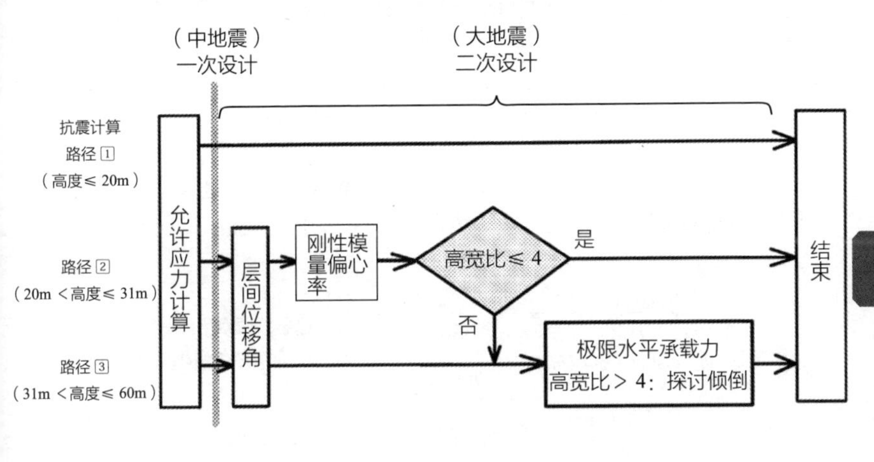

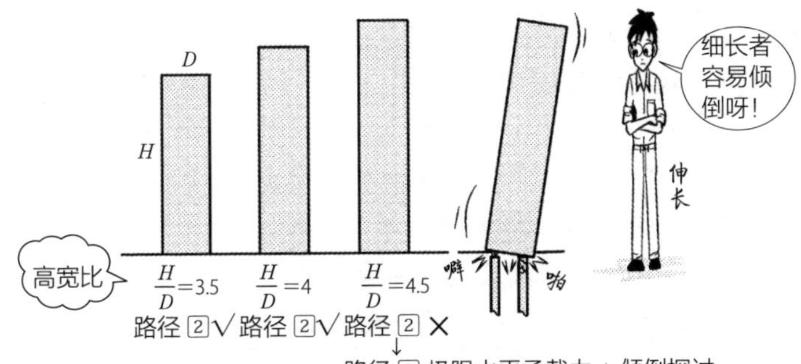

路径[1]～[3]，若是钢筋混凝土结构，则再分成如图所示计算路径分支（技术标准要点）。

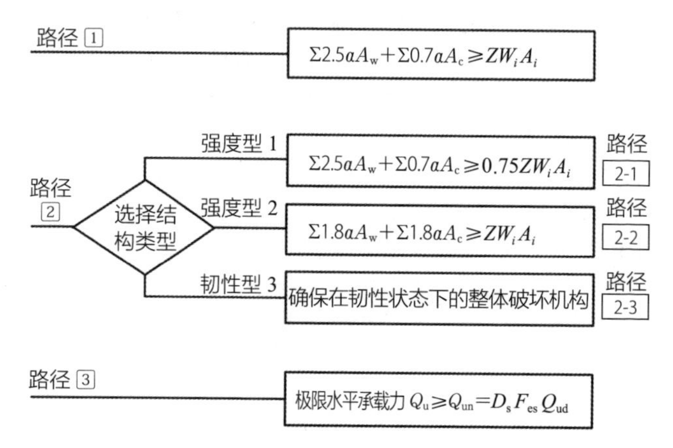

低层的极限剪力公式是根据地震灾害的调查得到的，是极限水平承载力的概算式。路径[1]～路径[2-2]是用剪力强度抵抗地震力。

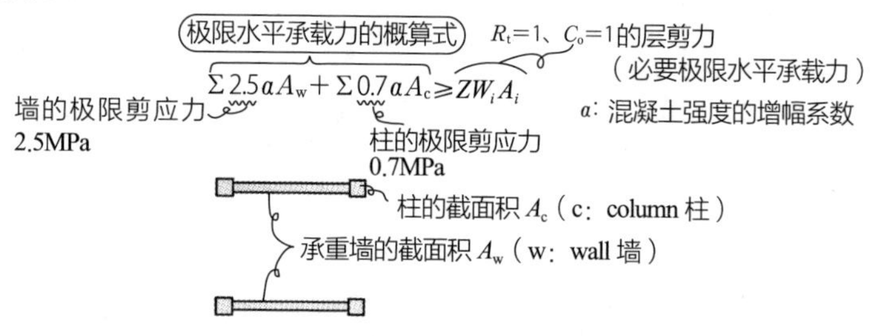

剪力破坏或轴力破坏等的脆性破坏（没有柔韧度，瞬间破坏），比弯（挠）曲破坏（梁端部、柱脚产生旋转，在韧性状态下损坏）先发生的情况下，当脆性破坏形成破坏机构时，要计算极限水平承载力（2 正确）。整体破坏、局部破坏、部分破坏（本题的情况），都是以最小的 Q_u 为极限水平承载力。为避免产生局部破坏、部分破坏，要针对各部分的承载力加以设计。

答案 ▶ **1.** 错误　**2.** 正确

简单总结一下与本书相关的抗震规定和地震灾害的历史。

1868 年	许多技术人员从国外来到日本。大量引进砖结构。“明治时期的红砖建筑”。当时比起抗震，更加注重不可燃性。

砌体结构

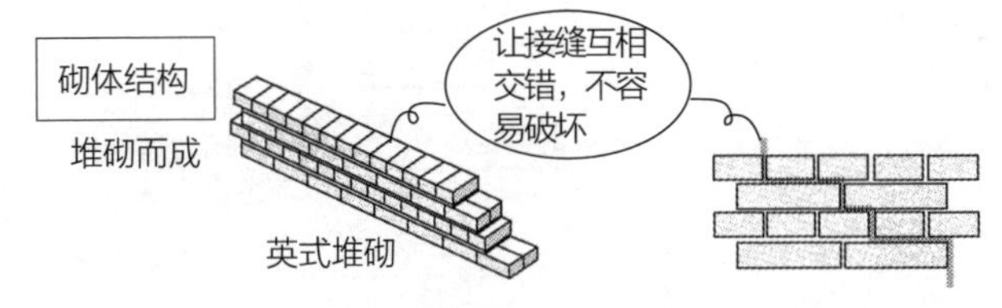

1891 年	浓尾地震 砖结构造成巨大损害→之后用钢骨加固。
1901 年~	20 世纪初，日本引入了钢结构、钢筋混凝土结构。
1906 年	旧金山大地震 建筑师中村达太郎和佐野利器前往勘查。
1919 年	日本市街地建筑物法 建筑物高度不得超过 31m。当时没有抗震规定。
1923 年	关东大地震 死亡、失踪人数约 14 万。
1924 年	从关东大地震的灾害之后，日本市街地建筑物法中规定了水平震度 $k \geqslant 0.1$。水平震度 k 是将加速度作用以重力加速度 g（9.8m/s^2）的倍数表示的值，力作用以重量倍数表示的值。不同于日本气象厅发布的震度阶。

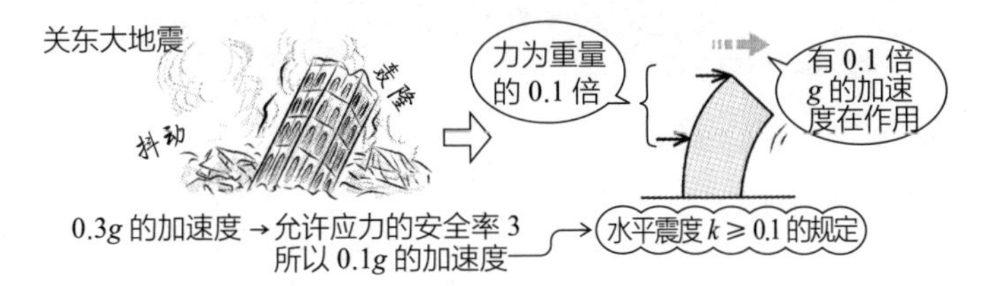

1933 年	三陆冲地震 武藤清提出 D 值法（横向力分布系数法）。
1940 年	美国加利福尼亚州帝王谷（Imperial Valley）地震 成功记录下一条 El Centro（地名）地震波。
1950 年	日本制定建筑标准法 引入长期（平时）和短期（非平时）的考虑方式。短期允许应力是长期的 2 倍。与之对应的水平震度也是 2 倍，$k \geqslant 0.2$。

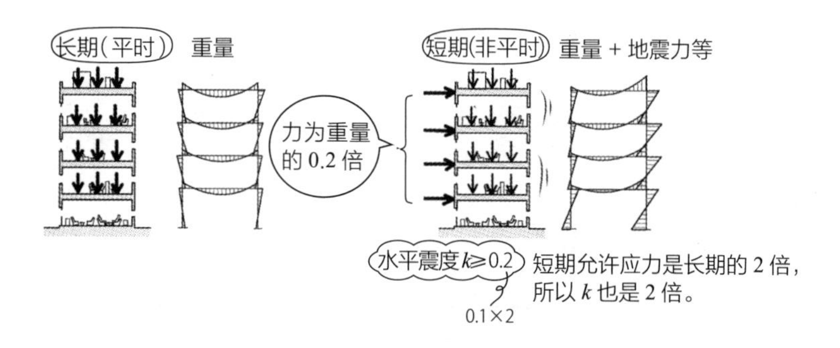

1963 年	废止 31m 的高度限制→日本东京的霞关大厦 147m（1968 年）。
1964 年	新潟地震 建筑物因砂土液化而倾倒。
1968 年	十腾冲地震 钢筋混凝土结构损坏。把箍筋间隔从 30cm 改为 10cm（1971 年）。

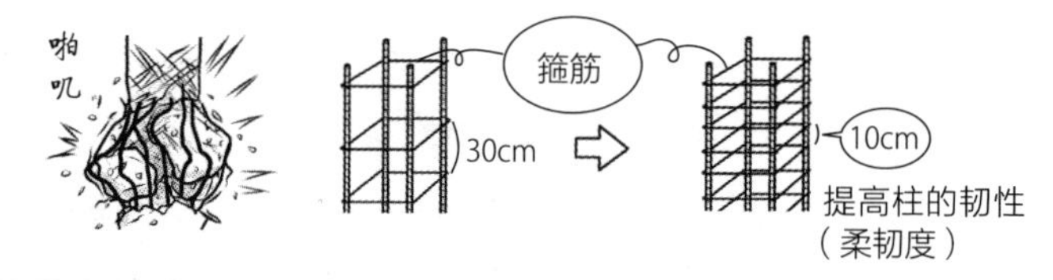

1981 年 日本建筑标准法修正 新抗震设计法。

- 中地震 → 一次设计 允许应力计算 （$C_0 \geq 0.2$）………0.2g 以上
- 大地震 → 二次设计 极限水平承载力计算等 （$C_0 \geq 1$）… 1g 以上

水平震度 k 是将层剪力系数 $C_i = Z \times R_t \times A_i \times C_o$ 精密化。

1995 年 阪神大地震

发生许多底层架空结构的灾害，对形状系数 F_{es} 进行修正（1995 年）。

2000 年 日本引入临界承载力计算

地震加速度可由反应周期和反应加速度的关系（反应谱）求得。

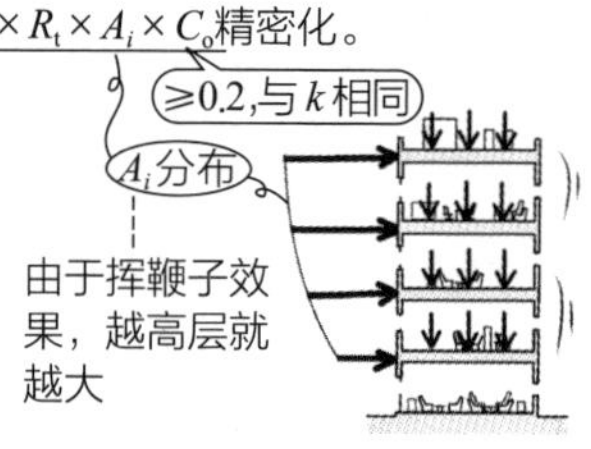

- 关于新抗震设计法的成立过程，请参见石山祐二著的《抗震规定和结构动力学》（三和书籍，2008 年）。

Q 1. 当柱承受轴压力时，钢筋的压应力会因混凝土的徐变而慢慢减少。

2. 在钢筋混凝土结构的梁上，即使增加受压区的钢筋量，也会因为徐变而没有减少挠度的效果。

A 徐变（creep）是指在力长时间持续作用下，应变持续增加。钢几乎没有徐变变形，混凝土有徐变变形。当柱长时间承受压应力作用时，柱的混凝土会缩短，钢筋则会保持原样。钢筋会抵抗徐变收缩，使钢筋的压应力增大（1 错误）。

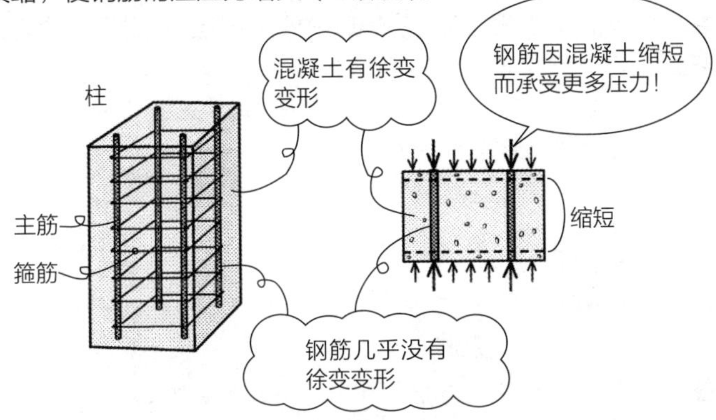

梁的受压区要抵抗钢筋和混凝土两者的缩短量。若增加钢筋量，作用在混凝土的压力减少，可以减少混凝土的徐变变形（2 错误）。

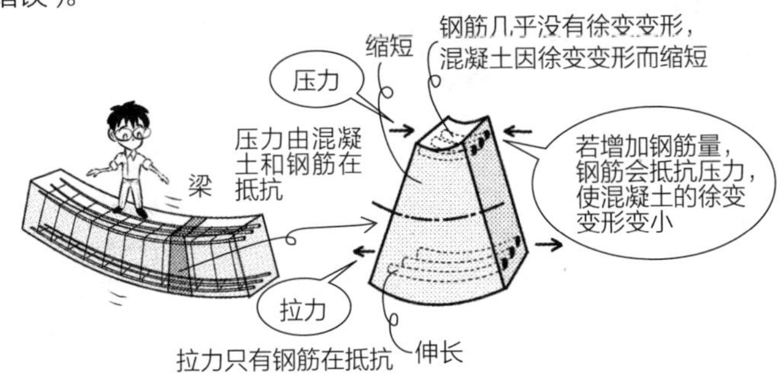

答案 ▶ **1.** 错误　**2.** 错误

Q 在钢筋混凝土结构中：

1. 钢筋的混凝土保护层厚度，由钢筋的耐火能力、混凝土的中性化（炭化）速度、主筋的内力传导机构等决定。
2. 在允许应力设计中，在压力作用的部分，钢筋的混凝土保护层也承担压力。

A 覆盖在钢筋外侧的混凝土层称为保护层。若保护层小且薄，则会导致混凝土剥离或龟裂。另外，二氧化碳会造成从表面开始的中性化，钢筋生锈膨胀，混凝土容易爆裂。若混凝土和钢筋没有一体化，则钢筋无法抵抗火灾的热量，预拌混凝土的砂石也会容易卡住。保护层的混凝土也会承受压力（1、2 均正确）。但是如果保护层厚度太大，弯曲变形时，钢筋距离边缘太远，也会使钢筋的抗拉能力无法充分发挥。

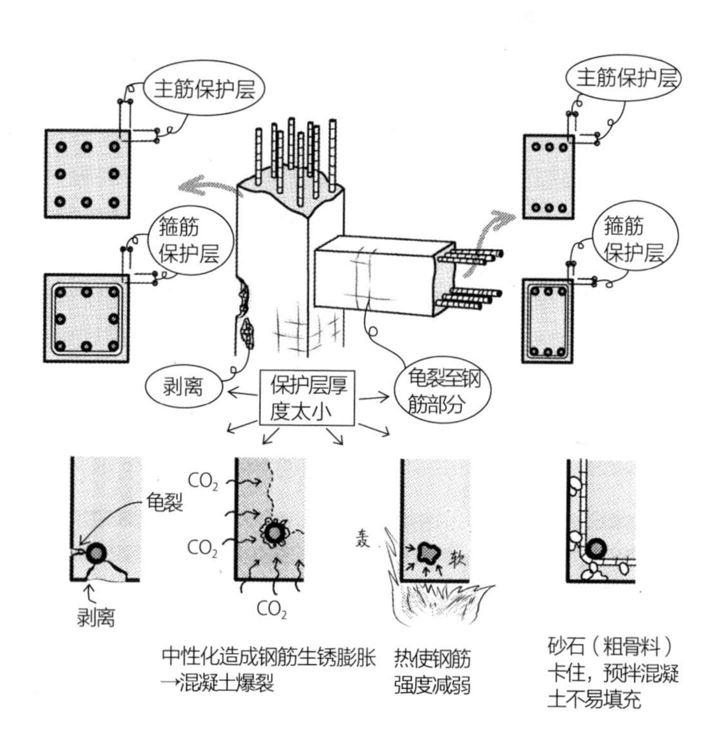

答案 ▶ **1.** 正确　**2.** 正确

Q 在钢筋混凝土结构中:

1. 为了防止柱内钢筋与混凝土之间的黏结力劈裂破坏，柱截面的角落部分不能使用粗钢筋进行配筋设计。
2. 为了避免因柱构件脆性破坏所造成的黏结力劈裂破坏，在截面角落部分要使用细钢筋进行配置。

A 在柱的角落部分，钢筋周围的混凝土较薄，容易开裂。粗钢筋受到上下的拉力、压力作用时，与混凝土的接触面容易滑动而破坏。因为是和混凝土黏结的部分产生裂缝开裂等破坏，所以称为黏结力劈裂破坏（bond split failure）。因小变形而瞬间破坏的，是脆性破坏。脆性表示没有柔韧度，是与韧性相反的性质。梁端部旋转而破坏的，在旋转时会吸收能量，是韧性状态下的破坏；黏结力劈裂破坏或剪力破坏则是没有柔韧度，马上破坏的脆性破坏。

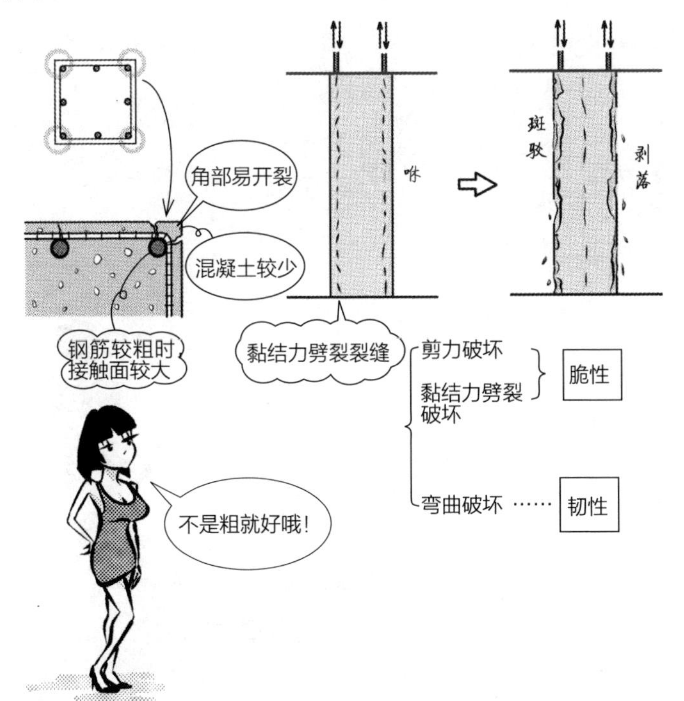

答案 ▶ **1.** 正确　**2.** 正确

Q 在钢筋混凝土结构中：

1. 高度 5m 的建筑物，若柱的主筋使用螺纹钢筋，则其末端部分都可以用直锚。
2. 若柱的凸角部分使用螺纹钢筋，则钢筋的端部可以不用设置弯钩。

A 原则上，钢筋的末端都会设置弯钩（hook）。这是为了让混凝土牢靠地锚固，黏结力增强，不易拔出和移动。但是，如果使用钢筋表面有凹凸的螺纹钢筋，本身就很难拔出和移动，那么在某些情况下不用弯钩也是可以的。必须使用弯钩的就是柱梁的角落部分（凸角部分）。这是因为钢筋周围的混凝土较少，容易滑动，产生黏结力劈裂破坏（标准法，1、2 均错误）。

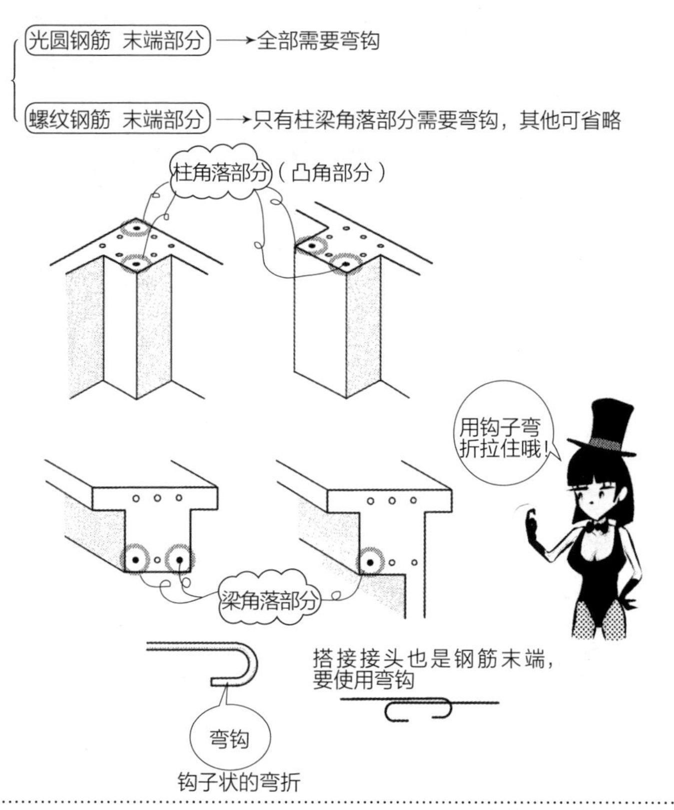

答案▶**1.** 错误　**2.** 错误

Q 在钢筋混凝土结构中：

1. 作用在柱的轴方向压力越大，剪承载力就越大，韧性会下降。
2. 混凝土的抗压较强，抗拉较弱，承受较大轴压力的柱，其韧性较高。

A 弯矩 M 越大，在相同极限弯矩 M_u 下会持续变形，是柔韧状态下直至破坏的韧性破坏。另外，剪力 Q 越来越大，直至极限剪力（剪承载力）Q_u 时，稍有变形就会马上破坏，是脆性破坏。

M_u 的弯曲破坏→ 韧性破坏
Q_u 的剪力破坏→ 脆性破坏

柱的轴方向的力 N 越大，越不容易变形，Q 的最大值也会越大。压缩时会产生摩擦的效果，所以不易产生横向变形。但是一旦开始变形，就会马上破坏。上下的压力越强，越没有柔韧度，很小的变形就会造成破坏（1 正确，2 错误）。必须要注意：一楼的柱会有较大的 N 和 Q 作用，容易发生剪力破坏。

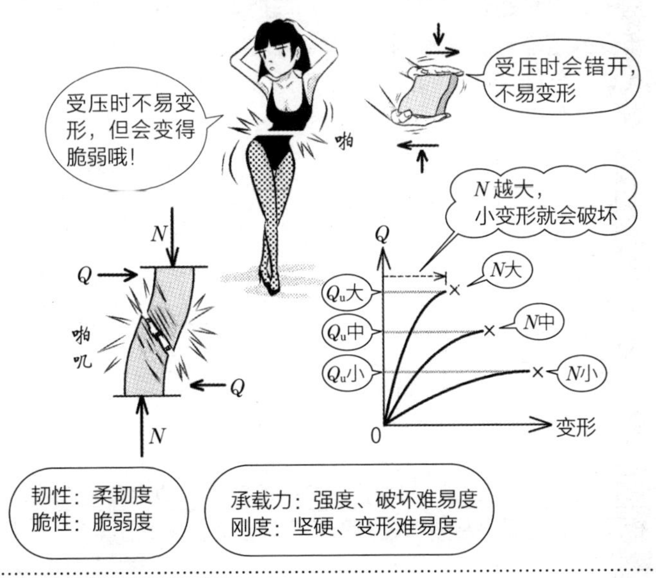

答案 ▶ **1.** 正确 **2.** 错误

Q 在钢筋混凝土结构中：

1. 混凝土的抗拉较弱，抗压较强，承受较大的轴压力的柱，在地震时的柔韧度较小。
2. 地震时，承受较大的变动轴力作用的外柱，弯曲承载力及韧性会与变动轴力较少且同截面、同一配筋的内柱相等。

A 承受较大的轴压力 N 作用时，由于混凝土内部的摩擦等，不易产生横向的交错变形。此时由于剪力 Q 的缘故，会没有柔韧度，直至产生脆性剪力破坏。柔韧度，也就是韧性，会因 N 而变小（1 正确）。

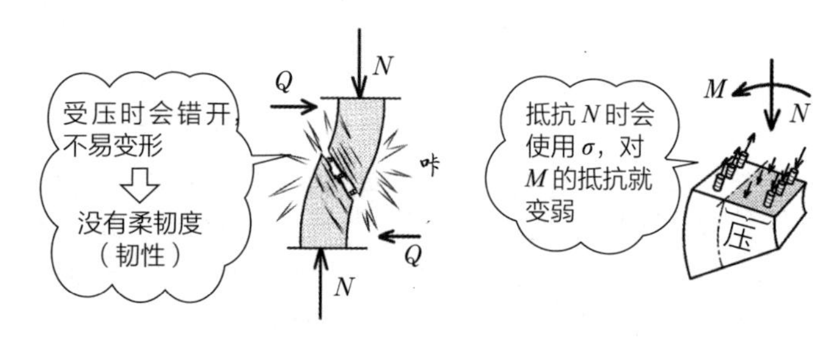

柱的主筋和混凝土会抵抗轴力 N 和弯矩 M。N 越大，主筋和混凝土承受的压应力就越大，抵抗 M 的部位就会相对减少。因此，N 越大，越容易达到 M 的极限（承载力）。

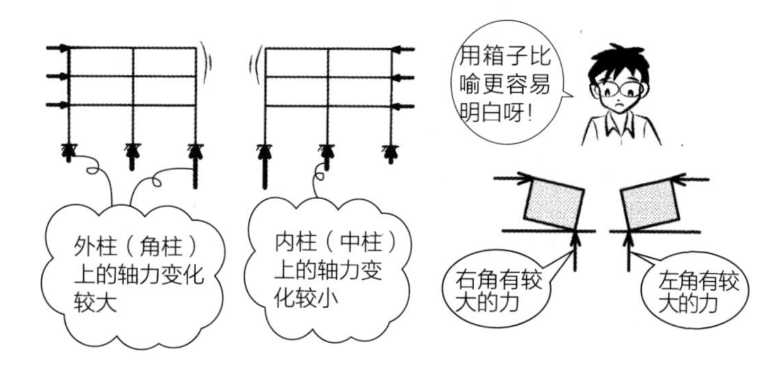

与内柱相比，外柱上的 N 变化较大，N 的最大值也会变大，在条件相同的情况下，弯曲承载力和韧性都会降低（2 错误）。

答案 ▶ **1.** 正确 **2.** 错误

Q 钢筋混凝土结构的柱，净高越短，剪力强度越大，柔韧度越小。

A 柱净高（自楼板顶面至上层楼板底面或梁底面之间的高度尺寸）越小，横向交错破坏的力的强度（剪力强度）越大，横向很小的变形就会使其破坏，没有柔韧度（韧性）（答案正确）。可以想象成橡胶、魔芋等，受到横向交错而变形的情况。

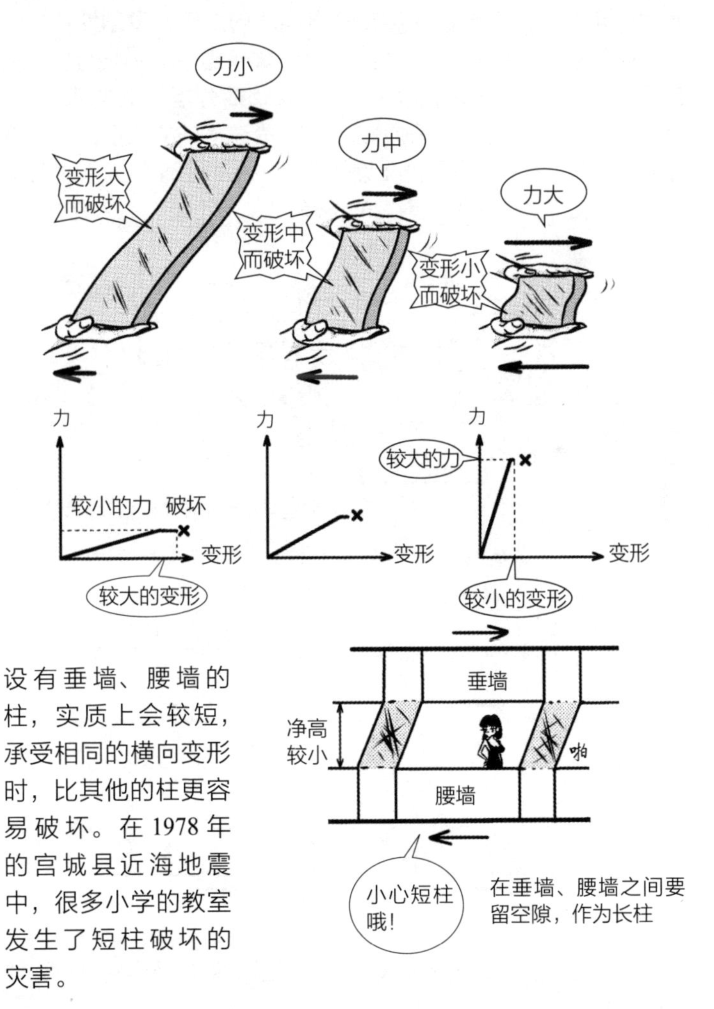

设有垂墙、腰墙的柱，实质上会较短，承受相同的横向变形时，比其他的柱更容易破坏。在1978年的宫城县近海地震中，很多小学的教室发生了短柱破坏的灾害。

答案▶正确

Q 在钢筋混凝土结构中：

1. 比起弯曲破坏，短粗的柱在地震时，有时会先发生剪力破坏。
2. 短粗的柱必须增加弯曲承载力，应多配置主筋。
3. 为了防止因设置腰墙而使柱变成短柱，在柱和腰墙连接处要有足够的空隙，设置完整的裂缝。

A 如图所示，楼板固定，柱头完全不能旋转（假设是刚性楼板），作用在各柱上的水平力与截面二次矩 I 成正比，与 h^3 成反比。柱越粗，I 越大，柱越短，I/h^3 越大，因此要分担较大的水平力，也容易发生剪力破坏。剪力破坏是因些许横向交错而产生，弯（挠）曲破坏是因屈服后仍在旋转而产生（1 正确）。短粗的柱承受的剪力变大，但是抵抗剪力的不是主筋，而是箍筋（2 错误）。

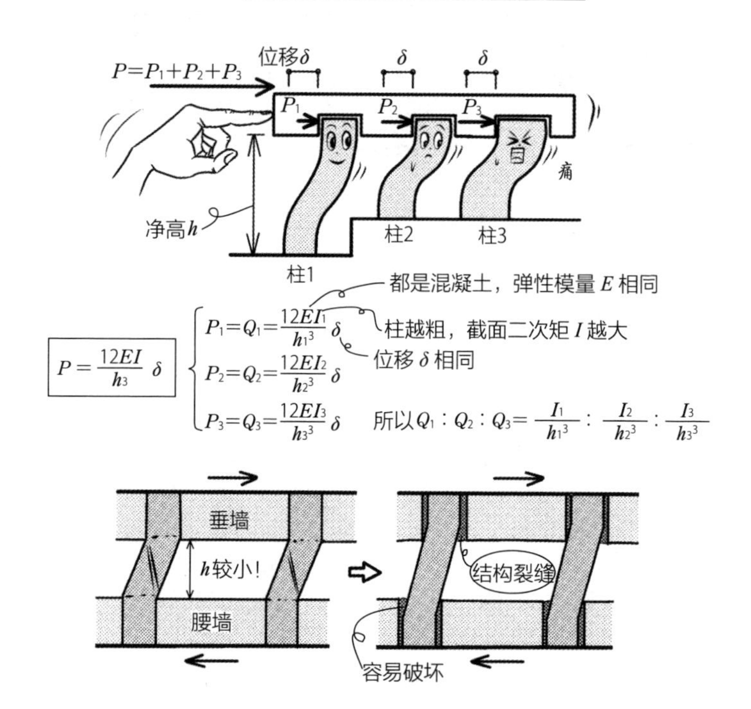

因腰墙、垂墙而在实质上变短的柱，与墙的连接处容易破坏，要想办法使柱变长（3 正确）。

答案 ▶ **1.** 正确　**2.** 错误　**3.** 正确

Q 在钢筋混凝土结构中：

1. 当一楼为架空层时，为了不让地震应力集中在一楼，一楼的水平刚度较小。
2. 与其他楼层相比，刚度、强度较低的楼层，在大地震时有大变形集中的危险，因此必须确保该楼层的柱有足够的强度和韧性。

A 刚度是指变形的难易程度。水平刚度是指水平方向变形的难易程度。当某楼（层）有力 P 作用时，水平方向会产生变形 δ，在一定范围内，P、δ 的关系 $P=K\delta$（K 是常数）都成立。当力是 2 倍时，变形也是 2 倍，力和变形成正比的公式称为胡克定律，在许多情况下都是成立的。作用在某楼（层）的水平力和变形的关系式 $P=K\delta$ 的比例常数 K 称为水平刚度。K 越大，结构越难变形，越坚固；K 越小，结构越易变形，越柔软。

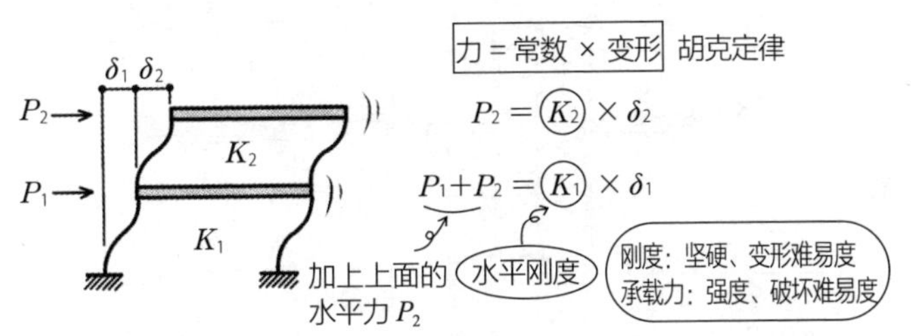

K_1 越小，δ_1 越大，容易破坏。因为架空层的墙较少，K_1 就较小，所以设置粗柱会使 K_1 较大（1 错误）。为避免较大的 δ 所产生的破坏，必须设置粗柱，在不增加墙的情况下使 K 变大（增加柔韧度、韧性）（2 正确）。

要点

水平刚度大→$P=K\delta$ 中的 K 较大→不易变形（δ 小）
强度大→N、M、Q 的最大值较大→不易破坏

顺带提一下，截面弯（挠）曲刚度是弹性模量 $E\times$ 截面二次矩 I，是表示弯曲难易度的系数。

答案 ▶ **1.** 错误　**2.** 正确

Q 在钢筋混凝土结构中：

1. 宽度 300mm、高度 600mm 的梁，用 D10 的箍筋，以 200mm 的间隔（箍筋比：0.23%）进行配筋。
2. 宽度 300mm、高度 600mm、有效高度 540mm 的梁，受拉钢筋使用 D22 的主筋 3 根（受拉钢筋比：0.71%）进行配筋。

A 梁箍筋的间隔比柱箍筋的间隔长，D10 的螺纹钢筋在 250mm 以下，且在 $D/2$（D：梁高）以下。箍筋比 p_w 和柱箍筋同样是在 0.2% 以上（1 正确）。梁主筋与柱主筋同样是在 $D13$ 以上。受拉钢筋比 p_t 在 0.4% 以上（2 正确）。要记住 0.4% 和 p_w 为 0.2%，以及附筋框架的梁的主筋量 p_g 为 0.8%（钢筋混凝土规范）。

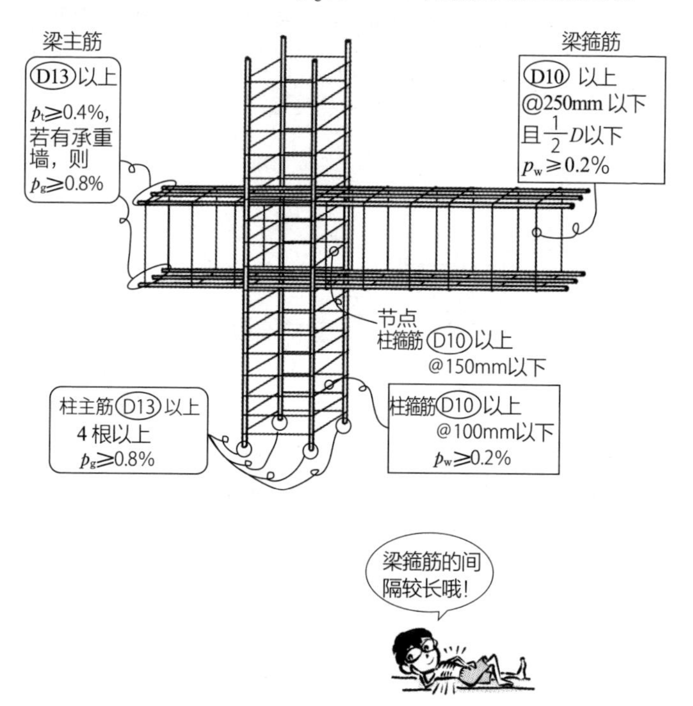

答案 ▶ **1.** 正确　**2.** 正确

Q 在钢筋混凝土结构中：

1. 600mm 的正方形柱（主筋是 D25），使用 D13 的箍筋，以 100mm 的间隔（箍筋比：0.42%）进行配筋。
2. 600mm 的正方形柱，使用 D25 的主筋 8 根（主筋比：1.1%）进行配筋。

A 箍筋直径为 ϕ9（光圆钢筋）或 D10（螺纹钢筋）以上。使用 D10 的螺纹钢筋时，间隔要在 100mm 以下，但在柱的上下端，即柱的最大直径的 1.5 倍范围外，可以增加到 1.5 倍（钢筋混凝土规范）。实际上，柱中央的排列也大多在 100mm 以下。箍筋比 p_w 必须在 0.2% 以上（1 正确）。

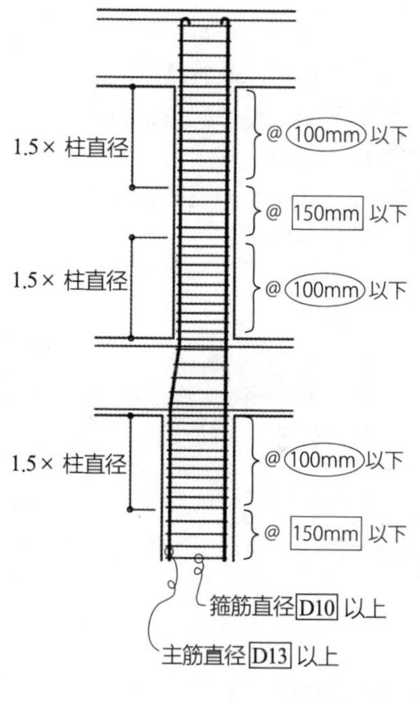

柱的主筋是 D13 以上，4 根以上，主筋比 p_g 是 0.8% 以上（钢筋混凝土规范，2 正确）。

答案 ▶ **1.** 正确 **2.** 正确

Q 在钢筋混凝土结构中：

1. 柱梁连接处内的箍筋间隔不宜超过 150mm，并且在该连接处邻接的柱的箍筋间隔的 1.5 倍以下。
2. 箍筋以 100mm 为间隔进行配筋的 700mm 的正方形柱，与宽度 300mm、高度 600mm 的梁相交的柱梁连接处，是用 D13 的箍筋以 100mm 的间隔（箍筋比：0.36%）进行配筋。

A 在柱梁连接处，会有与柱不同的内力和变形。此时箍筋不像柱那么重要，允许剪力是由柱梁连接的形状、柱梁的截面尺寸、混凝土的剪力强度 f_s 决定的（参见 R107）。

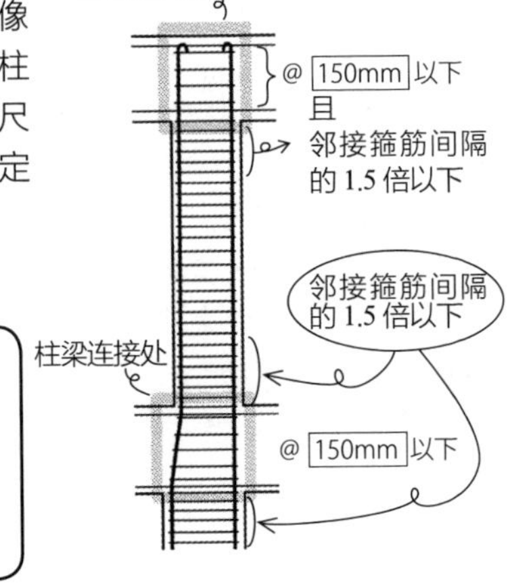

要点

柱梁连接处的短期 Q 由

①连接处的形状
②截面尺寸
③混凝土的 f_s

决定

没有箍筋量！

（长期荷载下较安全，因此没有长期 Q 的公式）

然而，如果拔除柱梁连接处的箍筋，就无法约束主筋和混凝土。钢筋是 $\phi 9$ 或 D10 以上，间隔在 150mm 以下，且在邻接箍筋间隔的 1.5 倍以下，箍筋比与其他箍筋同样为 $p_w \geq 0.2\%$（钢筋混凝土规范，1、2 均正确）。

答案 ▶ **1.** 正确　**2.** 正确

Q 在钢筋混凝土结构中：

1. 柱的箍筋对剪力补强、内部混凝土的约束，以及防止主筋屈曲等是有效的。
2. 柱的箍筋除可以补强剪力外，还可以通过间隔密集的排列约束被主筋包围的内部混凝土部分，在大地震时达到维持轴力的效果。
3. 柱的箍筋有抵抗弯曲的作用。
4. 箍筋的效果因端部的锚固形状而异。

A 箍筋可以补强剪力 Q，但无法抵抗弯曲（3 错误）。在主筋外侧缠绕钢筋，可以防止主筋弯曲或屈曲，避免钢筋内部混凝土外露等（1、2 均正确）。大地震时，如果主筋和箍筋内部的混凝土还有剩余，就能够支撑重量。

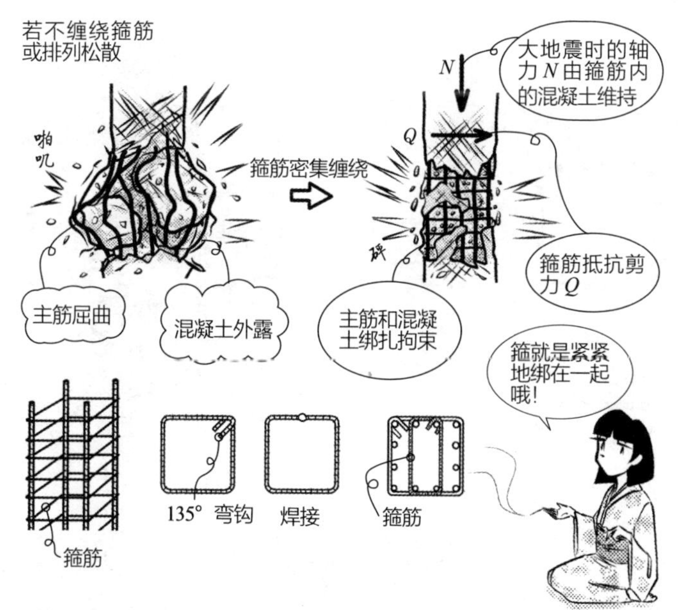

内部的箍筋不是在主筋外部，而是在柱的内部，作为主筋之间的连接箍筋。与外部的箍筋一样，都用于绑扎主筋和混凝土。如果箍筋的端部没有锚固好，大地震时就会容易因错动而造成柱的破坏（4 正确）。

答案 ▶ **1.** 正确　**2.** 正确　**3.** 错误　**4.** 正确

Q 在钢筋混凝土结构中：

1. 箍筋末端要用 90° 以上的弯钩锚固。
2. 箍筋末端要用 135° 以上的弯钩锚固，或相互焊接。
3. 端部有 135° 弯钩的箍筋，可以增加柱的韧性，比螺旋箍筋的效果更好。

A 箍筋是缠绕在主筋周围的钢筋，它像带子一样紧紧箍住主筋。当柱破坏时，箍筋必须牢固地把主筋和混凝土约束在一起，防止混凝土外露和主筋屈曲，使其不会瞬间破坏，能给予柔韧度，增强柱的韧性。

锚固是指让钢筋不易拔除，牢牢固定住的状态。此时把弯钩挂在主筋上，防止从主筋上脱落，箍筋的环可以锚固住。90° 弯钩可能会滑落，所以必须使用 135° 以上的弯钩（配筋指南，1 错误，2 正确）。

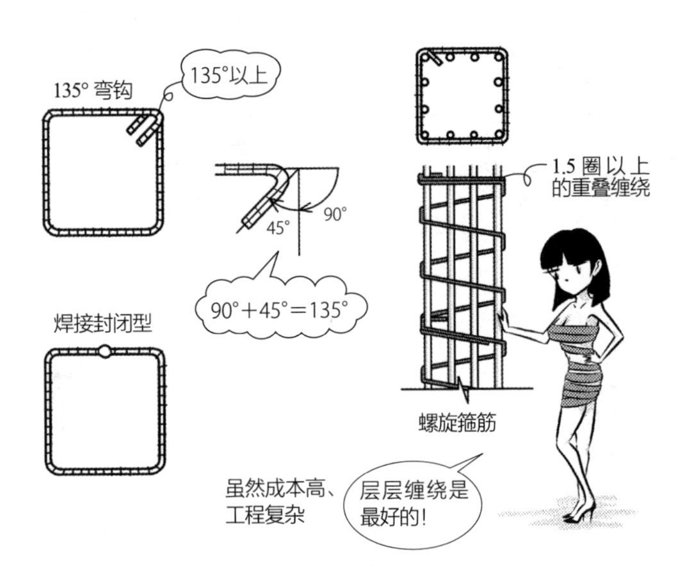

焊接封闭的箍筋与层层缠绕的螺旋箍筋，比 135° 弯钩更难产生错动，柱的柔韧度更好（3 错误）。

答案 ▶ **1.** 错误 **2.** 正确 **3.** 错误

Q 钢筋混凝土结构的配筋示意图如图所示，请判定正误。

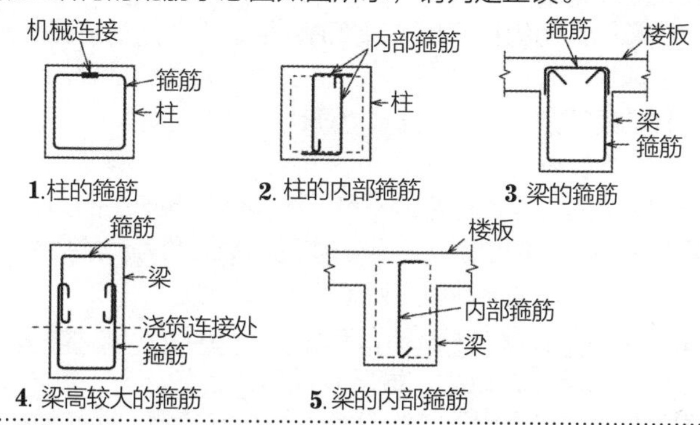

A 机械连接是指把有套丝螺纹的钢筋与套筒（连接装置）拧紧，再注入水泥浆（填充材料），使钢筋连接的方法。除了套筒连接以外，也有将两根钢筋重叠，将两者用环状金属零件缠绕，在中央打上楔子固定的连接，以及用金属零件夹住固定的连接等（1 正确）。

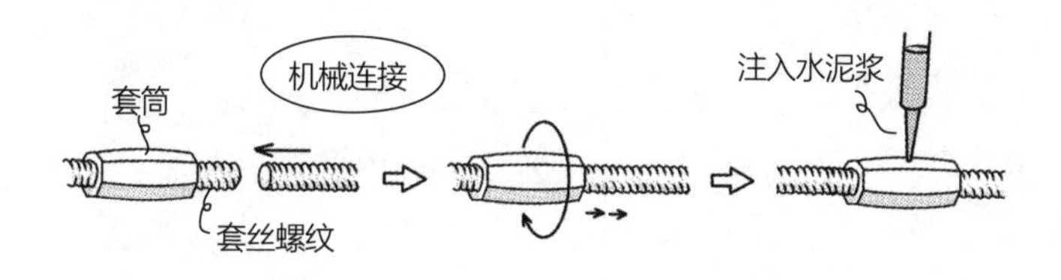

内部箍筋不可以弯折 90°，但是在梁的内部箍筋和楼板同时浇筑的情况下可以（配筋指南，2 错误，5 正确）。

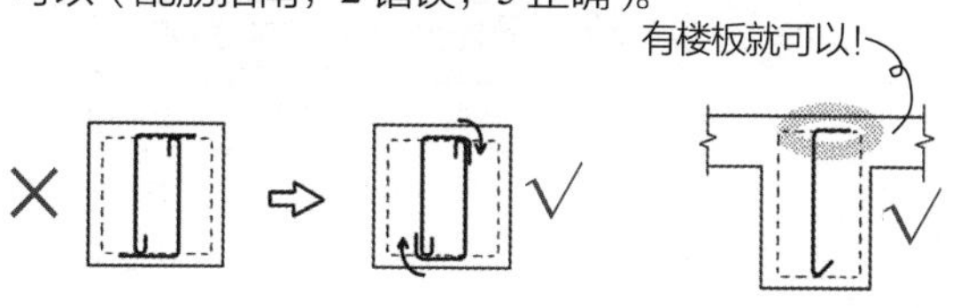

3 是从上面加入 U 形的箍筋，凡是有楼板的 T 形梁都可以（配筋指南，3 正确）。一侧没有楼板的 L 形梁，在没有楼板的一侧设置 135° 弯钩。梁高较大的梁，在中途可能需要箍筋连接，使用 90°、135°、180° 的弯钩（配筋指南，4 正确）。

答案 ▶ **1.** 正确 **2.** 错误 **3.** 正确 **4.** 正确 **5.** 正确

Q 在钢筋混凝土结构中：

1. 计算柱截面的长期允许剪力时，要加上箍筋对混凝土允许剪力的效果。
2. 柱的短期允许剪力，随着箍筋比的增大而增大。

A 长期内力是“平时作用的重量”在构件内部产生的力，短期内力是“平时作用的重量 + 非平时作用的地震力等”的内力。各自的允许值就是长期允许内力和短期允许内力。
柱的长期允许剪力 Q_{AL} 的公式与梁不同，不必加入箍筋的效果。另外，轴压力 N 越大，虽然 Q 的最大值也越大，但是也不必计入此效果。这是因为柱的 Q 会设置在安全侧（钢筋混凝土规范，1 错误）。短期的情况与梁相同，要加入箍筋的效果（2 正确）。箍筋比是箍筋截面积 / 混凝土截面积。

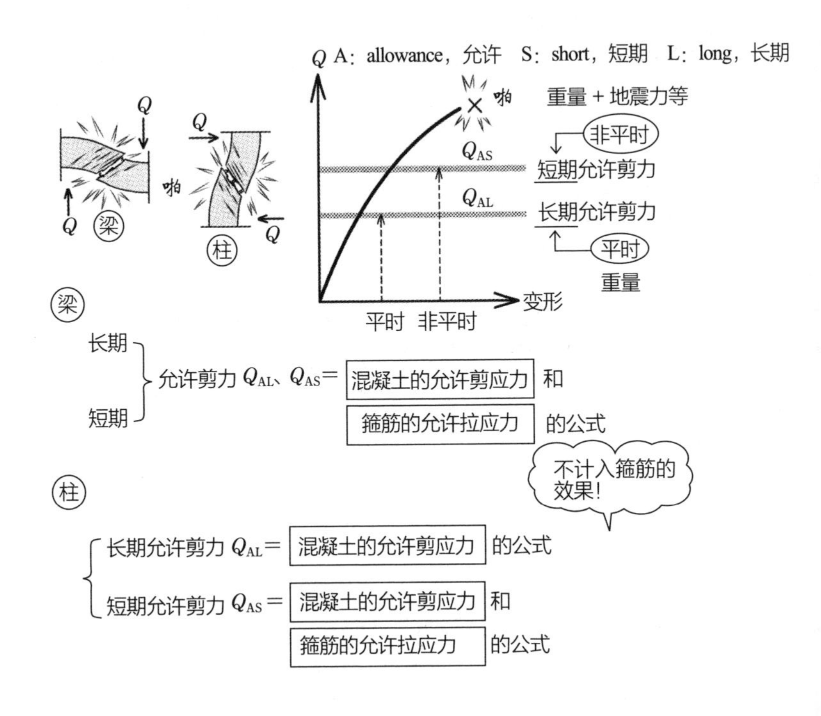

答案 ▶ **1.** 错误 **2.** 正确

Q 在钢筋混凝土结构中，纯框架部分的柱梁连接处，箍筋量的增加对提高柱梁连接处的剪力强度有很大作用。

A 纯框架是指没有剪力墙，只有柱梁的框架。柱梁连接处也可以称为节点，由柱和梁两者承受力的作用，柱梁会有不同的错动情形。

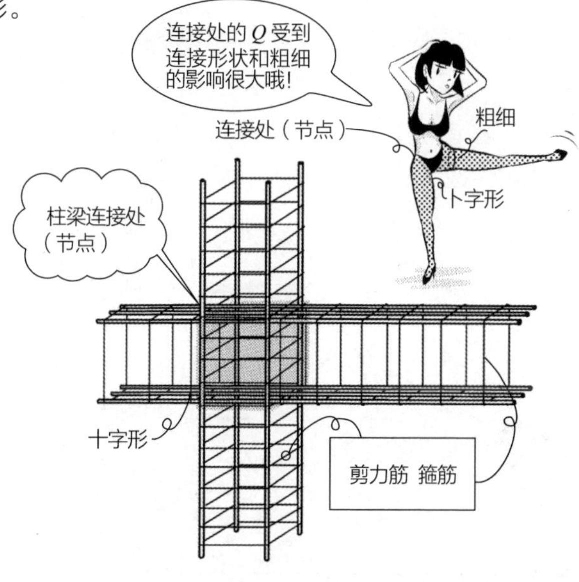

在连接处中，只要加入柱箍筋就可以约束混凝土，不需要加入梁箍筋。长期荷载（垂直荷载）时，连接处不会有很大的 Q 作用。地震时，横向 Q 产生的斜向拉力，和柱一样，用箍筋抵抗。但是 Q 的最大强度，比起箍筋的影响，连接处是十字形还是卜字形的形状、柱梁的截面尺寸、混凝土强度等，才起到较大的作用。连接处的短期允许剪力 Q_{Aj}、短期设计用剪力 Q_{Dj} 的公式中，都没有考虑箍筋（钢筋混凝土规范，答案错误）。

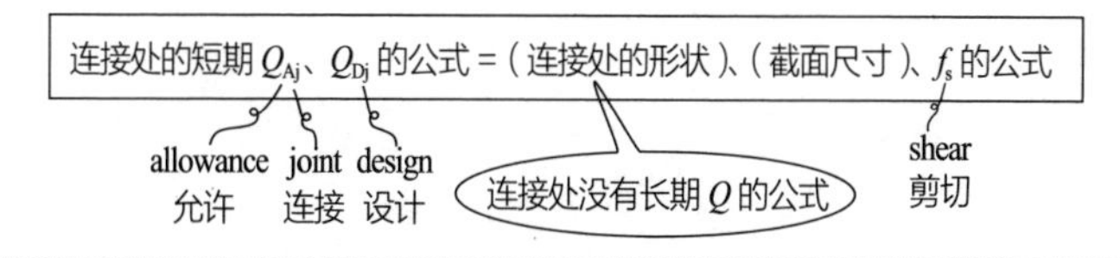

答案 ▶ 错误

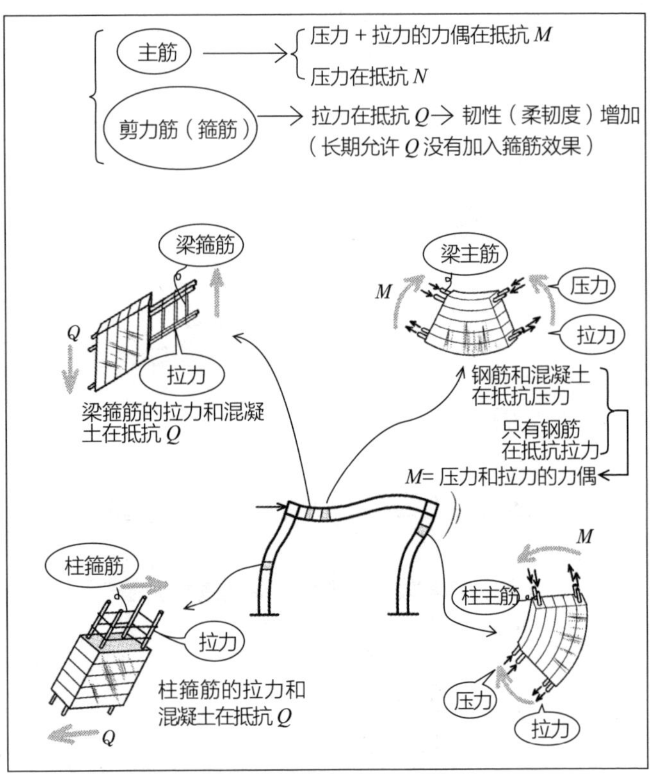
主筋
压力 + 拉力的力偶在抵抗 M
压力在抵抗 N
剪力筋（箍筋）
拉力在抵抗 Q→ 韧性（柔韧度）增加
（长期允许 Q 没有加入箍筋效果）
梁箍筋
Q
拉力
梁箍筋的拉力和混凝土在抵抗 Q
梁主筋
M
压力
拉力
钢筋和混凝土在抵抗压力
只有钢筋在抵抗拉力
M= 压力和拉力的力偶
柱箍筋
拉力
柱箍筋的拉力和混凝土在抵抗 Q
Q
M
柱主筋
压力
拉力

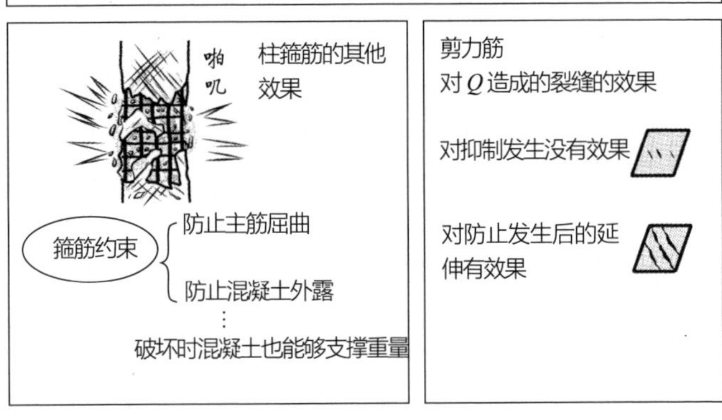
啪
叽
柱箍筋的其他效果
箍筋约束
防止主筋屈曲
防止混凝土外露
⋮
破坏时混凝土也能够支撑重量
剪力筋
对 Q 造成的裂缝的效果
对抑制发生没有效果
对防止发生后的延伸有效果

Q 配筋如图所示，请求出柱的箍筋比 p_w。

a_w: 每根箍筋的截面积
b、D：柱的宽度
x：箍筋间隔

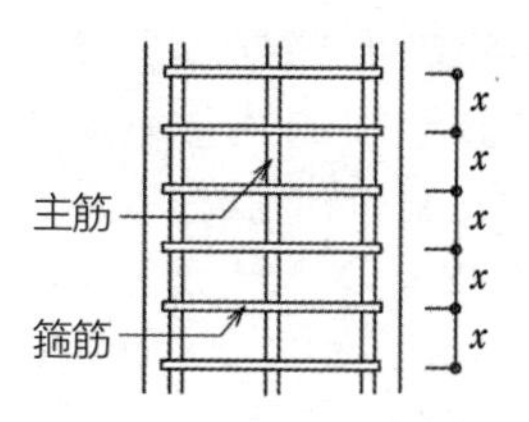

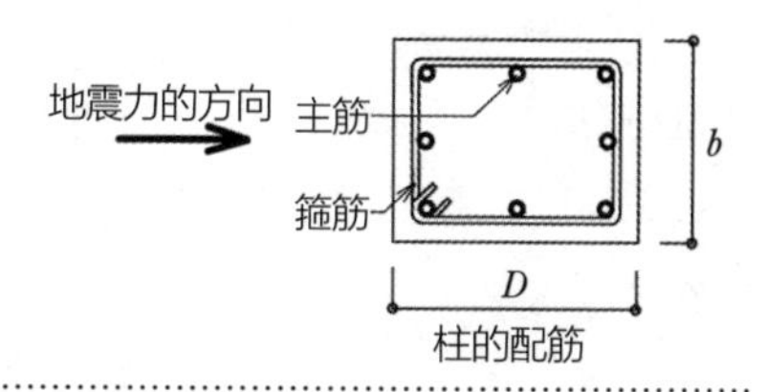

柱的配筋

A 箍筋比 p_w 是箍筋截面积与混凝土截面积的比。计算时不是用柱整体的混凝土截面，而是用箍筋间隔的混凝土截面来计算。

$$\text{箍筋比 } p_w = \frac{\text{一组箍筋的截面积}}{\text{所对应的混凝土截面积}}$$

抵抗地震力的箍筋是左右方向的，所对应的混凝土面积是 bx，因此 $p_w = \dfrac{2a_w}{bx}$。

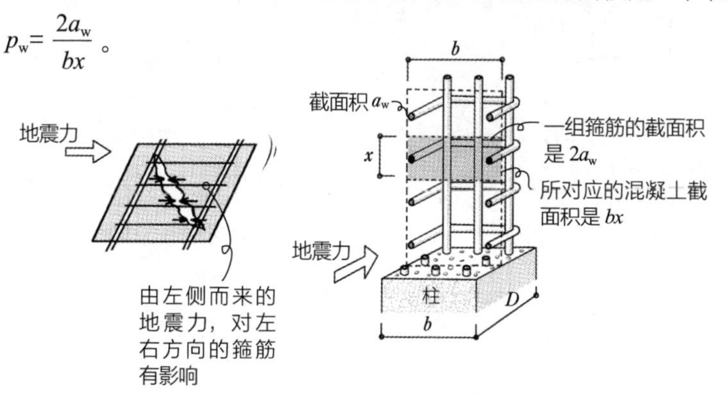

- 钢筋混凝土规范中没有写出 p_w 的语源，一般认为 p 是 proportion（比例）或 percentage（%），w 是 web（腹板）或 wall（墙，抵抗剪力）。符号有很多，请记住它们所对应的词语吧。

答案 ▶ $p_w = \dfrac{2a_w}{bx}$

Q 配筋如图所示，请求出柱的主筋比 p_g 和箍筋比 p_w。1 根 D19、D10 对应的截面积分别是 2.87cm²、0.71cm²，计算如图所示的地震力方向所对应的 p_w。

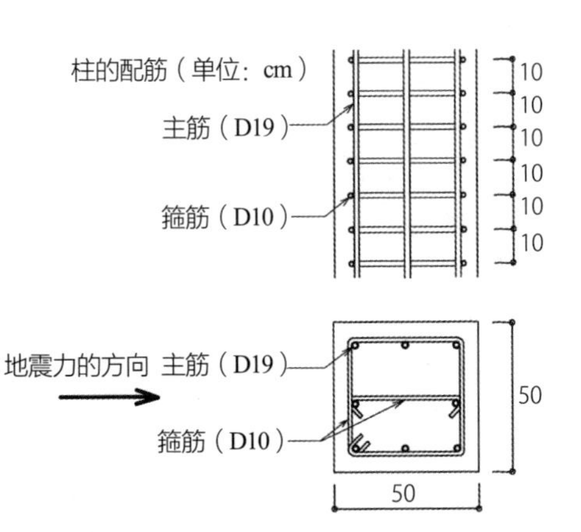

A 剪力 Q 作用的方向，要注意柱梁箍筋没有效果，也有不计算 p_w 的情况。内部箍筋也一样。

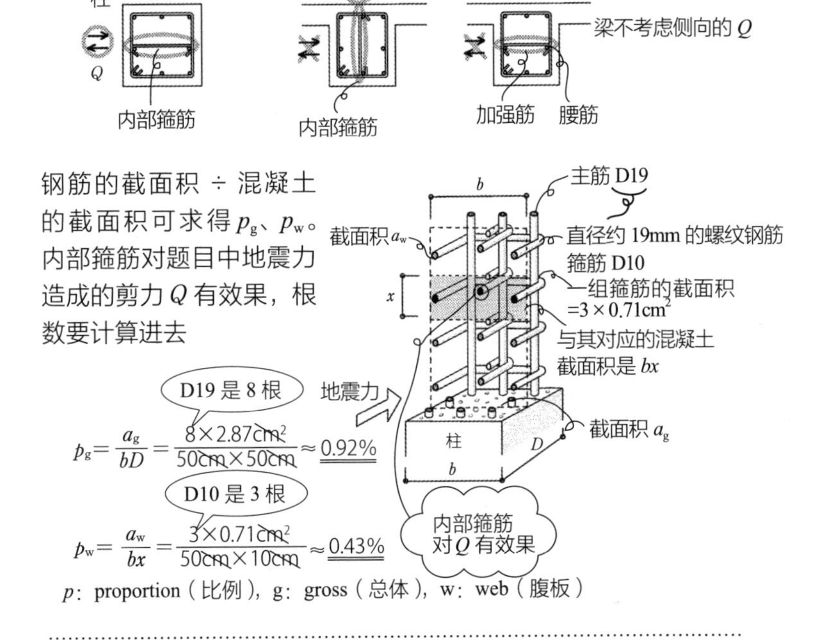

钢筋的截面积 ÷ 混凝土的截面积可求得 p_g、p_w。内部箍筋对题目中地震力造成的剪力 Q 有效果，根数要计算进去

$$p_g = \frac{a_g}{bD} = \frac{8\times 2.87\text{cm}^2}{50\text{cm}\times 50\text{cm}} \approx \underline{\underline{0.92\%}}$$

$$p_w = \frac{a_w}{bx} = \frac{3\times 0.71\text{cm}^2}{50\text{cm}\times 10\text{cm}} \approx \underline{\underline{0.43\%}}$$

p：proportion（比例），g：gross（总体），w：web（腹板）

答案 ▶ $p_g = 0.92\%$　$p_w = 0.43\%$

Q 在钢筋混凝土结构中：

1. 柱的箍筋比为 0.2% 以上。
2. 梁的箍筋比为 0.1% 以上。
3. 剪力墙墙板的箍筋比，在正交方向皆为 0.25% 以上。
4. 在楼板各方向全区域，钢筋全截面积与混凝土全截面积的比例为 0.2% 以上。

A 以梁的受拉钢筋比 p_t 的 0.4% 为中心，请记住各个钢筋量吧。钢筋量是通过钢筋截面积 a 除以结构构件截面积 A 进行计算的。不是用 $A-a$ 得出混凝土截面积。受拉钢筋比 $p_t=\dfrac{a_t}{bd}$ 中的 d 是梁的有效高度，bd 也不是全截面积，要特别注意。

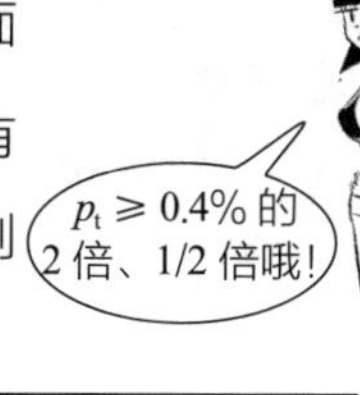

要点

柱梁的主筋比（梁有剪力墙）…………$p_g \geqslant 0.8\%$

梁的受拉钢筋比…………$p_t \geqslant 0.4\%$

柱箍筋比、梁箍筋比（剪力筋比）……$p_w \geqslant 0.2\%$

楼板的钢筋比…………$p_g \geqslant 0.2\%$

剪力墙的箍筋比…………$p_s \geqslant 0.25\%$

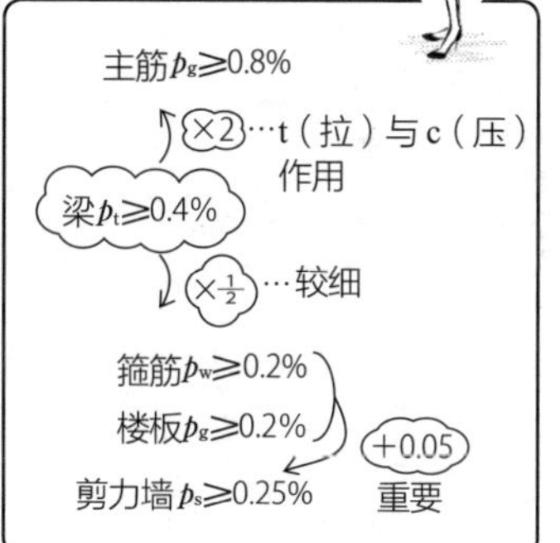

梁的 $p_t \geqslant 0.4\%$，或内力所必需的量 $\times \dfrac{4}{3}$ 以上

$p_t=a_t/bd$ 的 d 是有效高度，不是总高度

g：gross（总体、t 与 c 组合起来）

t：tension（拉力）

c：compression（压力）

s：shear（剪力）

w：web（腹板）

a：area（钢筋的面积）

以梁的受拉主筋的 $p_t \geqslant 0.4\%$ 为中心，主筋总体有拉力和压力作用是 2 倍，即 0.4% ×2＝0.8%。箍筋等是细钢筋，故为 $0.4\% \times \dfrac{1}{2}$ =0.2%。剪力墙是为了抗震而加入的，很重要，+0.05% 成为 0.25%，请记住吧。

答案 ▶ **1.** 正确　**2.** 错误　**3.** 正确　**4.** 正确

Q 截面如图 1 所示的钢筋混凝土结构柱，当承受弯矩 M 和轴力 N 作用时，此柱的应变分布如图 2 所示，请求出轴力 N 的值。其他条件如（1）~（7）所示。

条件：

（1）轴力作用在柱的中心。

（2）主筋（4−D25）截面积的和 $a = 2028\text{mm}^2$。

（3）主筋的屈服应力 $\sigma_y = 345\text{MPa}$。

（4）混凝土的压应力 $\sigma_c = 30\text{MPa}$。

（5）混凝土和主筋的“应力 − 应变”关系如图 3（a）、图 3（b）所示。

（6）混凝土的极限应变 ε_u 是主筋屈服应变 ε_y 的 2 倍。

（7）混凝土只承受压力，主筋同时承受压力和拉力。

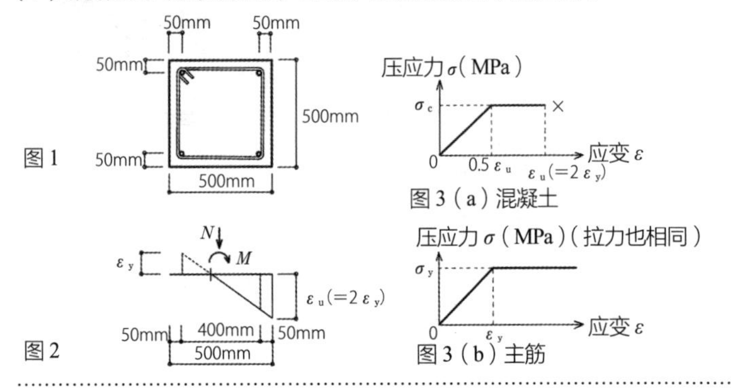

图 1

图 3（a）混凝土

图 2

图 3（b）主筋

A ①只有轴力 N 作用的柱，N 均等作用在截面上，整体均等地产生压应变。只由混凝土制成的柱，其压应力 ${}_c\sigma_c$ 均等分散在截面积 A 上，${}_c\sigma_c = \dfrac{N}{A}$。因此 $N = {}_c\sigma_c A$。

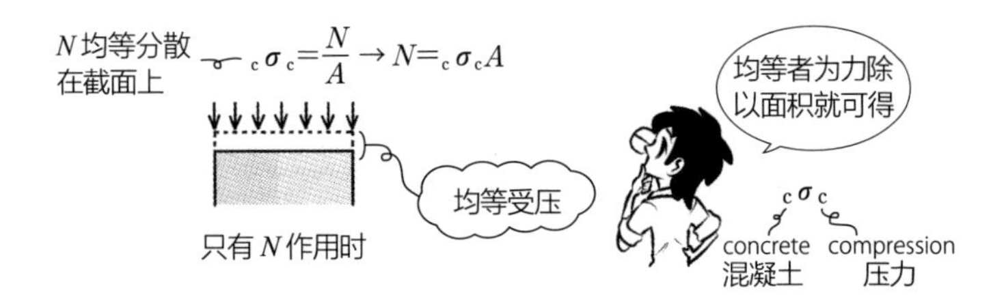

② 若为钢筋混凝土，在相同变形下，钢筋的压应力 ${}_{s}\sigma_{c}$ 比混凝土的压应力 ${}_{c}\sigma_{c}$ 大。
（各压应力 × 各截面面积）的和，就是压力 N。

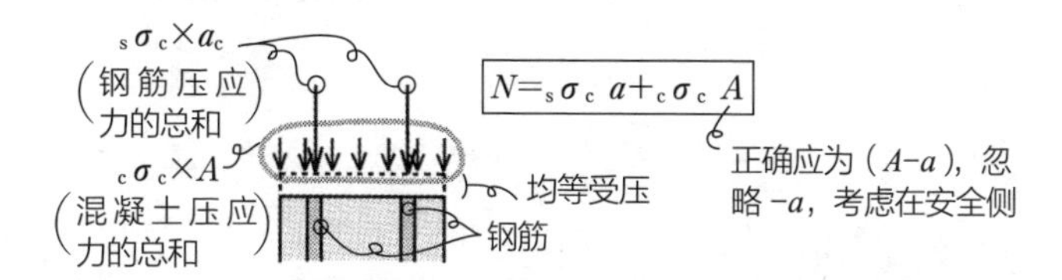

③ 钢筋混凝土只有弯矩 M 作用时，右侧的压力是混凝土 ${}_{c}\sigma_{c}$ 与钢筋 ${}_{s}\sigma_{c}$ 的合计。混凝土越靠近边缘的变形越大，因此越靠近边缘的 ${}_{c}\sigma_{c}$ 越大。另外，左侧的拉力只有钢筋在抵抗，是 ${}_{s}\sigma_{t}$ 的合计。左侧的拉力 T 与右侧的压力 C 形成大小相等、方向相反的力（力偶），此力偶的大小与 M 相等。

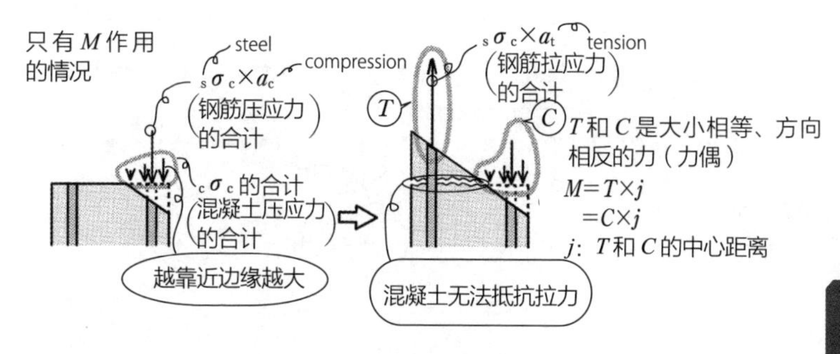

④ N 与 M 同时作用时，右侧的混凝土和钢筋会有 N 和力偶的单边力作用，左侧的钢筋会有力偶的另一个单边力作用。由于多出 N 作用，右侧的压力范围会较大。

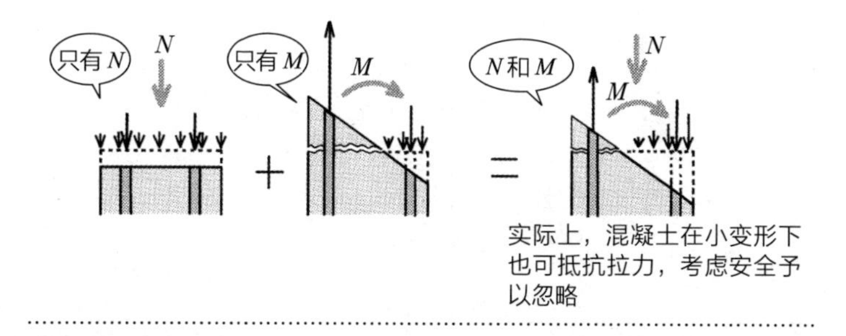

⑤ 由表示变形的图 2，使用如图所示的相似三角形的比，求出 x、z 的长度。

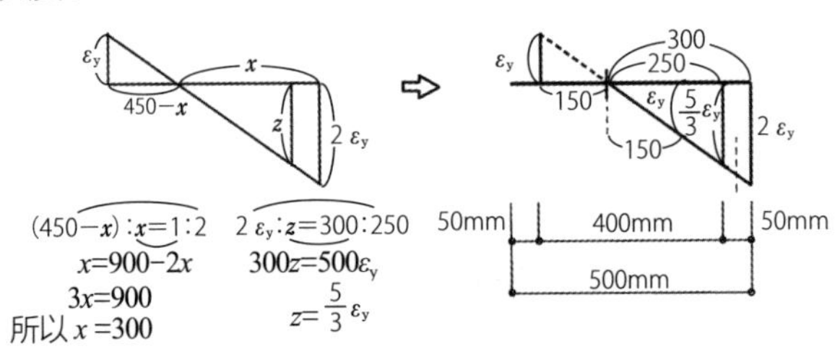

⑥ 由变形和 σ-ε 曲线可知，两侧的钢筋都达到屈服，应力是 σ_y。混凝土在 A 点屈服之后都是 σ_c，之前则是 $0\sim\sigma_c$。

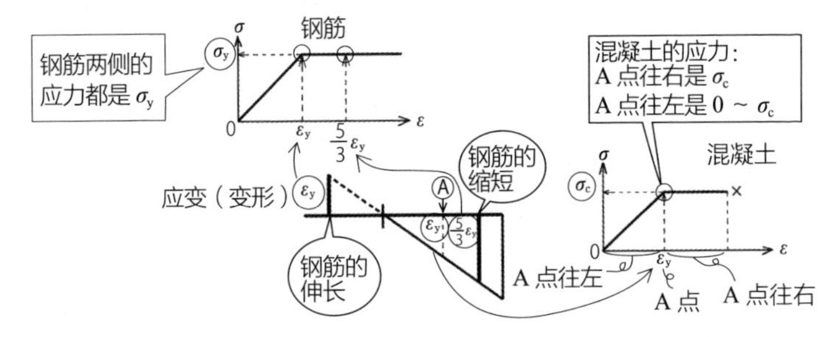

⑦ 应变 ε 与 σ 对应，求出压力 C、拉力 T，由 C-T 求得 N。

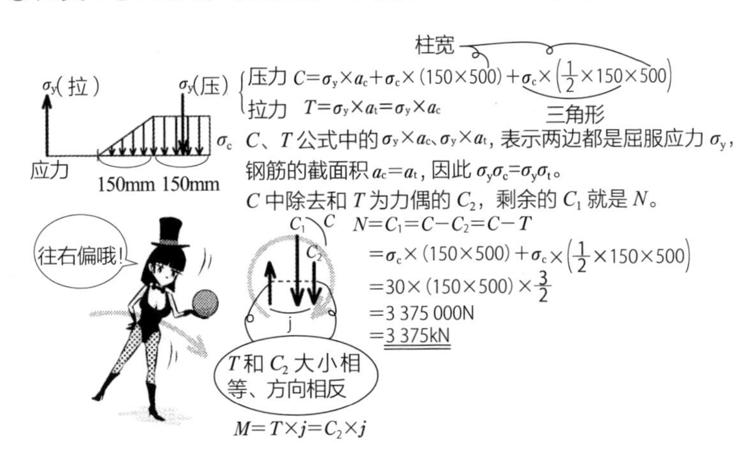

答案 ▶3375kN

Q 柱的允许弯曲应力是“当压缩边缘达到混凝土的允许压应力时”、“当受压钢筋达到允许应力时”及“当受拉钢筋达到允许应力时”计算出的弯曲应力中的最小值。

A 梁不受轴力 N 的作用，是以弯矩 M 进行截面设计。楼板整体承受地震等的水平力作用，可以忽略作用在梁的水平轴力，只考虑 M。另外，柱一定会受到来自重量方向的轴力 N 作用。经常有压力 N 作用，因此会有垂直荷载造成的 M，以及水平荷载造成的较大的 M 作用。所以柱必须考虑 N 和 M 两者进行截面设计。

梁→由Ⓜ进行截面设计………由 M 决定截面形状、钢筋量。
柱→由Ⓝ和Ⓜ进行截面设计………由 M 和 N 决定截面形状、钢筋量。

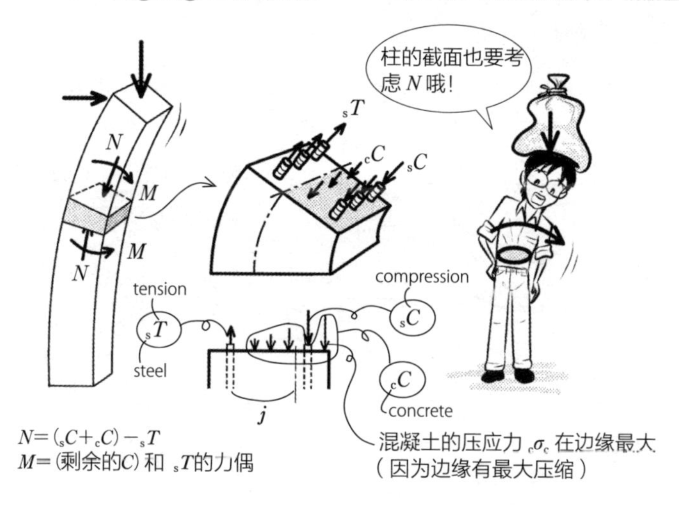

N 是由混凝土和主筋在抵抗。作用在混凝土的压应力 ${}_c\sigma_c$ 在受压区边缘有最大压缩，与应变 ε 成正比，${}_c\sigma_c$ 在边缘有最大值。M 是由混凝土和主筋的压力，以及主筋的拉力形成的力偶在抵抗。计算允许弯曲应力时，除去抵抗 N 的部分，可由压力和拉力形成的力偶求得。无论是主筋还是混凝土，都必须在材料的允许应力以下。无论是压力还是拉力，也都要在材料的允许应力以下才比较安全。

答案 ▶ 正确

Q 在钢筋混凝土结构中，当设计地震情况下弯曲应力会特别增大的柱时，短期轴力（压力）除以柱的混凝土全截面积的值，最好在混凝土设计标准强度的 1/3 以下。

A 本题的叙述是钢筋混凝土规范中的内容（答案正确）。设计标准强度 F_c，如文字所述，就是作为结构设计标准的混凝土强度，浇筑混凝土经过 4 周后，材龄 4 周的强度。压力的允许应力 f_c，其长期 $f_c=F_c/3$，短期 $f_c=2F_c/3$。这是表示在长期荷载下，作用在混凝土某部分的压应力 σ_c，是以 $F_c/3$ 为允许值，当地震等的长期和短期荷载同时作用时，则是以 $2F_c/3$ 为允许值。在此计算中，除轴力 N 造成的 σ_c 值以外，还要加上由弯矩 M 造成的 σ_c 值，再确认是否在允许值以下。

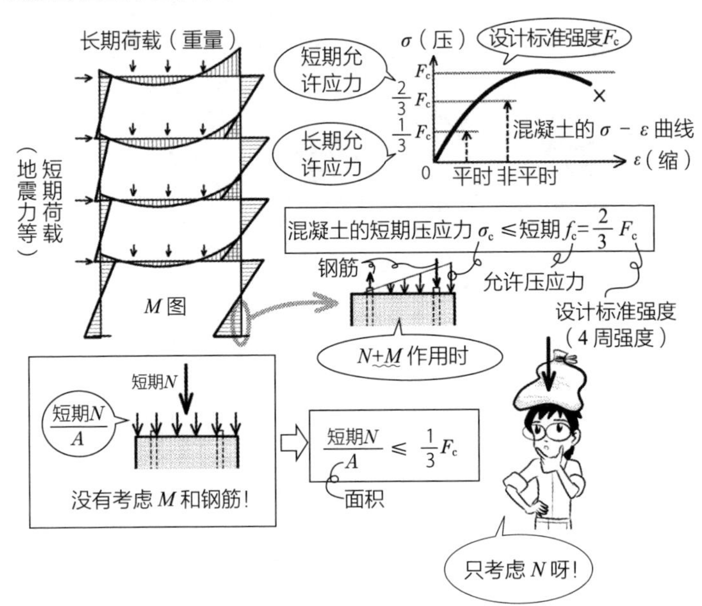

在题目的$\dfrac{\text{短期}N}{A}$中，没有加入 M 造成的 σ_c 或是钢筋的负担。这与一般的允许应力计算不同，是只有短期 N 造成的 σ_c 的允许值。若是满足$\dfrac{\text{短期}N}{A}\leqslant\dfrac{1}{3}F_c$，即使加上短期 M，在受压区的混凝土也没有问题。

答案 ▶ 正确

在此总结一下柱梁的主筋量 a_t、a_c 的确定顺序。

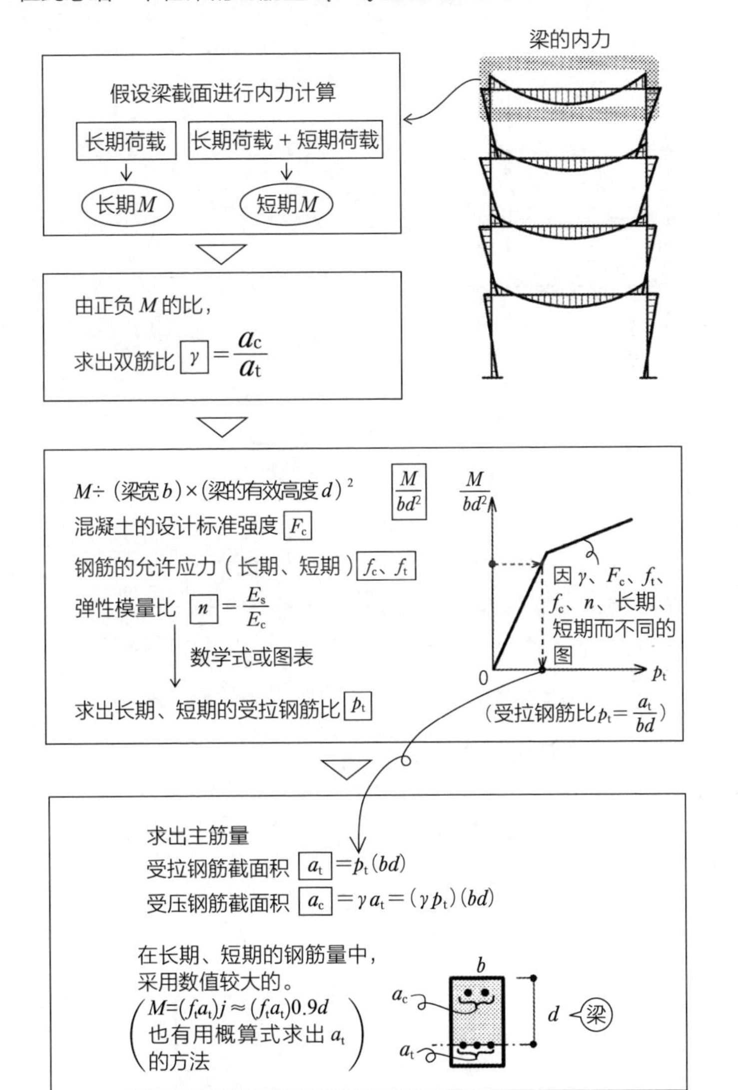

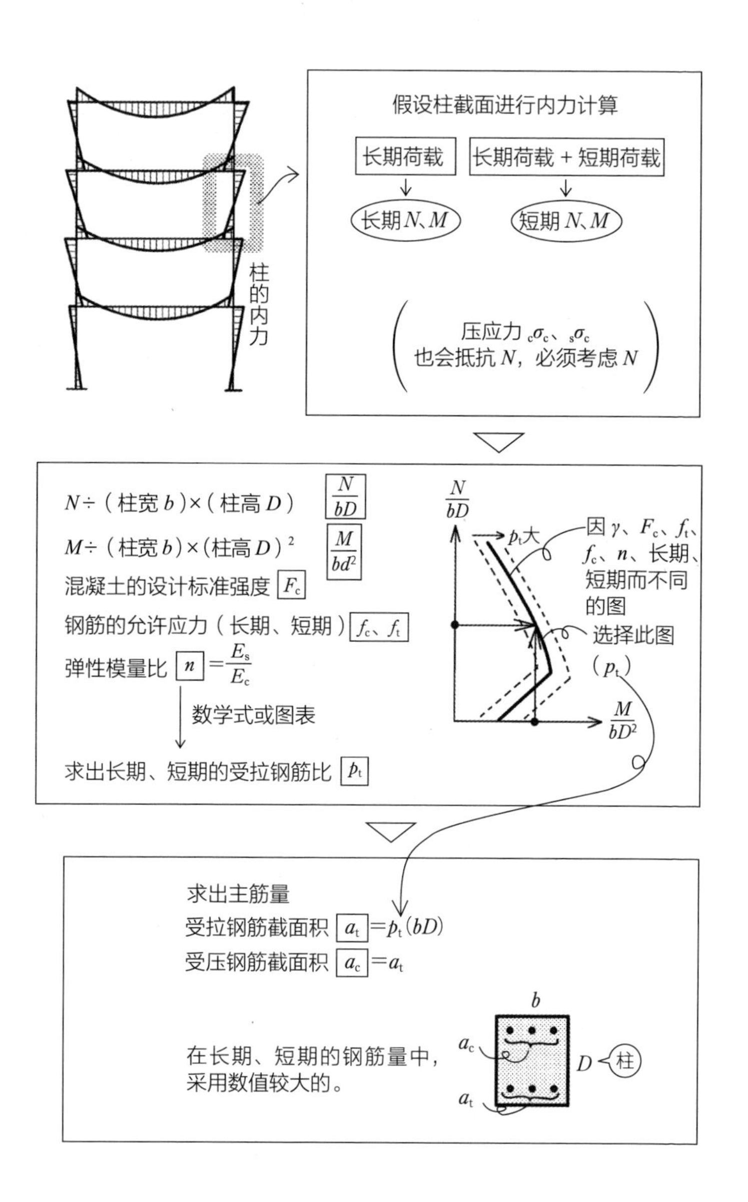
柱的内力
假设柱截面进行内力计算
长期荷载
长期荷载 + 短期荷载
长期 N、M
短期 N、M
压应力 ${}_c\sigma_c$、${}_s\sigma_c$
也会抵抗 N，必须考虑 N
N÷（柱宽 b）×（柱高 D） $\frac{N}{bD}$
M÷（柱宽 b）×（柱高 D）^{2} $\frac{M}{bd^2}$
混凝土的设计标准强度 F_c
钢筋的允许应力（长期、短期）f_c、f_t
弹性模量比 $n=\frac{E_s}{E_c}$
数学式或图表
求出长期、短期的受拉钢筋比 p_t
$\frac{N}{bD}$
p_t大
因 γ、F_c、f_t、f_c、n、长期、短期而不同的图
选择此图（p_t）
$\frac{M}{bD^2}$
求出主筋量
受拉钢筋截面积 $a_t=p_t(bD)$
受压钢筋截面积 $a_c=a_t$
在长期、短期的钢筋量中，
采用数值较大的。
b
a_c
a_t
D
柱

Q 结构构件如图所示，在条件（1）~（4）的状态下，请判断下列叙述是否正确。

条件：
（1）水平的长方形刚性楼板由 4 根柱支撑。
（2）全部柱的柱脚都是固定支撑，柱头和楼板是刚性连接。
（3）全部柱都是相同材料、相同正方形截面、相同长度。
（4）图中的结构面②作为水平抵抗的要素，设置支撑。

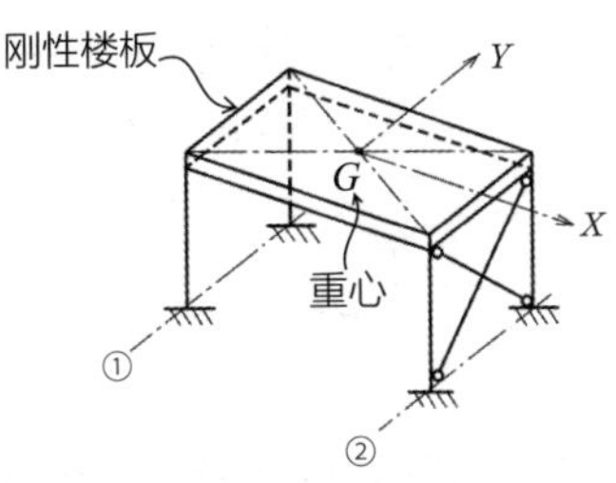

1. 地震造成的惯性力合力，认为其作用在重心 G 即可。
2. 平面上的刚心位置和重心 G 的位置不同。
3. 重心 G 只有 X 方向的水平力作用时，各柱的分担水平力相等。
4. 重心 G 只有 Y 方向的水平力作用时，图中结构面①和结构面②的分担水平力不同。
5. 当重心 G 只有 Y 方向的水平力作用时，所有柱头在 Y 方向的位移相等。

A 楼板在水平方向不会缩短，楼板的长方形也不会扭曲（假设为刚性楼板），柱头的水平位移相等，结构计算可以简单化。用 D 值法求解水平荷载时，也是假设为刚性楼板。此时要考虑柱头的梁的挠度。惯性力是指与加速度反向的力，地面向左移动时，会受到向右的水平力。力作用于质量的中心，其大小为质量 × 加速度（1 正确）。刚心是坚固的中心，靠近有支撑（墙）的面②（2 正确）。支撑在 X 方向没有作用，因此 X 方向的分担水平力相同（3 正确）。支撑在 Y 方向有效，②的柱的分担水平力不同（4 正确）。重心 G 有 Y 方向的力作用，靠近②的刚心周围会旋转，因此各柱头的位移不会相等（5 错误）。

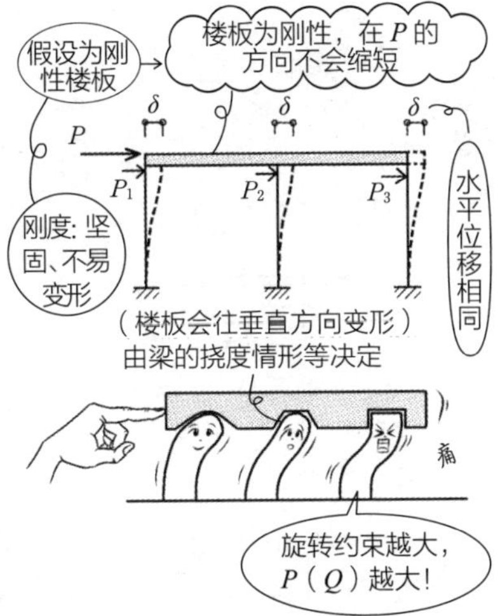

答案 ▶ **1.** 正确 **2.** 正确 **3.** 正确 **4.** 正确 **5.** 错误

Q 在钢筋混凝土结构中：

1. 一边为 4m 的正方形楼板的厚度，是跨度的 1/25。
2. 长度 1.5m 的悬挑楼板的厚度，是悬臂长度的 1/8。
3. 在确认建筑物使用不会有障碍的情况下，悬臂以外的楼板厚度，是楼板短边方向的有效梁间长度的 1/25 且在 200mm 以上。

A slab 的原意是板，在建筑中是楼板的意思。悬臂（cantilever）是单边伸出的结构，即悬挑结构。长方形楼板主要由短边方向的楼板抵抗荷载。楼板的厚度一般由短边方向的跨度决定。

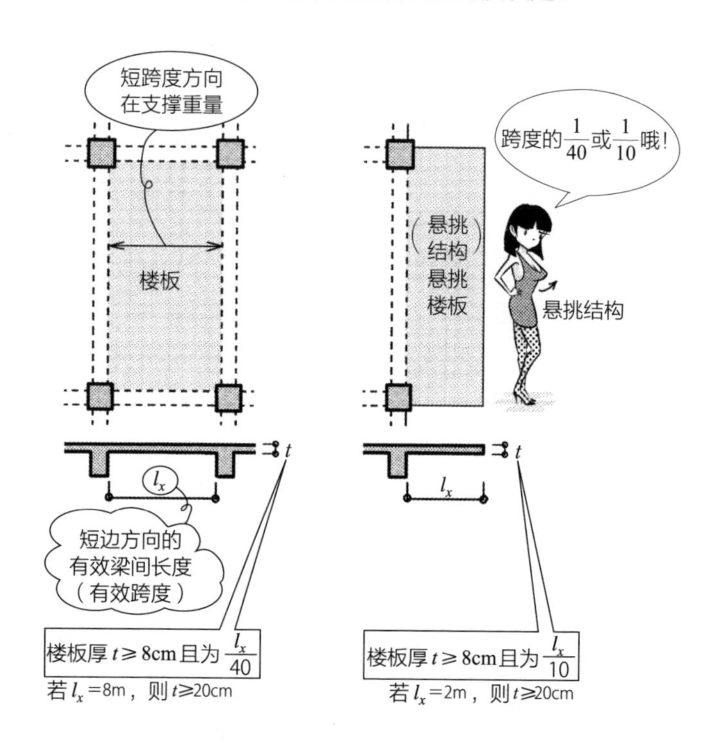

如上所述，楼板厚度 t 在 l_x 的 1/40、1/10 以上。

答案 ▶ **1.** 正确　**2.** 正确　3. 正确

Q 在钢筋混凝土结构中：

1. 楼板在各方向的全范围中，钢筋全截面积相对于混凝土全截面积的比例是 0.2%。。
2. 使用普通混凝土，厚度为 15cm 的楼板，在承受正负最大弯矩的部分，长边方向的受拉钢筋可使用螺纹钢筋 D10，间隔在 30cm 以下。

A 楼板的钢筋量 p_g，在各方向为 0.2% 以上（钢筋混凝土规范，1 正确）。请记住梁的受拉钢筋比 $p_t \geqslant 0.4\%$的一半，或是与同样用细钢筋组成的箍筋比 p_w 相同即可（参见 R111）。

把交叉成十字形的木棒向上抬起时，短棒会负担较多。楼板钢筋也是在短边方向的负担较大。

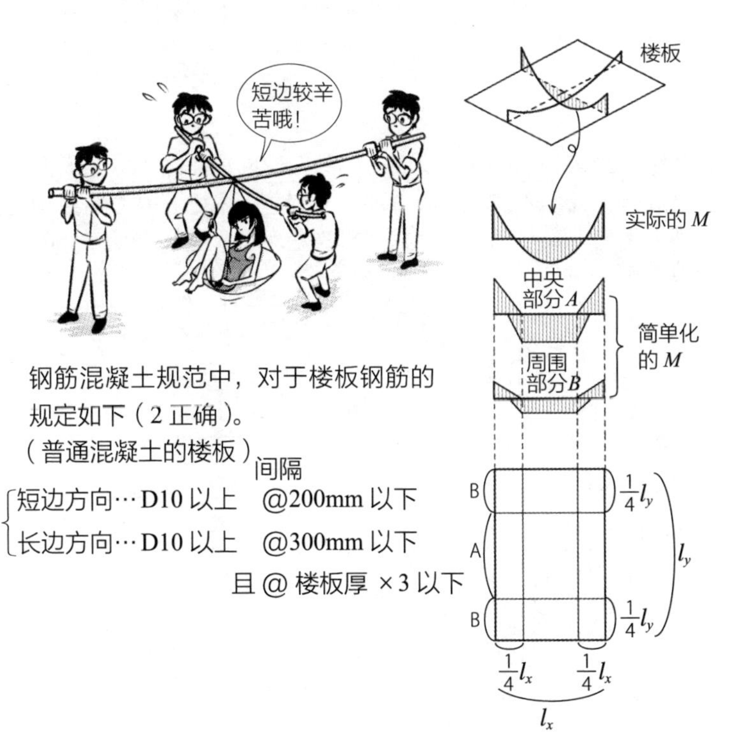

钢筋混凝土规范中，对于楼板钢筋的规定如下（2 正确）。

（普通混凝土的楼板）

		间隔
短边方向…	D10 以上	@200mm 以下
长边方向…	D10 以上	@300mm 以下
		且 @ 楼板厚 ×3 以下

答案 ▶ **1.** 正确　**2.** 正确

Q 在钢筋混凝土结构中:

1. 楼高 4m 的承重墙的厚度，是楼高的 1/40。
2. 考虑到混凝土的填充性和表面弯曲的稳定性等，承重墙的厚度是墙板净高的 1/20 且在 150mm 以上。
3. 剪力墙的厚度在 100mm 以上，且是净高的 1/30 以上。

A 承重墙是指承受垂直、水平荷载的结构墙。承重墙在框剪结构的建筑中，用于承受地震水平荷载的墙体，称为剪力墙。使用上承重墙的意思更广泛。不承受荷载的墙称为非结构墙（非承重墙）。

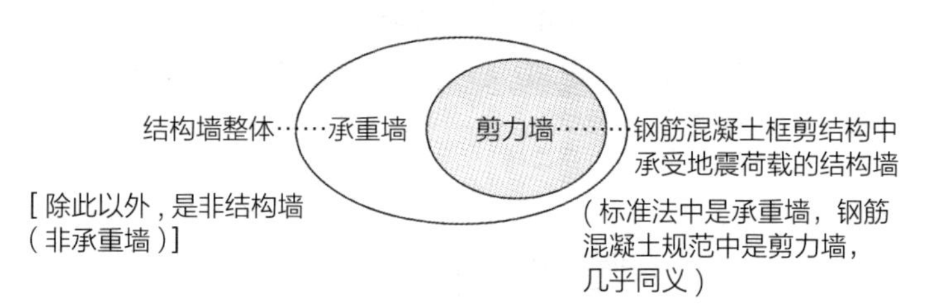

剪力墙的厚度在 120mm 以上，且是净高的 1/30 以上（钢筋混凝土规范，1 错误，2 正确，3 错误）。钢筋混凝土剪力墙结构的“承重墙（承受垂直荷载）”的厚度另有规定（参见 R150、R151）。

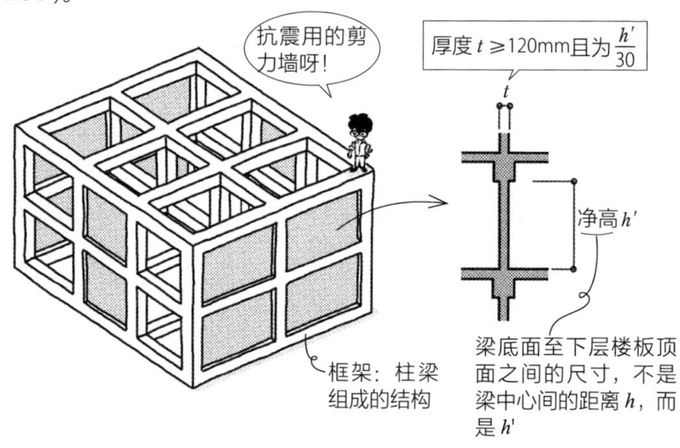

答案 ▶ **1.** 错误 **2.** 正确 **3.** 错误

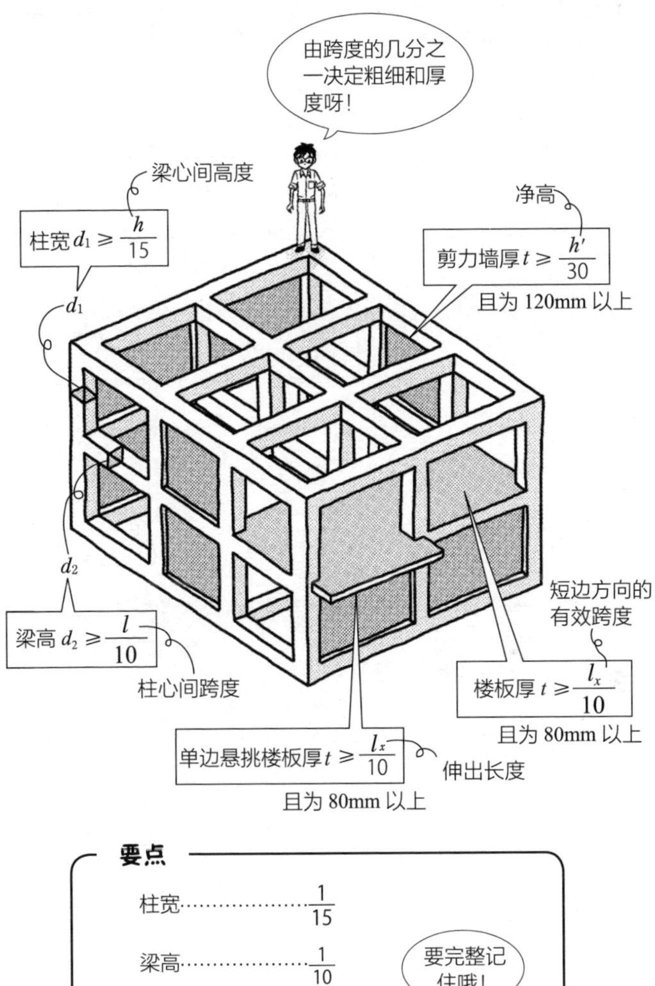

要点

柱宽……………………$\frac{1}{15}$

梁高……………………$\frac{1}{10}$

剪力墙厚………………$\frac{1}{30}$

楼板厚…………………$\frac{1}{40}$

单边悬挑楼板厚………$\frac{1}{10}$

要完整记住哦!

Q 在钢筋混凝土结构中，承重墙周围的柱和梁具有约束承重墙的效果，因此周围设置柱和梁可以增加承重墙的韧性。

A 当承重墙（剪力墙）用柱梁约束时，可以防止剪力裂缝的延伸、贯穿，具有柔韧度，使之难以破坏，形成有韧性的结构（答案正确）。在下图中，柔韧度顺序为①<②<③。

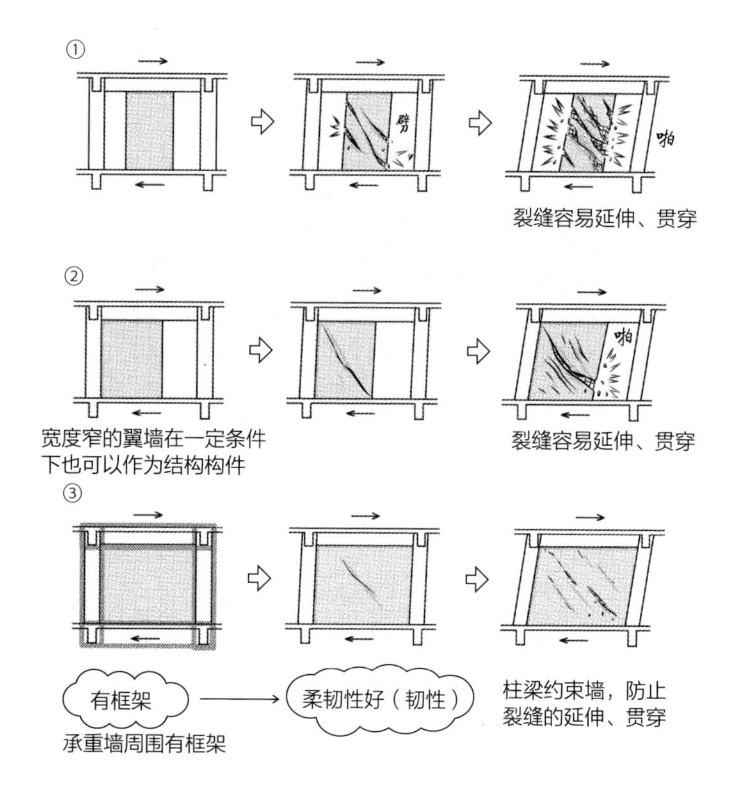

答案 ▶ 正确

Q 弯曲屈服后的承重墙韧性较高，压力部分的侧柱要增加箍筋。

A 侧柱是指在承重墙左右两侧的柱，与上下梁形成框架约束承重墙（剪力墙）。当承重墙产生弯曲屈服（弹性区结束，进入无法恢复原状的塑性变形直至破坏）时，受拉区的混凝土会开裂，只有柱和墙的钢筋抗拉，受压区则由混凝土和钢筋在抗压。柱被压坏时，若箍筋较少，则容易发生主筋屈曲和混凝土外露。若箍筋较密集，则可以防止这种情况发生（参见 R103，答案正确）。

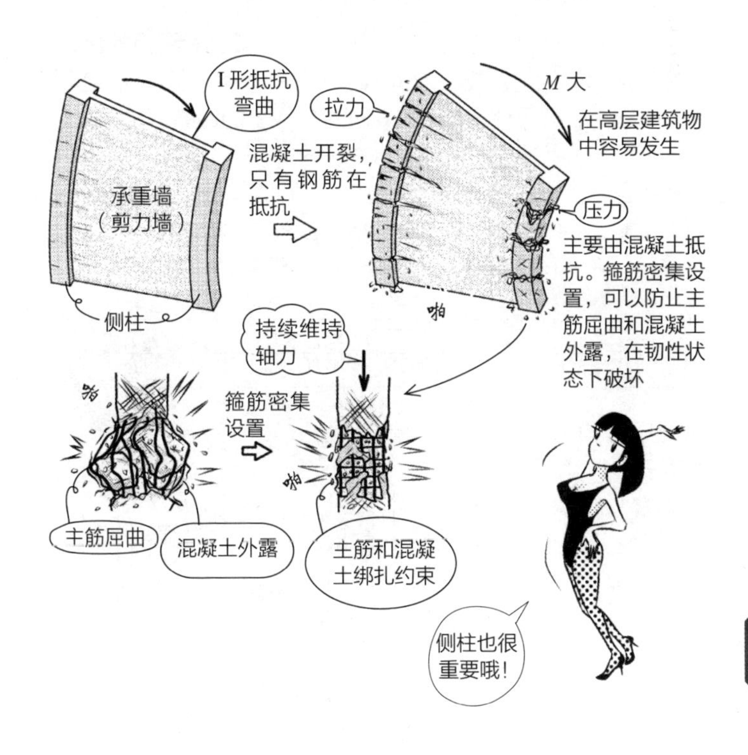

答案 ▶ 正确

Q 如图所示，有洞口的钢筋混凝土结构，下列关于墙构件的叙述，请根据标准法判断是否正确。

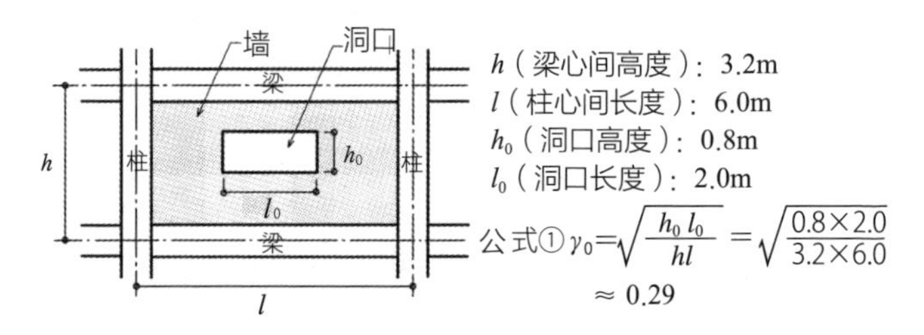

1. 使用公式①计算出的值在 0.4 以下，可判断为有洞口的承重墙。
2. 洞口加强筋的量需要考虑洞口大小进行计算，洞口加强筋应为 D13 以上，并且使用与墙筋相同直径以上的钢筋。

A 若在承重墙上设置的洞口尺寸过大，则地震时容易被破坏，抗震能力下降。“承重墙整体面积”所对应的“洞口面积”的比，开平方后，称为洞口周比 γ_0。$\gamma_0 \leqslant 0.4$（1 正确）。

$$\text{洞口周比}\ \gamma_0=\sqrt{\frac{\text{洞口面积}}{\text{承重墙 1 区的面积}}}=\frac{h_0、l_0\ \text{的几何平均}}{h、l\ \text{的几何平均}}=\sqrt{\frac{h_0\,l_0}{hl}}\leqslant 0.4$$

在洞口周围加入稍粗的钢筋 D13 用于补强。否则发生地震时，洞口处很容易出现裂缝（2 正确）。

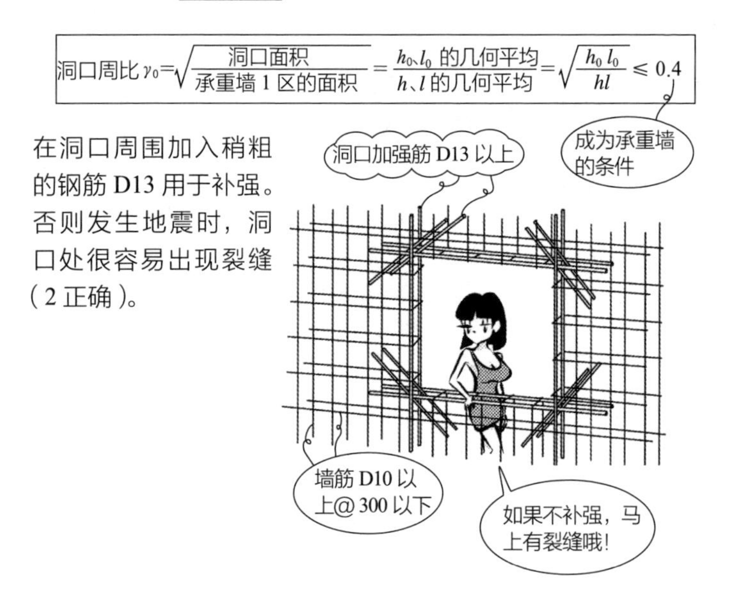

答案 ▶ **1.** 正确 **2.** 正确

Q 如图所示，有洞口的钢筋混凝土结构，下列关于墙构件的叙述，请根据标准法判断是否正确。

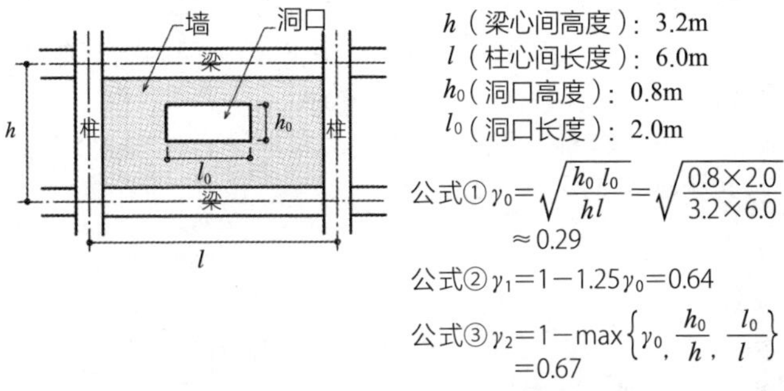

1. 使用公式②来计算一次设计使用的剪切模量折减率。
2. 使用公式①、②、③中的最小值计算一次设计使用的允许剪承载力折减率。

A 洞口周比 γ_0 在 0.4 以下，该墙体可视为承重墙。由于有洞口部，故要将刚度和承载力进行折减计算。刚度是变形难易度，承载力是允许极限的力。变形为平行四边形的难易度系数（剪切模量）是用 γ_1 的折减率（1 正确），截面积 × 混凝土的 f_s 等的系数（允许剪承载力）是用 γ_2 的折减率（2 错误）。max｛x，y，z｝是指从 x、y、z 中选择最大值。

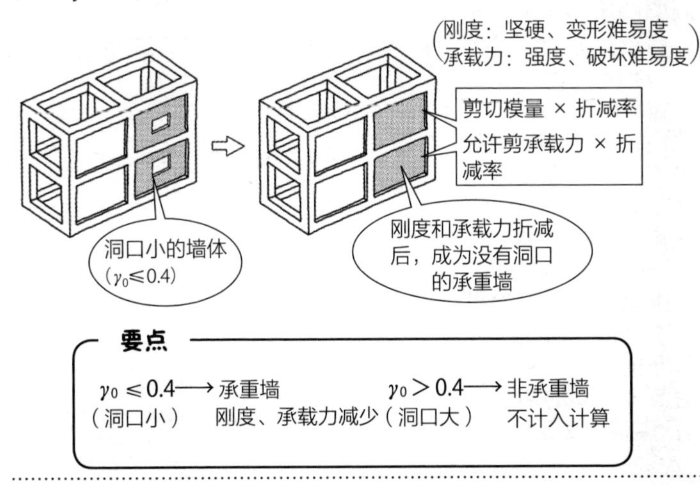

答案 ▶ **1.** 正确　**2.** 错误

Q 如图所示，有承重墙的钢筋混凝土结构，下列关于建筑物抗震设计的叙述，请判断是否正确。

1. 如图 1 所示的墙体，因为洞口周比 γ_0 在 0.4 以下，所以无洞口承重墙的剪切模量和剪承载力，可以和洞口周比 γ_0 相乘进行折减。
2. 如图 2 所示的墙体，洞口部的上端是梁，下端与楼板连接，各层墙体都不可视为一道承重墙。

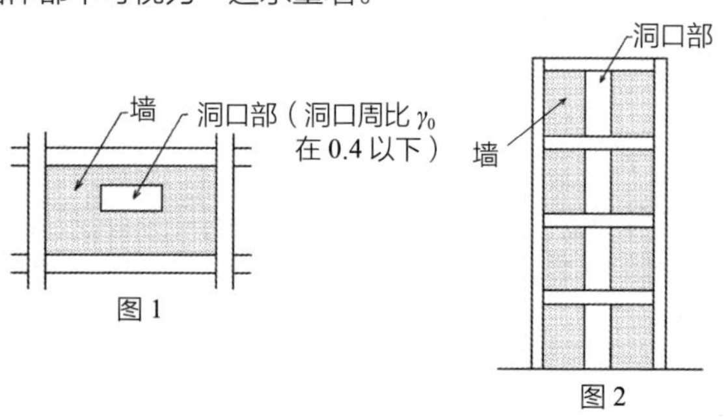

图 1　图 2

A 洞口周比 $\gamma_0 \leqslant 0.4$，可以重新成为无洞口的承重墙。此时考虑到洞口的影响，进行刚度和承载力的折减。刚度的折减率 γ_1、允许剪承载力的折减率 γ_2，使用右面的计算公式（1 错误）。
洞口上下较长，上端是梁，下端连接梁和楼板时，不管洞口的横向宽度 l_0 有多小，都无法发挥出整体的承重墙效果。无论是左右两道承重墙，还是非结构墙，都要根据各种不同的墙形式进行判断（2 正确）。

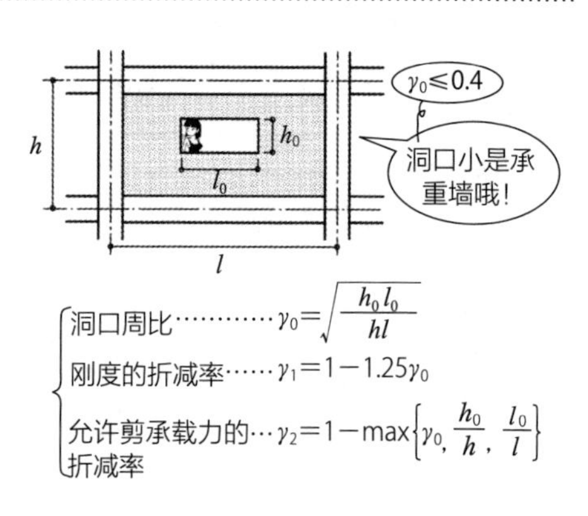

洞口周比…………$\gamma_0 = \sqrt{\dfrac{h_0 l_0}{hl}}$

刚度的折减率……$\gamma_1 = 1 - 1.25\gamma_0$

允许剪承载力的折减率…$\gamma_2 = 1 - \max\left\{\gamma_0, \dfrac{h_0}{h}, \dfrac{l_0}{l}\right\}$

答案 ▶ **1.** 错误　**2.** 正确

Q 如图所示，有承重墙的钢筋混凝土结构，下列关于建筑物抗震设计的叙述，请判断是否正确。

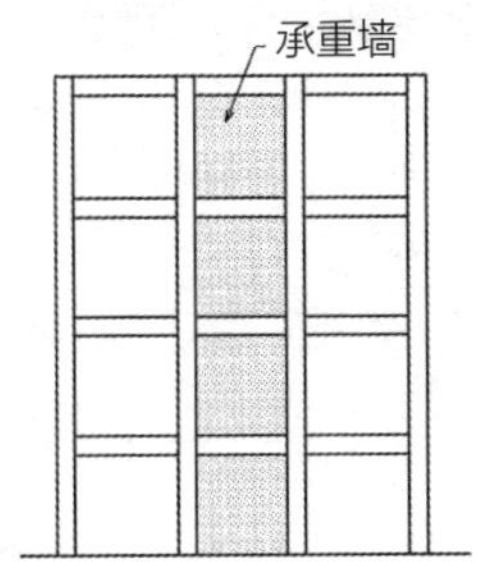

1. 如图所示的框架，连层承重墙的旋转变形较大，考虑到墙脚部的固定条件，可求得负担的剪力。
2. 如图所示的连层承重墙整体产生弯曲屈服时，弯曲屈服的承重墙不会产生脆性破坏而保有韧性，研究破坏机构时，所负担的剪力会增加。

A 在上下连续为承重墙（连层承重墙）的情况下，整体产生旋转，基础向上浮起。必须考虑最下层的承重墙脚部的固定条件，求出剪力的负担（1 正确）。

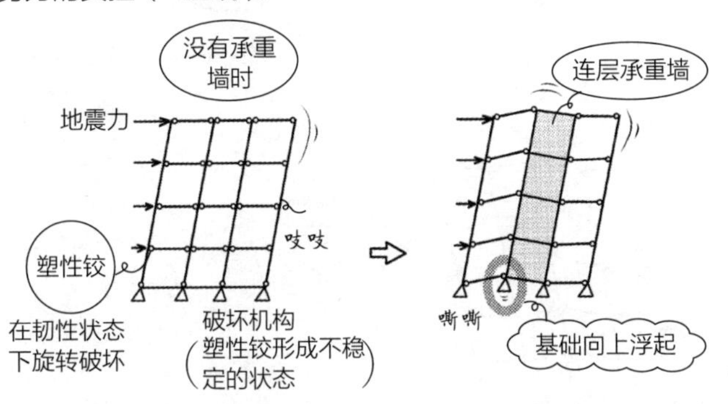

在平行四边形的剪力破坏下，会瞬间产生脆性破坏。弯曲破坏是在韧性状态下产生破坏，剪承载力增加直至弯曲破坏，韧性（柔韧度）也随之增加（2 正确）。

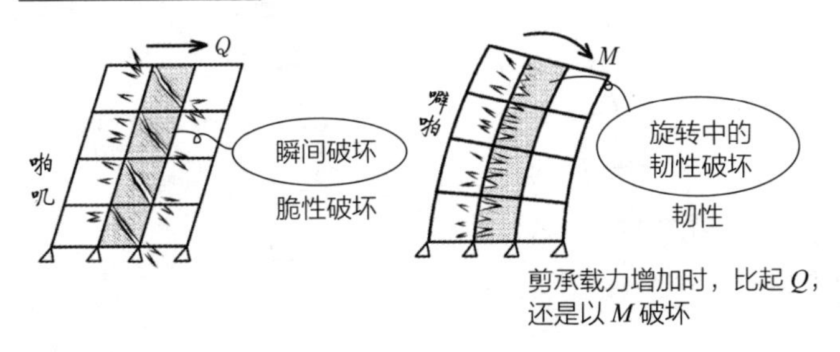

答案 ▶ **1.** 正确　**2.** 正确

Q 在钢筋混凝土结构中，为了提高变形性能，承重墙的破坏形式不能是基础向上浮起型。

A 基础向上浮起型的破坏形式，是在韧性状态下的变形破坏。要避免瞬间破坏的剪力破坏型，可采用基础向上浮起型或弯曲屈服型（答案错误）。

承重墙的破坏形式

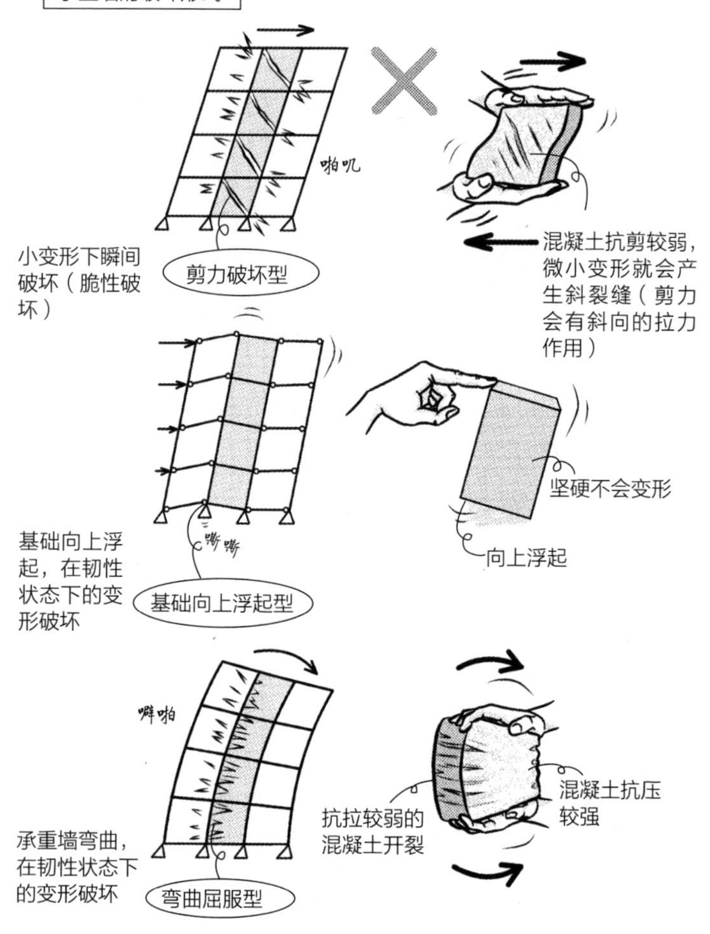

答案▶错误

Q 在多跨度框架中的 1 跨度设置连层承重墙时，为了提高对倾倒的抵抗性，比起配置在框架内的最外端部位，配置在中央部位更有利。

A 连层承重墙的两侧都有梁时，两侧可以压制基础向上浮起，比起单边有梁的情况，更能防止结构向上浮起。因此，多跨度框架的连层承重墙，比起设置在外端部位，设置在中央部位，较不易使基础向上浮起（答案正确）。

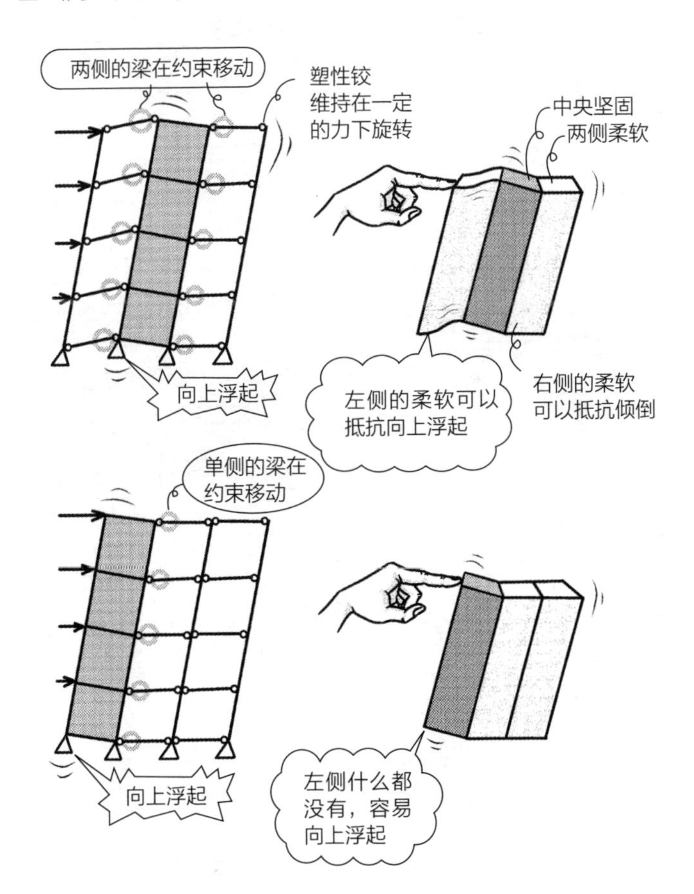

答案 ▶ 正确

Q 如图所示，有承重墙的钢筋混凝土结构，为了确定建筑物承重墙的破坏形式，加入与承重墙为同一面内（研究方向）的框架构件，对与承重墙为正交方向的框架构件进行研究。

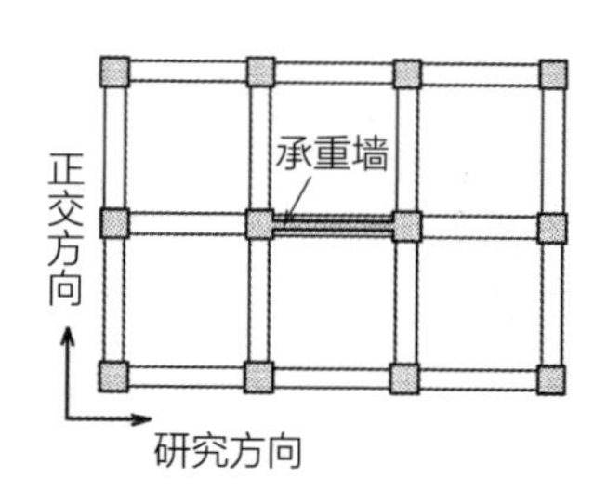

A 承重墙的左右梁称为边界梁，正交的梁称为正交梁。考虑到基础向上浮起的情况，A点会向上浮起。正交梁 AC、AB 有压制 A 点向上变形的作用。除了承重墙的同一面内以外，也要考虑正交的框架（答案正确）。

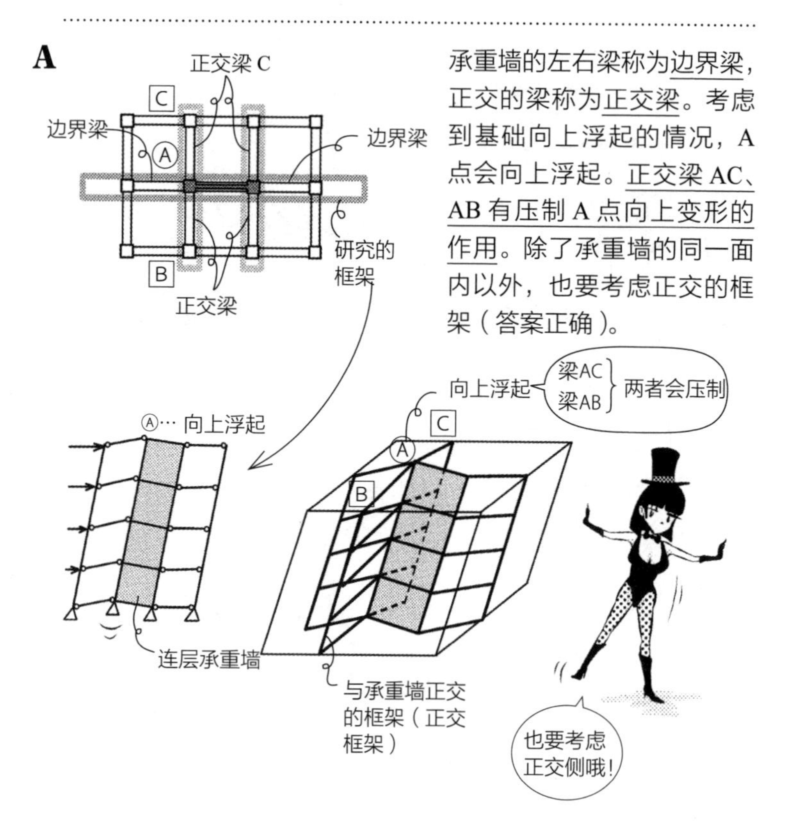

答案 ▶ 正确

Q 对于钢筋混凝土结构的建筑物，即使是从最上层到基础并未连续的墙体，考虑到力的传递设计时，该墙壁也可以视为承重墙。

A 承重墙是上下重叠的连层承重墙时，墙上下成为一体，是最常见的作用形态。墙上设置洞口时，洞口周比 γ_0 要在 0.4 以下，越小越好。

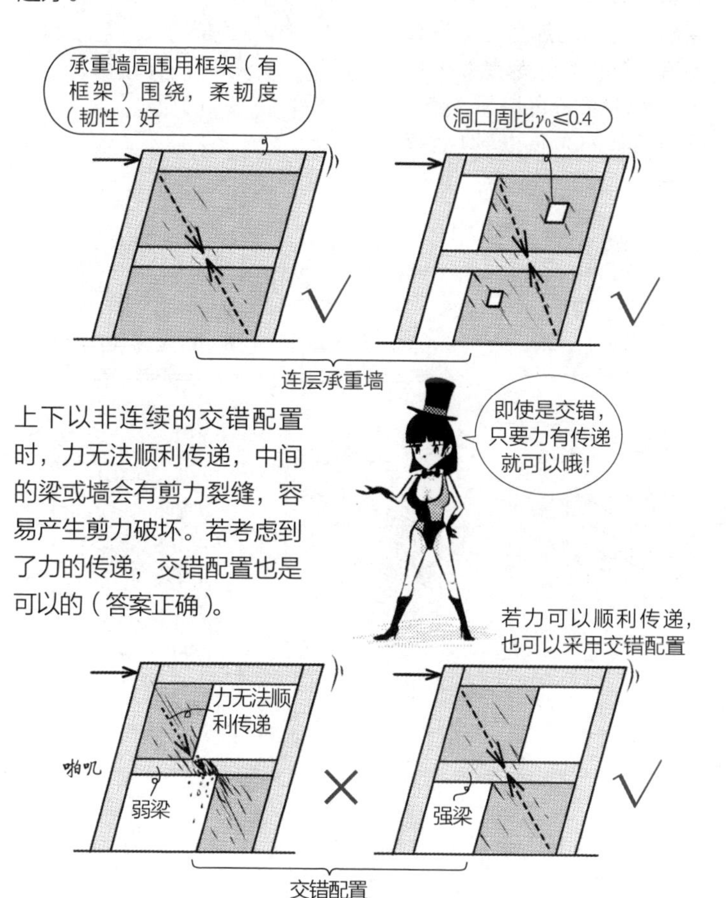

上下以非连续的交错配置时，力无法顺利传递，中间的梁或墙会有剪力裂缝，容易产生剪力破坏。若考虑到了力的传递，交错配置也是可以的（答案正确）。

答案 ▶ 正确

Q 在钢筋混凝土结构中，厚度 120mm 的承重墙，可用 D10 的钢筋，以 400mm 的间隔进行单层钢筋网配置。

A 承重墙所加入的钢筋，作用与箍筋相同，是以拉力抵抗因剪力 Q 造成的平行四边形变形。钢筋的加入方式有如图所示的 3 种，都是 D10 以上，间隔 300mm 以下，交错配筋间隔 450mm 以下（答案错误）。

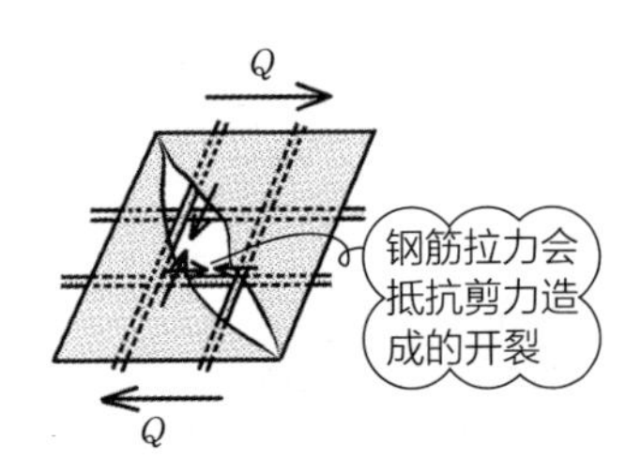

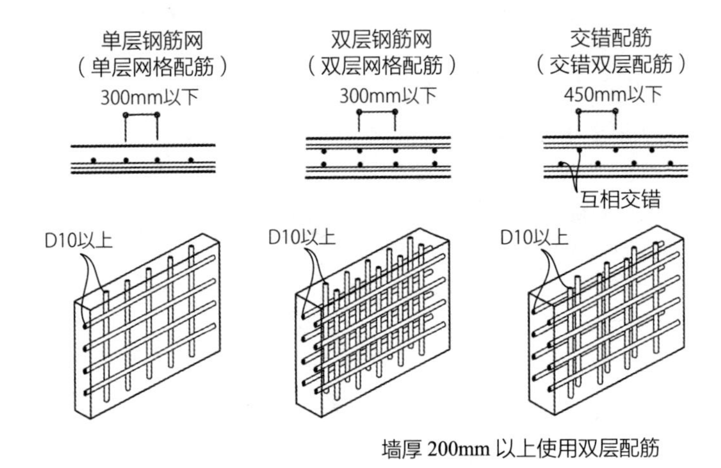

墙厚 200mm 以上使用双层配筋

答案 ▶ 错误

Q 钢筋混凝土结构中的承重墙，使用 D10 的螺纹钢筋作为墙筋时，下列承重墙的截面 1~5，请计算其剪力筋比 P_s，并判断该配置是否可行。墙筋在纵横方向皆为等间隔配置，1 根 D10 的截面积为 0.7cm^2。

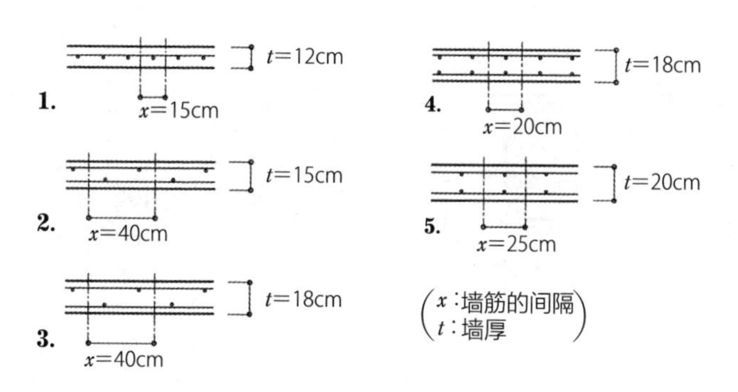

A 墙体中加入格子网状钢筋，产生的拉力可防止墙体斜向开裂。有 1 层的单层网格配筋、2 层的双层网格配筋、交错配筋等，也有从墙体正面以 45° 倾斜加入的情况。p_s 是由钢筋的截面积 ÷ 混凝土的截面积计算得出的。

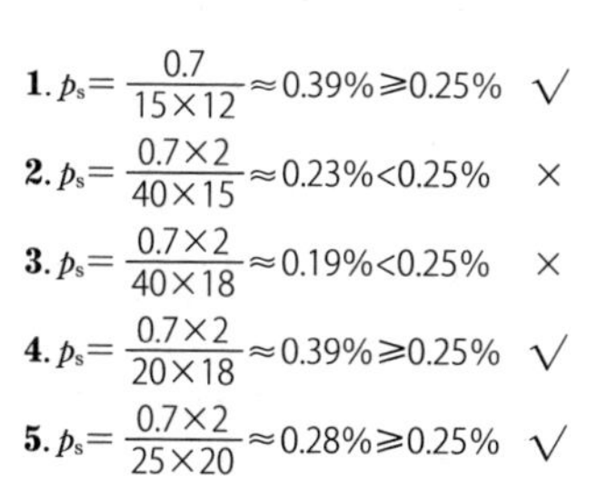

1. $p_s=\dfrac{0.7}{15\times12}\approx0.39\%\geqslant0.25\%$ √

2. $p_s=\dfrac{0.7\times2}{40\times15}\approx0.23\%<0.25\%$ ×

3. $p_s=\dfrac{0.7\times2}{40\times18}\approx0.19\%<0.25\%$ ×

4. $p_s=\dfrac{0.7\times2}{20\times18}\approx0.39\%\geqslant0.25\%$ √

5. $p_s=\dfrac{0.7\times2}{25\times20}\approx0.28\%\geqslant0.25\%$ √

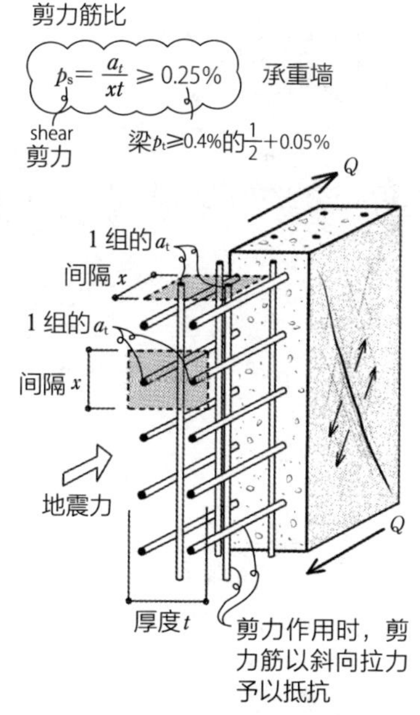

答案▶ **1.** 正确　**2.** 错误　**3.** 错误　**4.** 正确　**5.** 正确

6

钢筋混凝土结构的楼板和墙

Q 钢筋混凝土结构中的配筋如表所示。请指出下列哪一个不符合日本建筑学会《钢筋混凝土结构计算规范》中，对于钢筋量的最小规定。1 根钢筋的截面积分别是“D10：0.7cm²”“D13：1.3cm²”“D25：5.0cm²”。

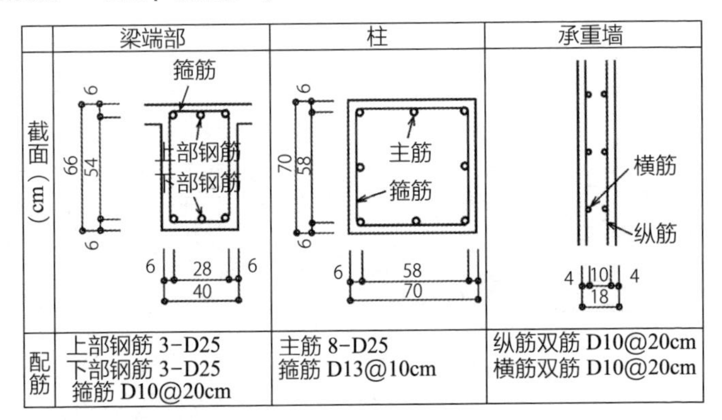

1. 梁端部的受拉钢筋量
2. 梁端部的剪力筋量
3. 柱的主筋量
4. 柱的剪力筋量
5. 承重墙的剪力筋量

A 将各结构构件的钢筋截面积除以构件截面积，求出 p_t、p_w、p_g。

1.（梁）受拉钢筋比 $p_t = \frac{a_t}{bd} = \frac{3\times 5\text{cm}^2}{40\text{cm}\times 60\text{cm}} \approx 0.0063 = 0.63\% \geqslant 0.4\%$ √
（d：有效高度）

2.（梁）箍筋比 $p_w = \frac{a_w}{bx} = \frac{2\times 0.7\text{cm}^2}{40\text{cm}\times 20\text{cm}} \approx 0.0018 = 0.18\% < 0.2\%$ ×
（x：间隔）

3.（柱）主筋比 $p_g = \frac{a_g}{bD} = \frac{8\times 5\text{cm}^2}{70\text{cm}\times 70\text{cm}} \approx 0.0082 = 0.82\% \geqslant 0.8\%$ √

4.（柱）箍筋比 $p_w = \frac{a_w}{bx} = \frac{2\times 1.3\text{cm}^2}{70\text{cm}\times 10\text{cm}} \approx 0.0037 = 0.37\% \geqslant 0.2\%$ √
（x 方向、y 方向相同）

5.（墙）剪力筋比 $p_s = \frac{a_t}{tx} = \frac{2\times 0.7\text{cm}^2}{18\text{cm}\times 20\text{cm}} \approx 0.0039 = 0.39\% \geqslant 0.25\%$ √
（t：厚度）
（x 方向、y 方向相同）

答案 ▶ 2

在此总结一下各结构构件的钢筋量，请记住它们吧。

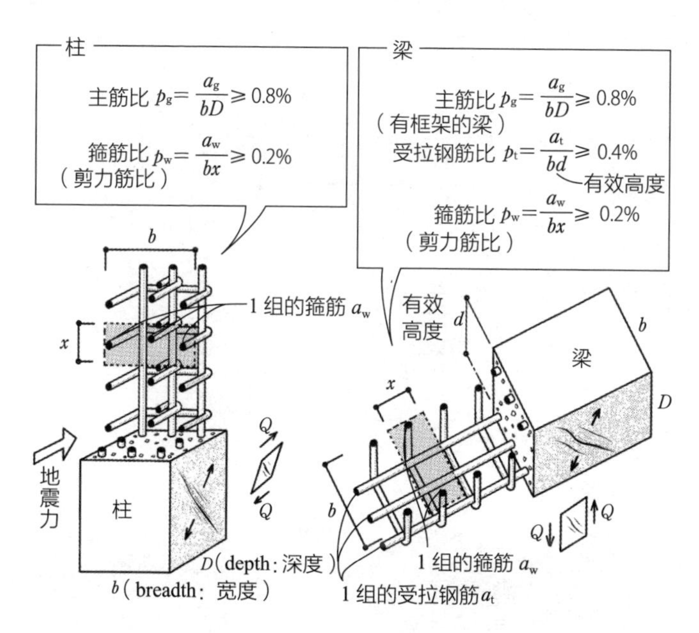

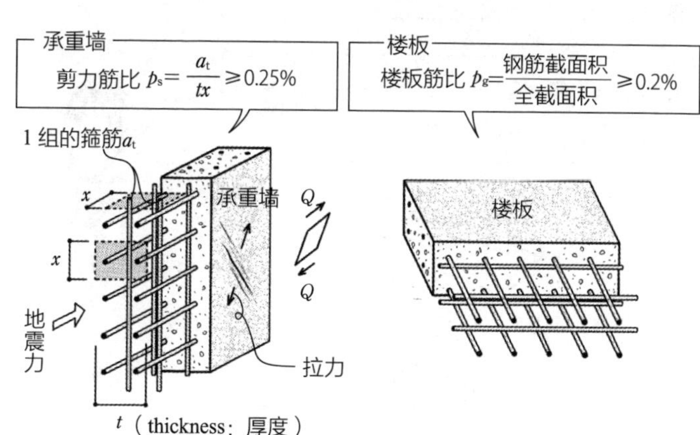

以梁的受拉钢筋比 $p_t \geqslant 0.4\%$ 为中心，请记住其倍数的 0.8%、半数的 0.2%，以及多一些的 0.25%吧。

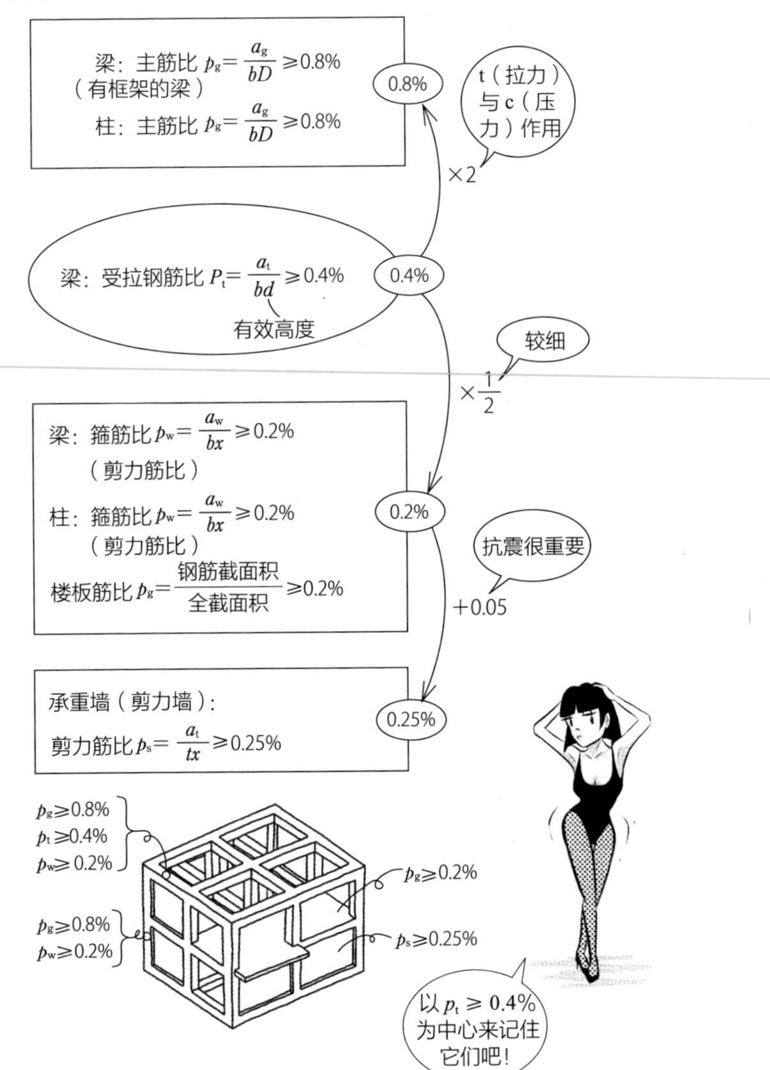

- 物理量下角标的含义如下：a：area，面积。p：proportion，比例。g：gross 总体。t：tension，拉力。c：compression，压力。w：web，腹板。s：shear，剪力。

Q 在钢筋混凝土结构中：

1. 附有弯钩的搭接接头的长度是钢筋互相弯折的开始点之间的距离。
2. D35 以上的螺纹钢筋的接头，原则上不以搭接施工。
3. 钢筋直径（钢筋名称的数值）的差值超过 7mm 时，原则上不设置气压压接接头。
4. 气压压接接头中，压接处在钢筋的直线部分，避免设置在弯曲加工部分及其附近。

A 长钢筋运输和绑扎时很麻烦，通常会切成一定长度，在现场连接和绑扎。连接钢筋会有接头，重叠的接头称为搭接接头。用瓦斯的热和压力使钢筋一体化的接头称为气压压接接头。另外还有螺栓型的连接和用金属零件夹住的机械连接。

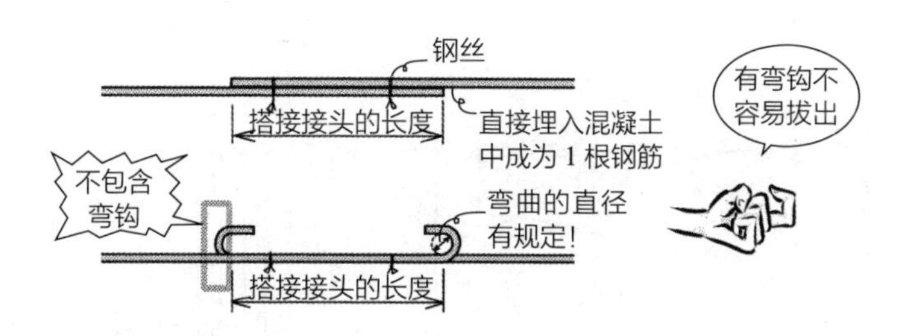

有弯钩的锚固效果好，因此规定搭接长度可以比直锚短。有弯钩的搭接长度不包含弯钩部分（1 正确）。D35 以上的粗钢筋要使用气压压接接头（2 正确）。有 7mm 以上直径差且弯曲部分，不能使用气压压接接头（3、4 正确）。

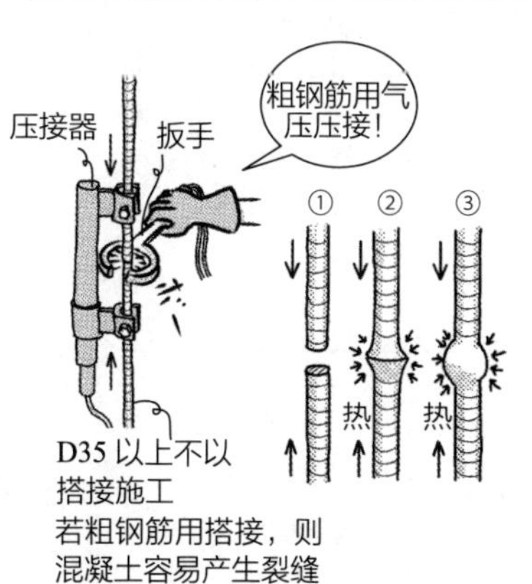

答案 ▶ **1.** 正确 **2.** 正确 **3.** 正确 **4.** 正确

Q 在钢筋混凝土结构中：

1. 原则上钢筋的接头设置在构件内力较小处，并且常在混凝土产生压力的部分。
2. 柱主筋的接头位置要考虑到构件内力和操作性，设置在柱的净高下方起 1/4 的位置。

A 2 根钢筋连接的接头部分，若受到很强的拉力作用，会有错开的可能性。垂直荷载在平时作用，因此接头部分若经常有拉力作用，则并非处于良好状态。钢筋和周围的混凝土常有压力作用，可以比较放心。JASS 5 中的接头位置，常设置在垂直荷载时的压力作用部分，而且是远离柱梁根部的位置。梁要从连接处距离柱宽 D 以上，柱要从连接处距离净高 1/4 倍以上。柱梁的根部会有平时的垂直荷载和非平时的水平荷载产生的大弯矩作用，上下缘会产生较大拉力（1、2 均正确）。

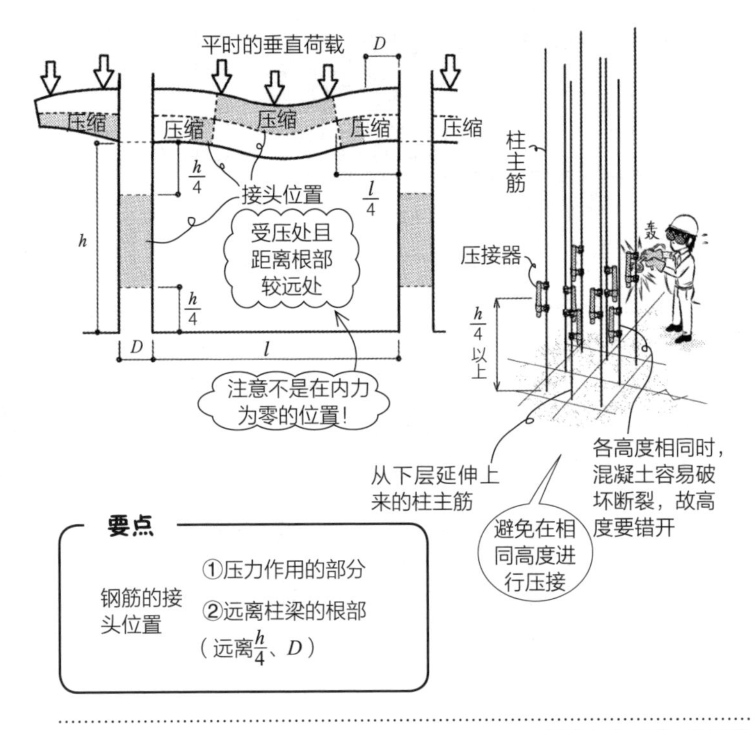

要点

钢筋的接头位置
①压力作用的部分
②远离柱梁的根部（远离$\frac{h}{4}$、D）

答案 ▶ **1.** 正确　**2.** 正确

Q 钢筋混凝土结构的建筑物，受到如图所示的垂直荷载或水平荷载作用时，请判断关于裂缝的叙述是否正确。

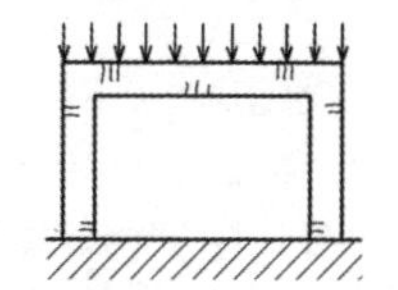

1. 垂直荷载造成柱和梁的弯曲裂缝

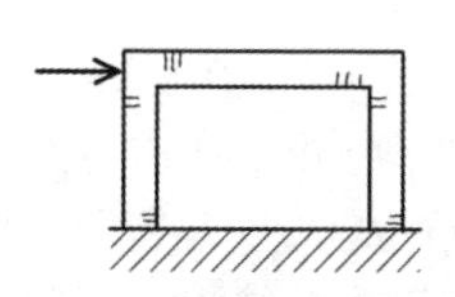

2. 水平荷载造成柱和梁的弯曲裂缝

A 弯矩 *M* 作用时，凸出侧受拉，凹陷侧受压。混凝土的抗拉强度只有抗压的 1/10，马上就会裂开。*M* 图画在变形凸出侧，*M* 图侧的构件会产生垂直裂缝。

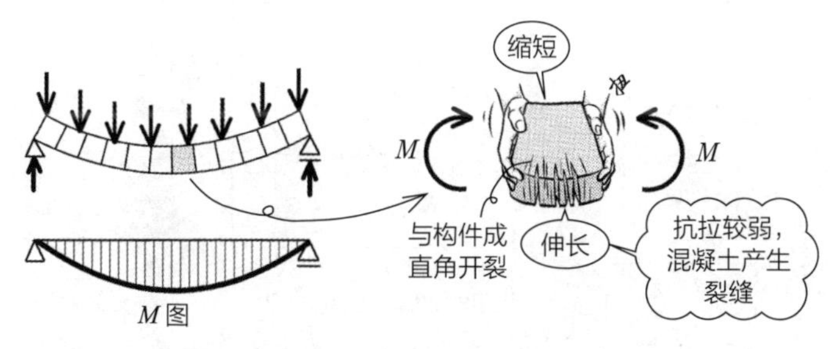

门形框架的 *M* 图和变形如下图所示，*M* 图侧即变形凸出侧会产生与构件成直角的裂缝（1 正确，2 错误）。此 *M* 图和变形比较难，请在此全部记住吧。

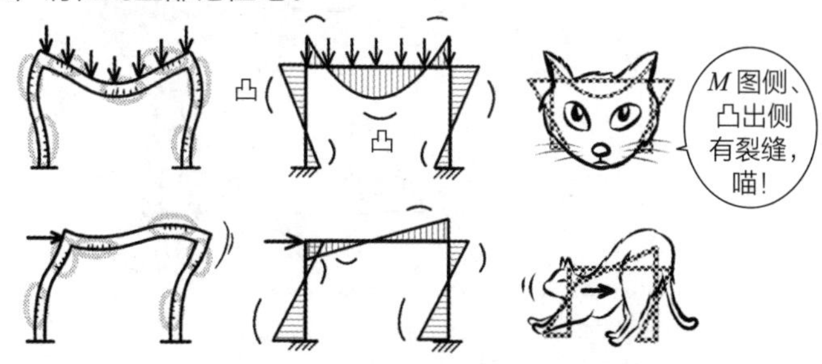

答案 ▶ **1.** 正确 **2.** 错误

Q 在钢筋混凝土结构中，地震时受到水平力的柱，柱头和柱脚容易产生裂缝。

A 地震时除了垂直荷载①以外，同时会有地震的水平荷载②作用。各内力相加后成为③。弯矩 M 在柱头、柱脚会较大。因此在凸出侧、受拉区，抗拉较弱的混凝土会产生裂缝（答案正确）。看地震灾害的建筑就知道，从柱头、柱脚破坏的例子很多，M 越大，Q 的作用越大。

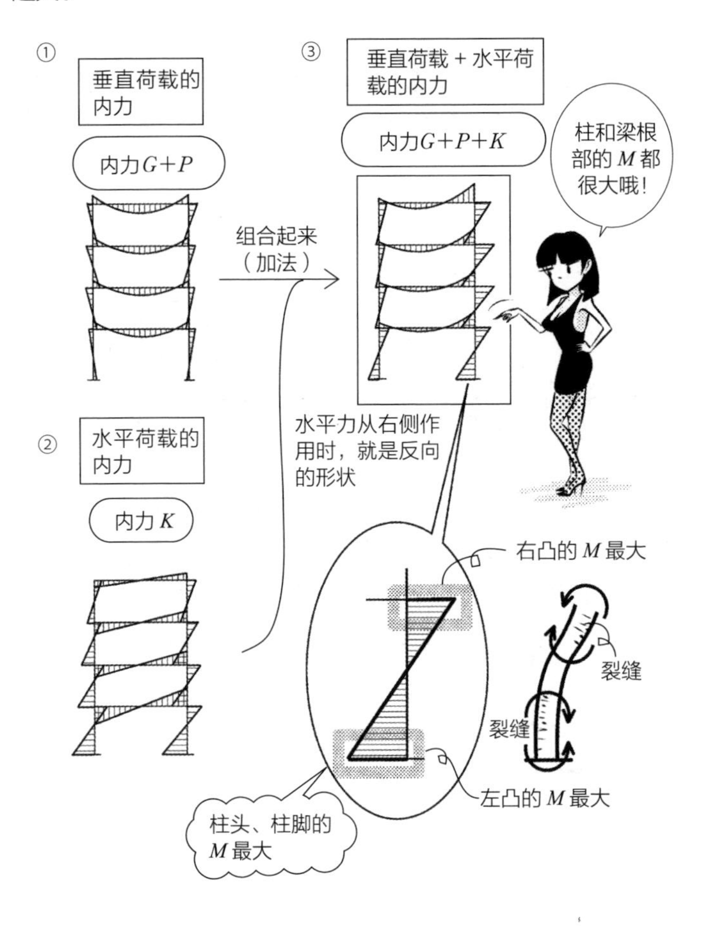

答案 ▶ **1.** 正确

Q 钢筋混凝土结构的建筑物，受到如图所示的水平荷载作用时，请判断关于裂缝的叙述是否正确。

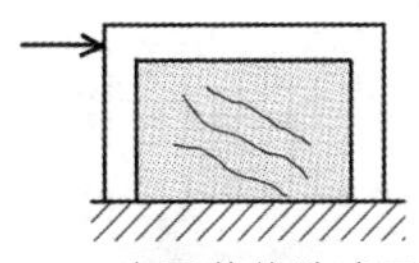

1. 水平荷载造成承重墙的剪力裂缝

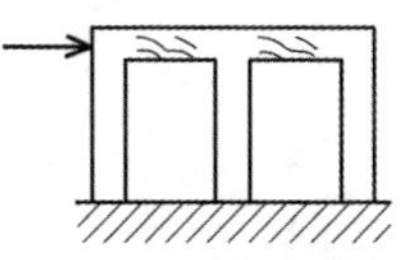

2. 水平荷载造成梁的剪力裂缝

A 剪力 Q 是造成平行四边形交错的力。考虑到极端的平行四边形变形的情况，可知有拉力对角线和压力对角线。与拉力对角线成正交处，会产生剪力裂缝。

门形框架变形为极端平行四边形时，可知拉力对角线的方向（1、2 均正确）。水平荷载作用在左右两侧，剪力裂缝会在交叉（×）方向产生。

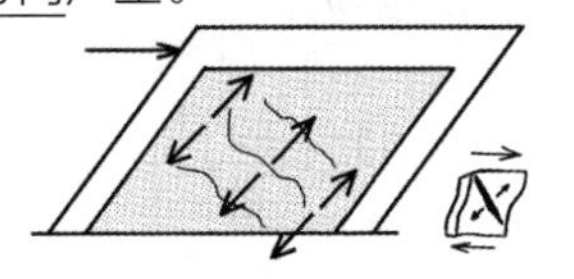

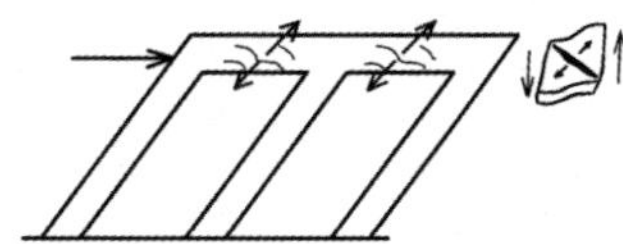

答案 ▶ **1.** 正确　**2.** 正确

Q 在钢筋混凝土结构的柱梁连接处和梁端部，受到如图所示的力作用时，请判断裂缝情形是否正确。

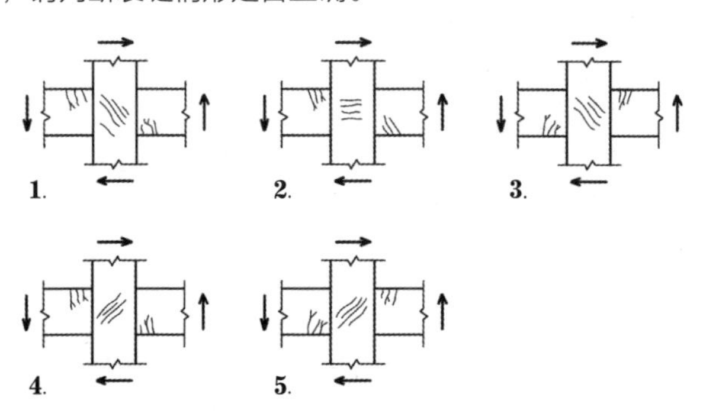

A 框架左侧受到水平力作用，柱会向右倾倒。若柱梁变形为极端的平行四边形，则可以知道柱梁的裂缝。但是在柱梁连接处（节点），柱的两侧是有梁压住的特殊部位。此处的力作用方式和变形是不同的。

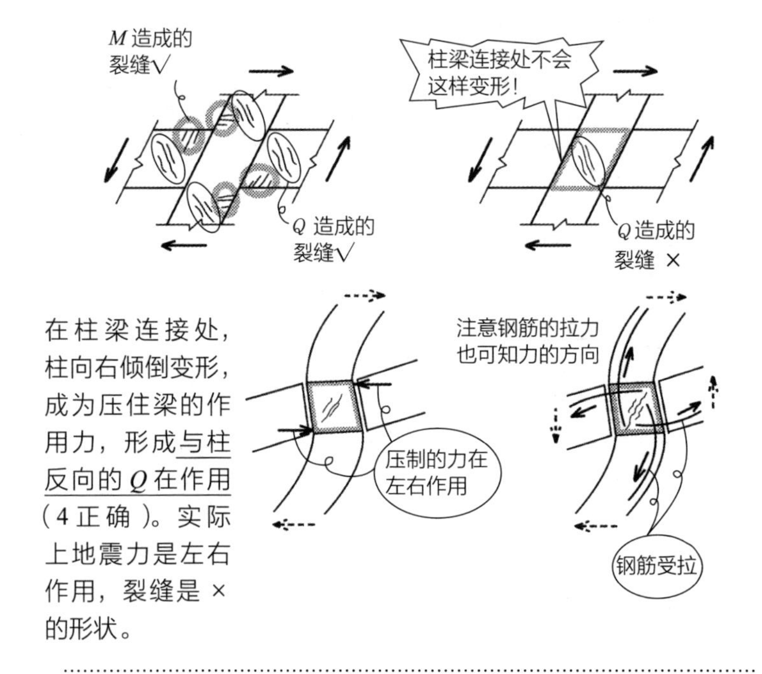

在柱梁连接处，柱向右倾倒变形，成为压住梁的作用力，形成<u>与柱反向的 Q 在作用</u>（4 正确）。实际上地震力是左右作用，裂缝是 × 的形状。

答案 ▶ **1.** 错误　**2.** 错误　**3.** 错误　**4.** 正确　**5.** 错误

Q 钢筋混凝土结构的建筑物，受到如图所示的力作用时，请判断关于裂缝的叙述是否正确。

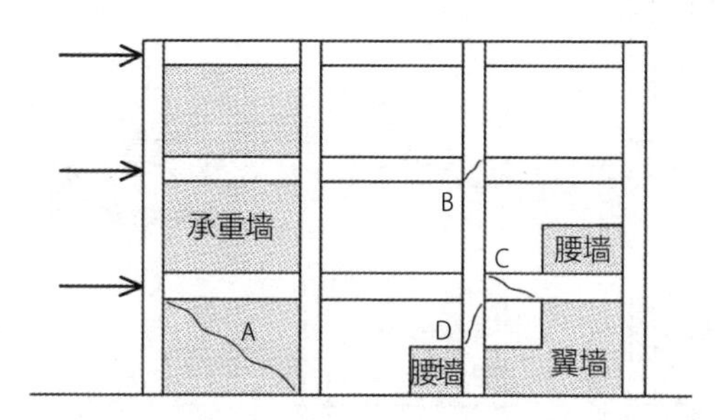

1. 承重墙产生斜向裂缝“A”
2. 柱梁连接处产生斜向裂缝“B”
3. 梁构件产生斜向裂缝“C”
4. 柱构件产生斜向裂缝“D”

A 向右倾倒成平行四边形，就能立刻想象出在柱梁连接处以外的裂缝。在平行四边形的对角线中，延伸方向为受拉方向，抗拉较弱的混凝土会在与之正交的方向开裂（1 正确，3 正确，4 错误）。

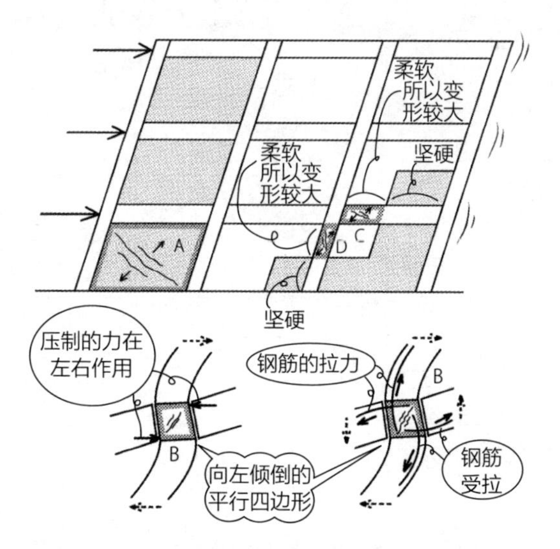

柱梁连接处的变形与前项相同，向右倾倒变形的柱受到左右梁的压制、钢筋的拉力等，形成向左倾倒的平行四边形（2 正确）。

答案 ▶ **1.** 正确 **2.** 正确 **3.** 正确 **4.** 错误

Q 钢筋混凝土结构如图所示，请判断裂缝和原因是否正确。

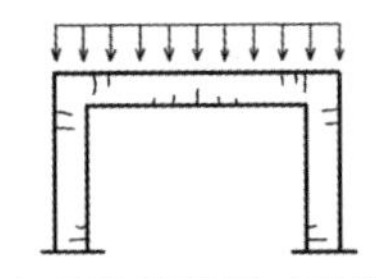
1. 垂直荷载造成柱和梁的弯曲裂缝

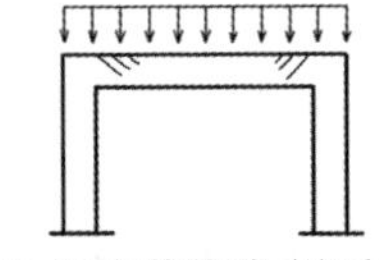
2. 垂直荷载造成梁的剪力裂缝

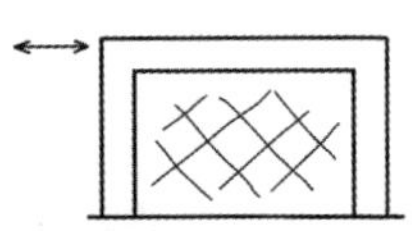
3. 水平荷载造成承重墙的剪力裂缝

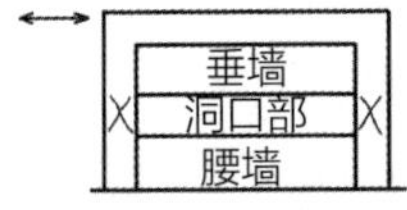

4. 水平荷载造成柱的剪力裂缝

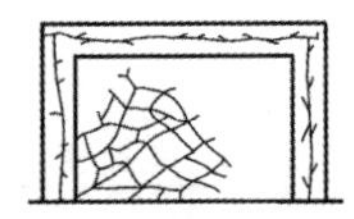
5. 碱—骨料反应造成柱、梁和承重墙的裂缝

A 柱梁画在 M 图凸出侧，凸出侧混凝土受拉力作用，产生垂直裂缝。

Q 造成柱和墙体形成平行四边形，延伸（受拉）对角线的直角方向会产生裂缝。

碱—骨料反应下，混凝土中的碱性水溶液与骨料中的硅土发生反应而膨胀（参见 R026）。<u>碱—骨料反应造成的裂缝，在柱梁上是中性轴上的线状，在墙上是龟甲状</u>（5 正确）。

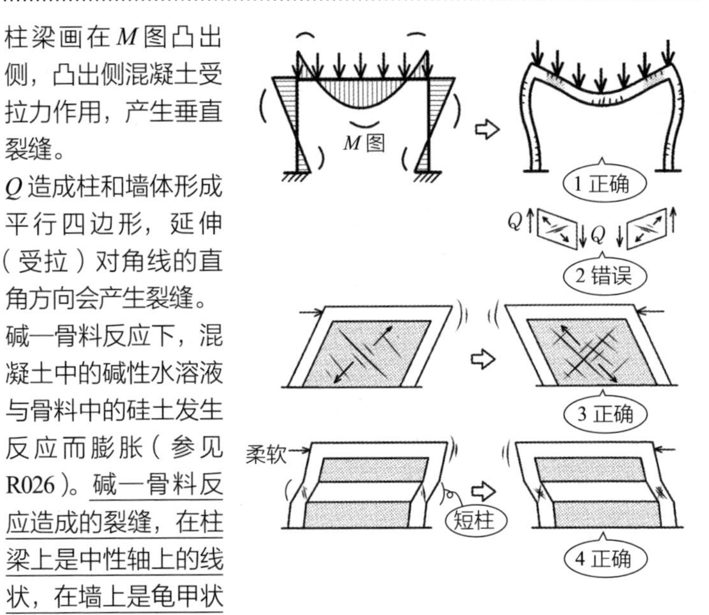

答案 ▶ **1.** 正确 **2.** 错误 **3.** 正确 **4.** 正确 **5.** 正确

Q 在钢筋混凝土剪力墙结构中：

1. 可以设计地上 5 层，建筑物高度 16m 的建筑物。
2. 混凝土的设计标准强度为 15MPa。

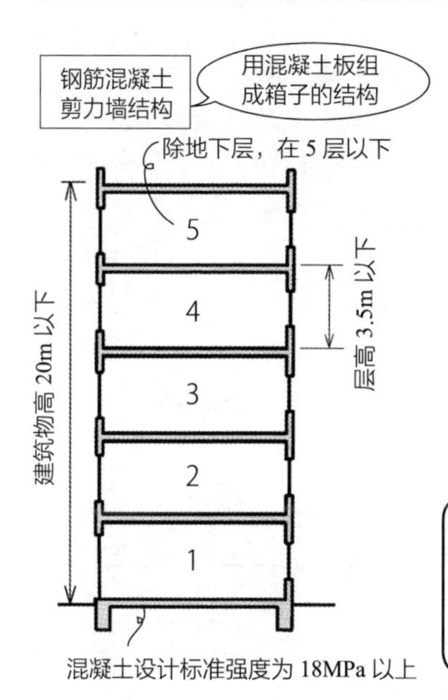

剪力墙结构是只用墙支撑，不用建造出有粗柱梁框架的大型建筑。其限制为地上 5 层以下，建筑物高 20m 以下的中低层，且层高在 3.5m 以下。另外，混凝土的设计标准强度必须在 18MPa 以上（1 正确，2 错误）。钢筋混凝土剪力墙结构的中低层住宅抗震很强，在地震中受灾程度不大。

要点

地上层数 ………… 5 以下
建筑物高 ………… 20m 以下
层高 ……………… 3.5m 以下
设计标准强度…… 18MPa 以上

（墙规范中，建筑物高度≤16m）

答案 ▶ **1.** 正确　**2.** 错误

R145 判断题 钢筋混凝土剪力墙结构的韧性

Q 钢筋混凝土剪力墙结构的抗震强度虽然很大，但是韧性不好。

A 韧性是柔韧度，是指弹性结束产生塑性化后，直到破坏之前，所能产生的大变形。此变形会吸收地震的能量。墙要变形成平行四边形，需要很大的力（强度大），但只要产生小变形就会破坏（韧性小，答案正确）。没有墙的纯框架结构，虽然抗震强度很小，但是塑铰化后需要很大的变形才会破坏。一旦塑性化后，即使力减弱，也无法恢复原状，建筑物虽然再也不能使用，但是在破坏以前可以保护里面的人。

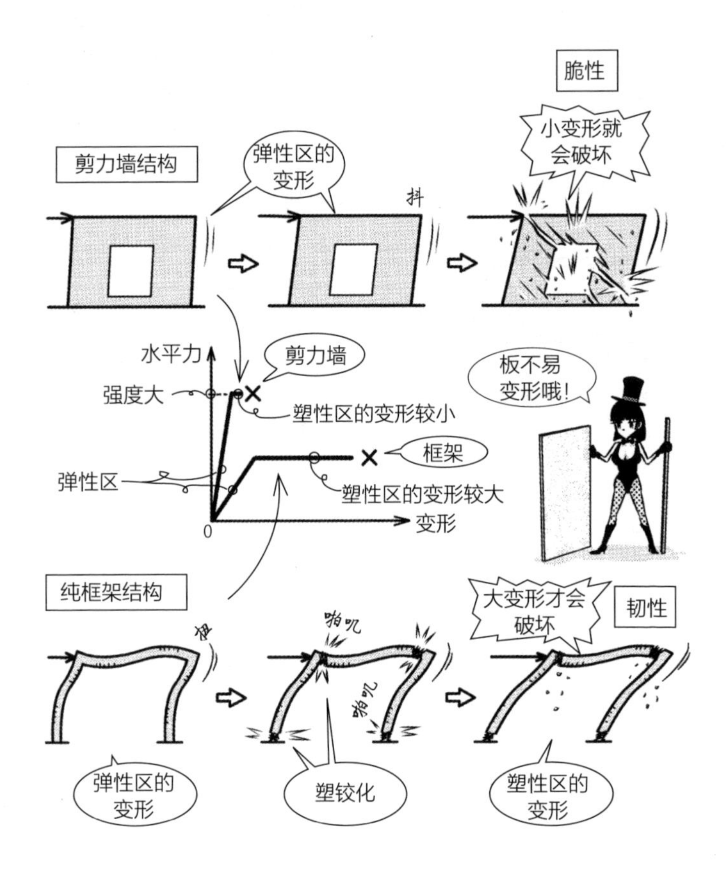

答案 ▶ 正确

Q 在钢筋混凝土剪力墙结构的住宅中：

1. 承重墙的宽度在 45cm 以上。
2. 连梁的梁高在 45cm 以上。

A 剪力墙结构是用墙支撑重量和水平力的，因此在 *x*、*y* 方向都必须有一定宽度以上的承重墙。若各承重墙太短，支撑力变弱，地震时就会很快破坏，根据规定要在 45cm 以上。洞口上方没有梁，直接承载楼板时，楼板容易弯折，墙也没有一体化。洞口上方会留有些许墙作为连梁，其高度也规定要在 45cm 以上（墙规范）。

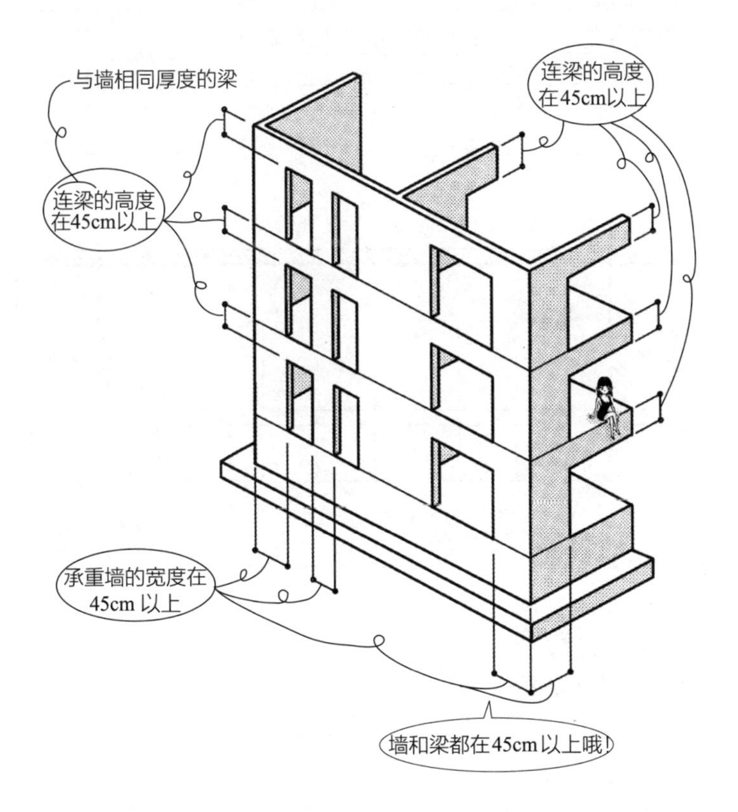

答案 ▶ **1.** 正确　**2.** 正确

Q 在钢筋混凝土剪力墙结构中：

1. 承重墙的实宽，在具有相同实宽的部分，要采用其高度的 30% 且 30cm 以上的值。
2. 1 层实宽为 50cm 的墙中，若墙两侧有高度为 2m 的出入口作为洞口部位，则该墙不能视为承重墙。

A “实宽”不是指心到心，而是指实际的宽度，从端部到端部的宽度。“具有相同宽度的部分”（l）是指在右图中，洞口部之间所夹的部分，高度（h）是指所夹部分的高度。l 规定要在 h 的 30% 以上且 45cm 以上（墙规范）。除承重墙的实宽要在 45cm 以上之外，还要注意 $l \geqslant 0.3h$ 的规定。由于题目 1 的 30cm<45cm，故是错误的。

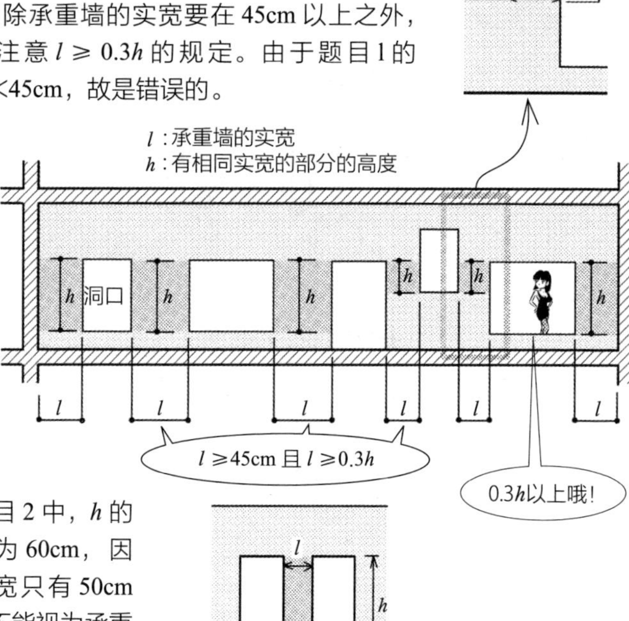

在题目 2 中，h 的 30% 为 60cm，因此实宽只有 50cm 的墙不能视为承重墙（2 正确）。

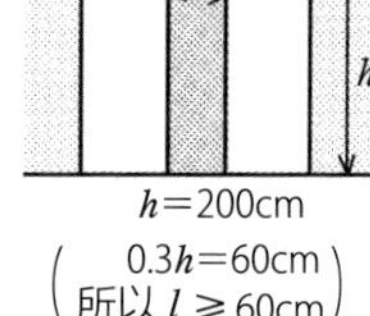

答案 ▶ **1.** 错误　**2.** 正确

Q 在钢筋混凝土剪力墙结构中：

1. 计算承重墙的宽度时，对于换气扇大小的小洞口，若进行适当的补强，则可以不考虑该洞口部。
2. 对于承重墙上设置 30cm 见方的小洞口，若进行适当的补强设计，并且相邻的洞口端之间的距离为 40cm，则可以忽略该小洞口，进行墙量计算。

A 忽略换气扇大小的小洞口，进行墙量计算。此时承重墙的实宽不需要扣除洞口的宽度，也不需要考虑 $l \geqslant 45$cm，且 $l \geqslant 0.3$h（1 正确）。

可以忽略的换气扇大小的小洞口，若用具体数字作为规范，则如图左侧（1）~（4）所示（墙规范）。在图右侧中，$l_0 = 30$cm，$h_0 = 30$cm，$l_1 = l_2 = 40$cm，各规范皆符合，可以视为没有洞口进行墙量计算（2 正确）。

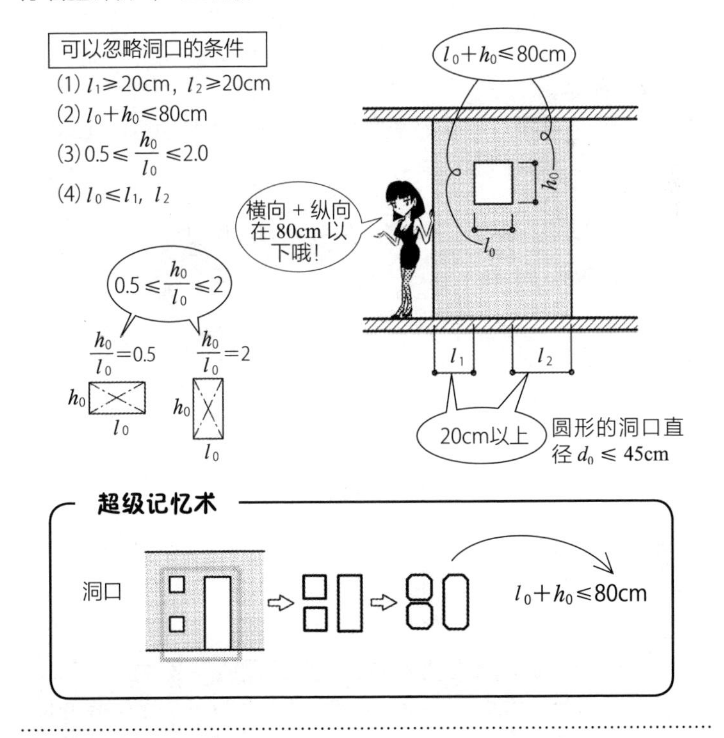

答案 ▶ **1.** 正确　**2.** 正确

Q 钢筋混凝土剪力墙结构如图所示。在平房建筑的结构计算中，请求出 x 方向的墙量。其中，层高为 3m，墙厚为 12cm。

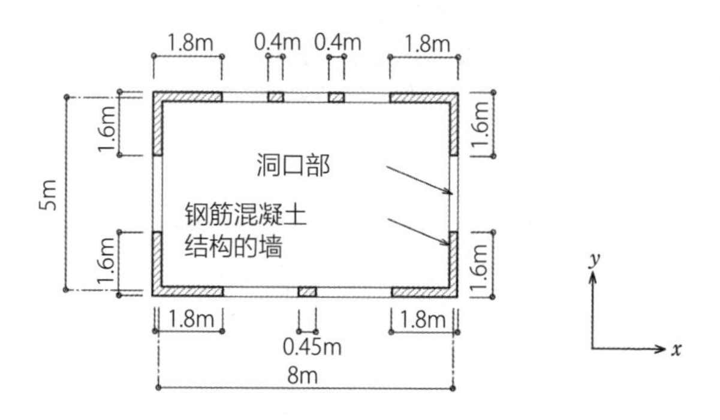

A 在钢筋混凝土剪力墙结构中，合计 x、y 各方向的承重墙宽度，分散在该层每 $1m^2$ 楼板面积的值等于墙量，规定必须在一定数值以上（墙规范）。承重墙的宽度必须在 45cm 以上，宽度从端部到端部测量而得。

若为木结构的墙量，墙端部是测量柱心到柱心间的宽度。在 x、y 各方向的合计宽度称为墙量。

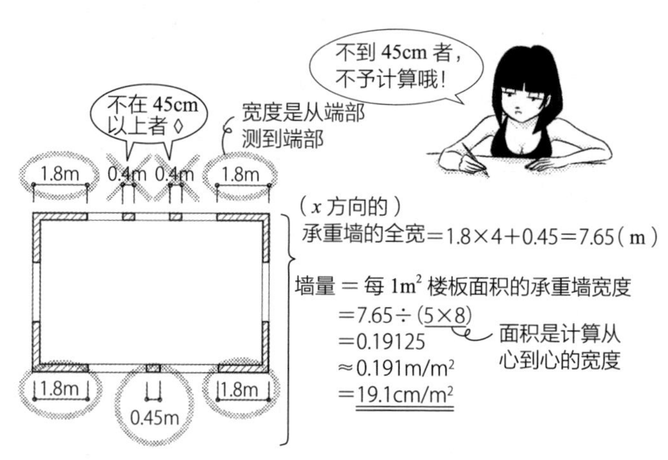

正确来说，0.45m 的墙是否有效，还要视洞口高度才能判断。墙的宽度 l，与洞口部所夹部分的墙高度 h，还是有 $l \geqslant 0.3h$ 的规定（参见 R147）。

答案 ▶ 19.1cm/m²

Q 在钢筋混凝土剪力墙结构，地上 5 层的建筑物中：

1. 1 层承重墙的梁间方向和桁行方向的墙量，分别为 15cm/m²。
2. 2 层承重墙的梁间方向和桁行方向的墙量，分别为 12cm/m²。
3. 3 层承重墙的梁间方向和桁行方向的墙量，分别为 12cm/m²。
4. 4 层承重墙的梁间方向和桁行方向的墙量，分别为 12cm/m²。

A 在矩形平面中，木结构的梁一般架在短边方向，该梁可以作为承梁板。因此短边方向称为梁间方向，长边方向称为桁行方向。

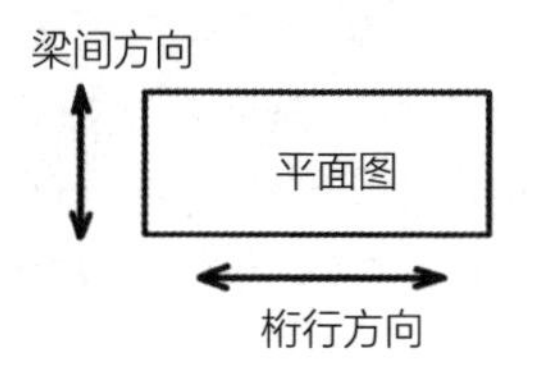

墙量从最上层开始计算，根据规定到第 3 层约为 12cm/m²，下方剩余的楼层为 15cm/m²，地下为较多的 20cm/m²。先记住从上方到第 3 层为 12cm/m² 吧。

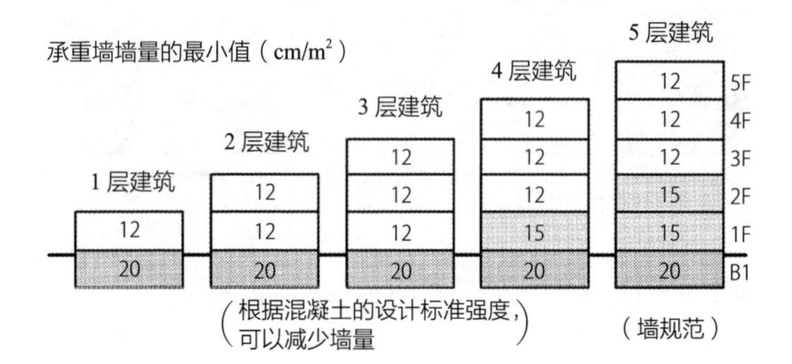

答案 ▶ **1.** 正确　**2.** 错误　**3.** 正确　**4.** 正确

Q 在钢筋混凝土剪力墙结构的建筑物中：

1. 层高 3m 的平房建筑，承重墙厚度为 10cm。
2. 地上 3 层的建筑，各层的承重墙厚度为 12cm，且为结构承载力上主要的垂直支承间距的 1/25。
3. 地上 4 层的建筑，承重墙厚度从 1 层到 3 层为 18cm，4 层为 15cm。

A 如图所示，规定由层数和 *h* 决定承重墙厚度。实际上可以使用 18cm+ 保护层厚 2cm，在日本建筑师的考试中必须背诵下来。这里就用只有顶部长出细枝叶的棕榈树的粗细进行联想记忆。

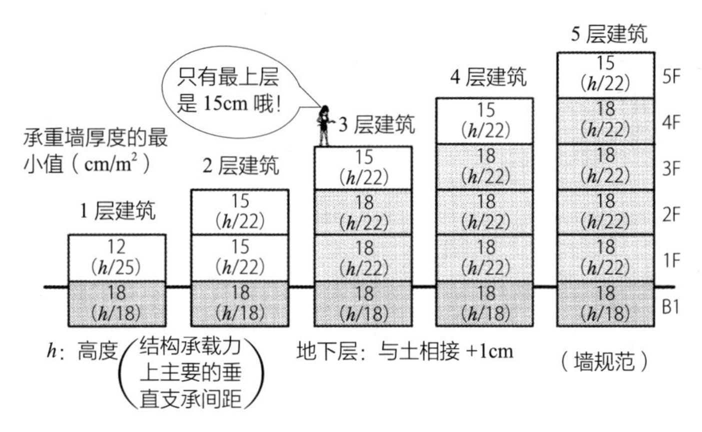

图中的“12（*h*/25）”表示“12cm 且 *h*/25 以上”。

超级记忆术

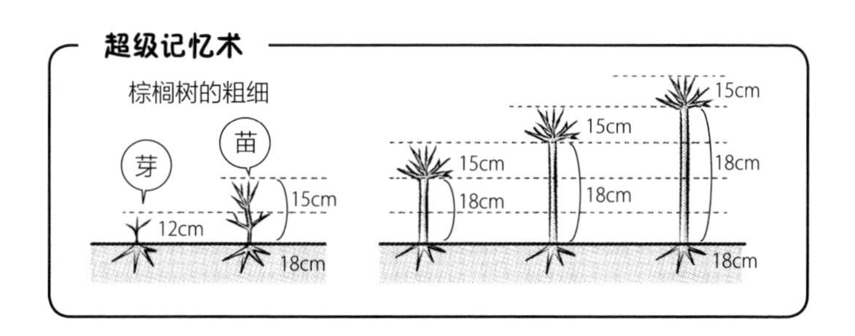

答案▶ **1.** 错误　**2.** 错误　**3.** 正确

Q 在钢筋混凝土剪力墙结构中：

1. 相对于承重墙的正面面积，横筋和纵筋的间隔分别在 30cm 以下。
2. 在平房建筑物中，在承重墙洞口部的垂直缘上作为弯曲补强筋的配筋，使用 1–D13。

A 正面面积是指从立面正面看到的（投影）面积，相对于正面面积的间隔，不是指墙的切断面，而是从立面看见的间隔。剪力墙结构的承重墙中，纵筋、横筋使用 D10 以上，间隔为 300mm 以下，交错配筋的间隔在 450mm 以下（墙规范，1 正确）。框架结构的剪力墙有相同规范。

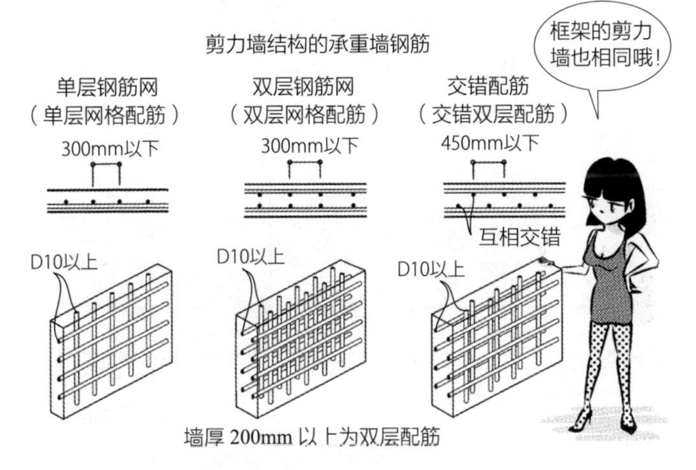

1–D13 的 1 表示 1 根钢筋。对承重墙端部、交叉部、洞口部的垂直缘等，需要使用比 D10 粗的 D13，必要时加入 1 根或 2 根 D16 加以补强。根据建筑物的层数、从顶层起的层数、洞口的高度等会有所变化。若是平房，则洞口部的垂直缘是 1–D13 就可以了（墙规范，2 正确）。

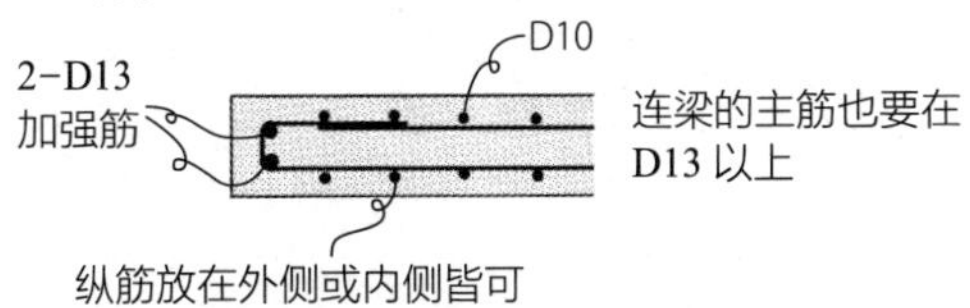

答案 ▶ **1.** 正确 **2.** 正确

Q 在钢筋混凝土剪力墙结构中：

1. 地上 4 层的建筑物，4 层承重墙的纵筋和横筋的钢筋比，分别为 0.1%。
2. 地上 5 层的建筑物，所有楼层的承重墙的纵向和横向的剪力筋比，分别为 0.25%。

A 承重墙的钢筋比（剪力筋比 p_s）与框架结构的剪力墙几乎相同，都在 0.25% 以上。但是从最上层计算下来，第 2 层为 0.2% 以上，最上层则为 0.15% 以上，越来越低。这是因为越往上走，作用在楼层的剪力越小。与框架的钢筋比对应，一起记住吧。

$$剪力筋比\ p_s=\frac{1组的钢筋截面积}{各自对应的混凝土截面积}$$

（p_s 的 s：shear）

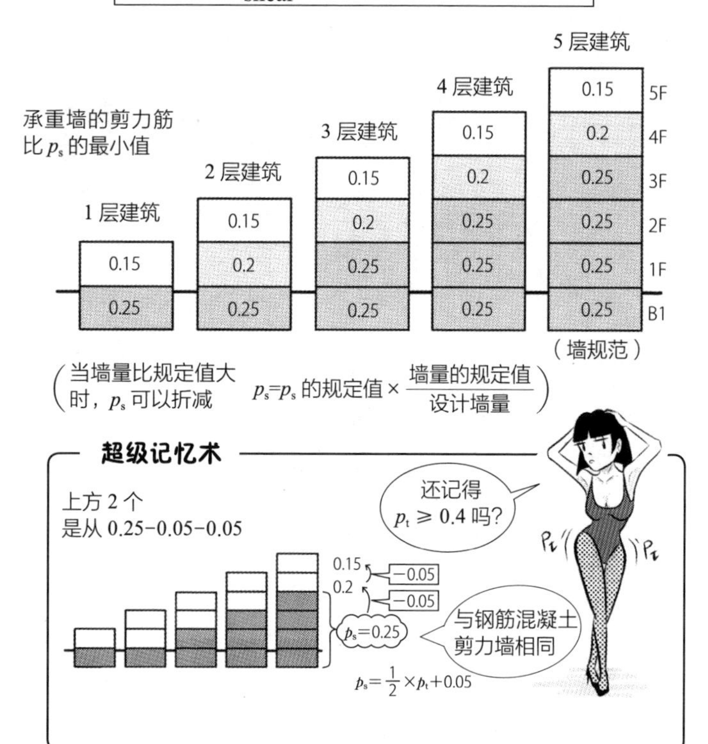

答案 ▶ **1.** 错误 **2.** 正确

Q 钢筋混凝土剪力墙结构若是地上 5 层的建筑物（各层的层高为 3m），则连梁的主筋在 D13 以上。

A 连梁的主筋与框架柱梁的主筋一样，要在 D13 以上（墙规范）。D13、D16 等在上下加入数根配置。

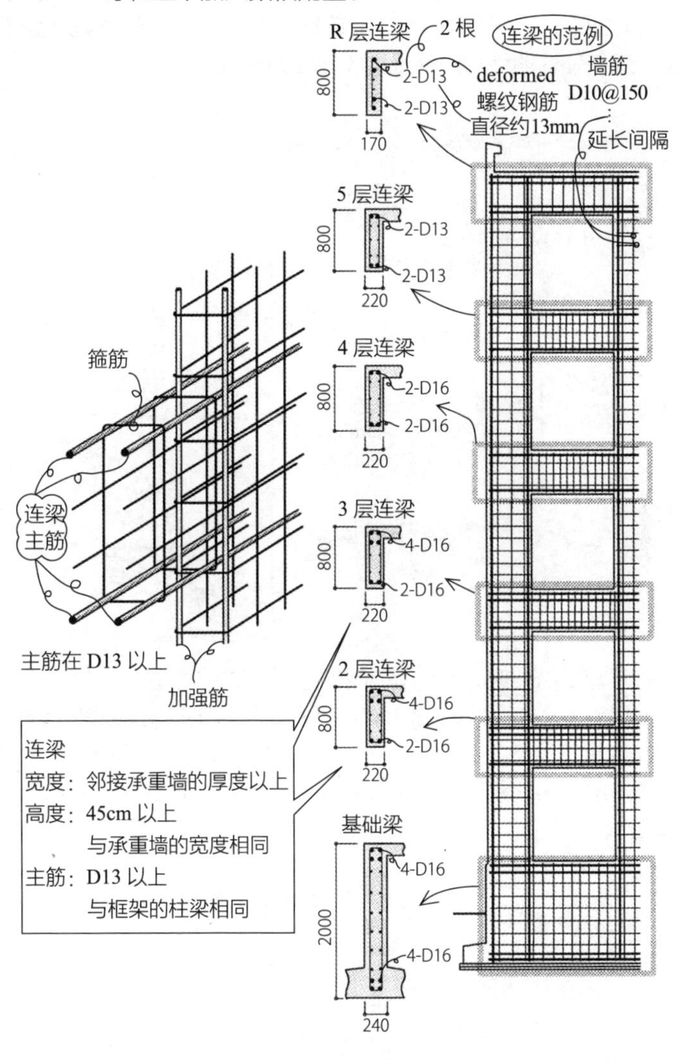

答案 ▶ 正确

Q 1. 钢材的碳含量越多，焊接性越好。

2. 钢材在热轧压延制造时产生的黑锈（黑皮），会在钢材表面形成薄膜，具有防锈效果。

A 铁的历史可以追溯到文明诞生时，而钢骨结构则是在工业革命之后才出现的。制造方法变化至铸铁、熟铁，目前的铁几乎都是钢。富有韧性的结实的钢是优质的结构材料。

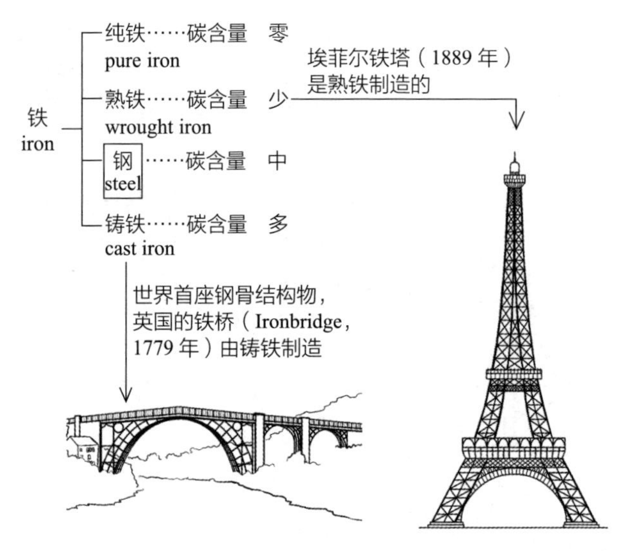

钢的碳含量增加时，钢的强度和硬度会增加，韧性和焊接性会降低（1 错误）。锈（氧化铁）有红锈和黑锈，工厂出厂时就有的黑锈称为黑皮、热轧氧化皮（mill scale）。mill 是工厂，scale 是氧化物薄层。热轧氧化皮的结构组织细密，有一定程度的防锈效果（2 正确）。

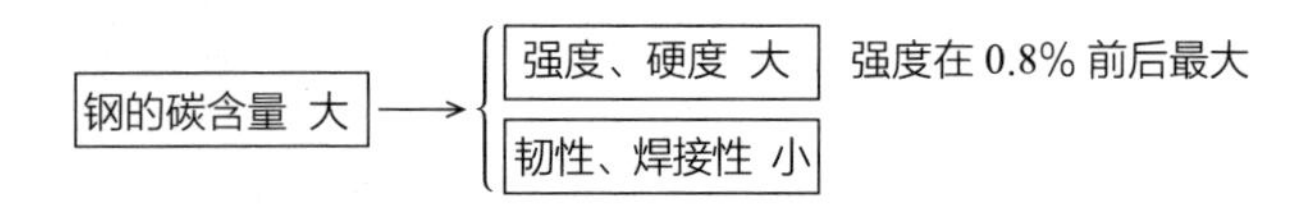

答案 ▶ **1.** 错误 **2.** 正确

Q 1. 磷（P）和硫黄（S）可以作为改善钢材和焊接部韧性的添加元素，越多越好。

2. 钢的硫黄含量越少，夏比吸收能量和板厚方向的颈缩值越大。

A 钢中包含磷和硫黄时，柔韧度（韧性）和延展性（抗拉的变形能力）会降低（1 错误，2 正确）。

夏比冲击试验（Charpy impact test）如图所示。在圆形中央部位设有冲击刃的摆锤晃动，当 10mm 见方的截面且具有缺口的试验片开裂后，由重新向上摆动的角度可以测量冲击吸收能量。吸收能量（夏比吸收能量）越大（上摆角度越小），对冲击的抵抗性、柔韧度（韧性）、变形性能（延展性）越大。

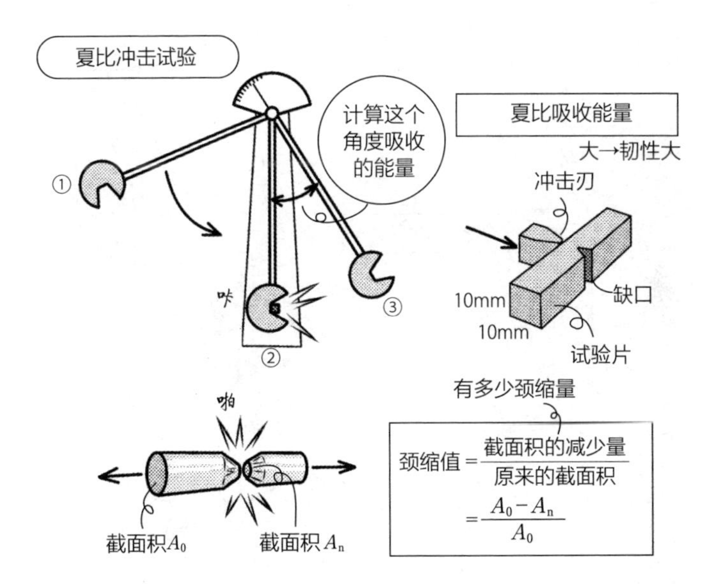

颈缩值是在拉力试验中，截面积颈缩多少的比。颈缩值越大，韧性和延展性越高。压延时，在板方向有结晶和杂质，板厚方向的抗拉较弱，所以必须避免板厚方向的韧性降低。

答案 ▶ **1.** 错误　**2.** 正确

Q 在钢的夏比冲击试验中，当试验温度降低，直至某温度以下时，其吸收能量会急剧降低，容易产生脆性破坏。

A 金属一般在低温下较脆，容易产生脆性破坏。钢是柔韧度较强的韧性材料，但在低温下会失去柔韧度，很容易产生脆性破坏。在夏比冲击试验中，低温时，只要小能量就会使试验片弯折变形（答案正确）。钢材除了低温状态的负荷以外，瞬间的负荷也会产生脆性破坏。

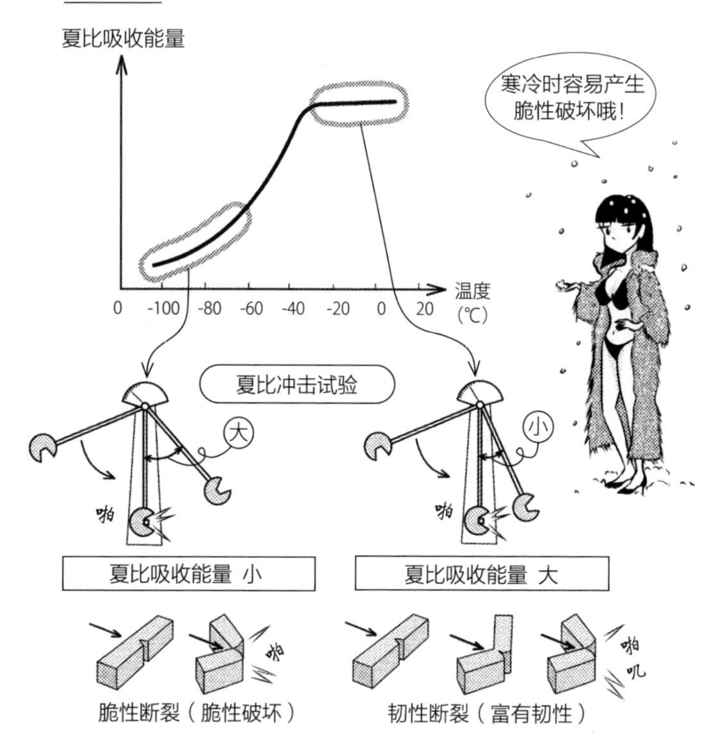

- 在钢的脆性破坏中，第二次世界大战时大量紧急制造的战时标准货船“自由轮”（Liberty ship）事故很有名。约 2700 艘自由轮中的约 1000 艘产生脆性破坏，其中约 300 艘沉没。这样的结果促进了钢和焊接技术的进步。战争、地震灾害、事故等悲伤事件，无疑是工学技术进步的原动力之一。

答案 ▶ 正确

Q 1. 钢材的抗拉强度，在温度 200 ~ 300℃时有最大值，在此温度以上时，抗拉强度会急剧降低。

2. 钢材的屈服点，在温度 350℃左右时，约是常温时的 2/3。

3. 钢材的温度越高，弹性模量和屈服点越低。

A 钢在加热时就像糖果一样柔软，必须外覆防火材料，在 200~300℃时强度反而增加。强度增加时，柔韧度会消失，不易变形，容易形成脆性断裂（1 正确）。在加热钢材后进行弯曲加工时，要避免蓝脆状态（200~400℃），应在赤热状态（850~900℃）下进行。500℃时的强度约为 1/2，900℃时的强度约为 1/10。屈服点下降，从原点到屈服点的直线斜率变得和缓。该斜率就是弹性模量。因此，弹性模量在屈服点下降时也会随之降低（2、3 正确）。

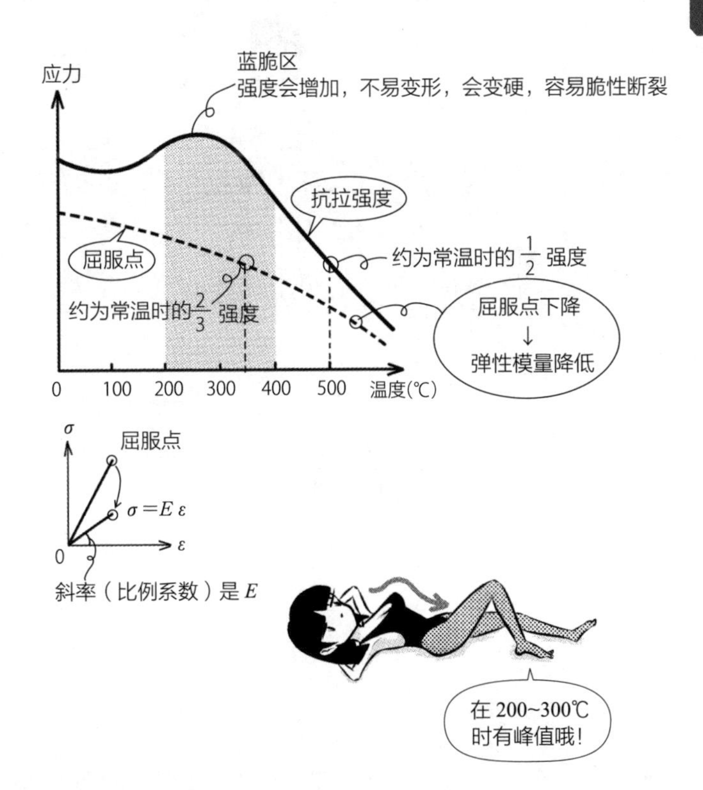

答案▶ **1.** 正确 **2.** 正确 **3.** 正确

Q 1. 钢材进行淬火时，强度、硬度、耐磨损性减少，柔韧度增加。
2. 调质钢是指在制造过程中，经过淬火、回火等热处理的钢材。

A 将煅烧至橘色的钢，放入水或油中进行急速冷却，称为淬火。强度、硬度、耐磨损性会增加，但钢材变得不易拉伸，且无柔韧度，形成脆性（脆性破坏）（1 错误）。为了得到柔韧度，要再次煅烧，称为回火。调质就是在淬火、回火之间反复煅烧，使铁的组织变质，成为坚硬又有韧性的物质，这样制成的钢称为调质钢（quenched and tempered steel，热处理钢材）（2 正确）。煅烧后慢慢冷却，称为退火，会让钢变得比较柔软。钢筋组合所使用的细钢丝（柔软钢丝），就是经过煅烧退火所制成的柔软物质。

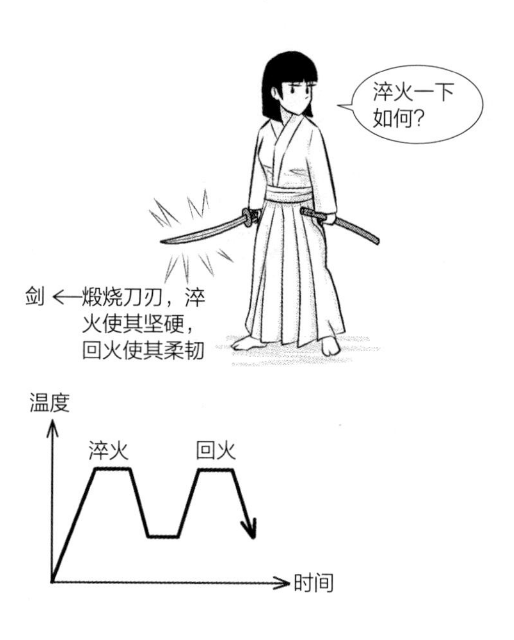

- 刀剑经过淬火、回火反复煅烧，可制造出坚硬且不易产生缺口的刀刃。

答案 ▶ **1.** 错误　**2.** 正确

在此总结一下钢的强度、伸长等与温度、碳含量的关系。

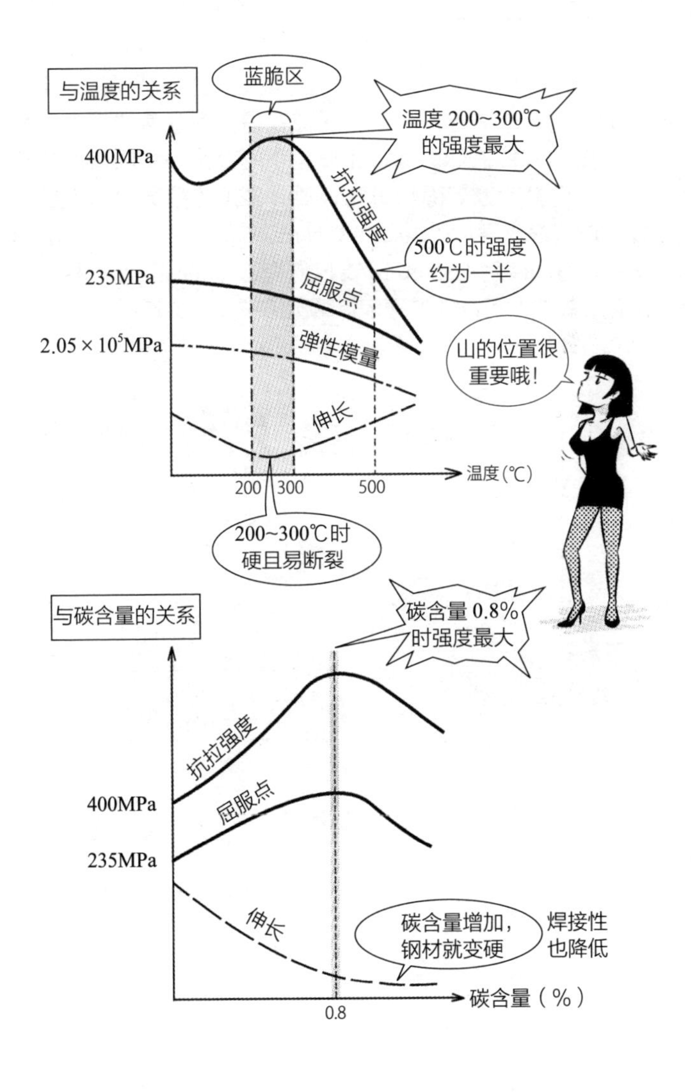

Q 钢的硬度与抗拉强度之间有相互关系，通过测量维氏硬度等，可以换算出该钢的抗拉强度。

A 维氏硬度（Vickers hardness）是用固定角度的正四棱锥形（金字塔形）的金刚石，进行按压留下压痕，再根据压痕的大小和力来计算硬度的一种指标。测量压痕较小的对角线，以角度计算表面积，再用力除以表面积进行计算。硬度的指标除了维氏硬度以外，还有洛氏硬度（Rockwell hardness）、布氏硬度（Brinell hardness）、肖氏硬度（Shore hardness）等。钢的硬度和抗拉强度之间是有关系的，可以通过硬度计算出抗拉强度（答案正确）。

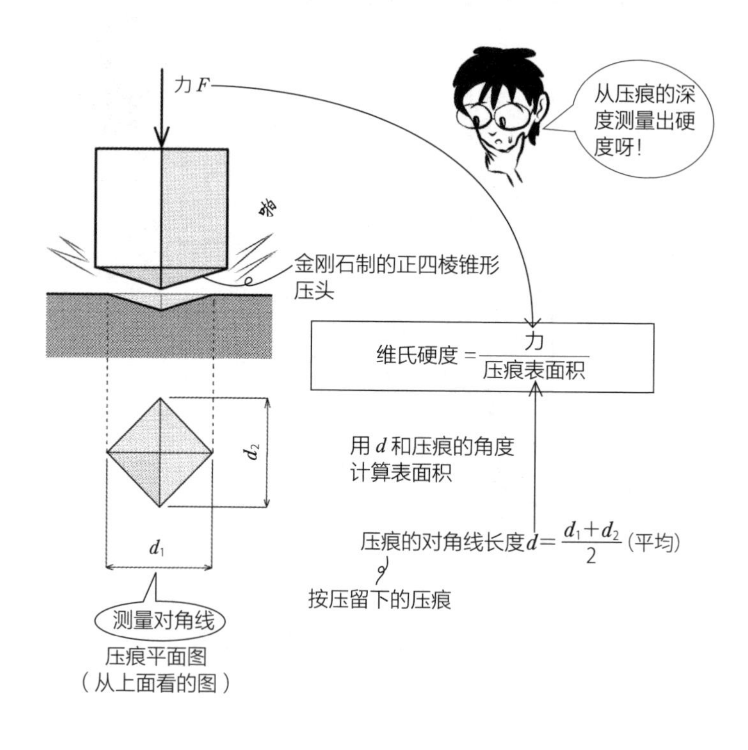

答案 ▶ 正确

Q 由建筑结构用压延钢材切出的试验片，受到拉力作用时，应力和应变关系的概略图如图所示。请判断下列关于图中的点 a~e 的叙述是否正确。

1. 点 a 是比例极限。
2. 点 b 是弹性极限。
3. 点 c 的应力称为下屈服点。
4. 点 d 的应力称为抗拉强度。
5. 点 e 是破坏点。

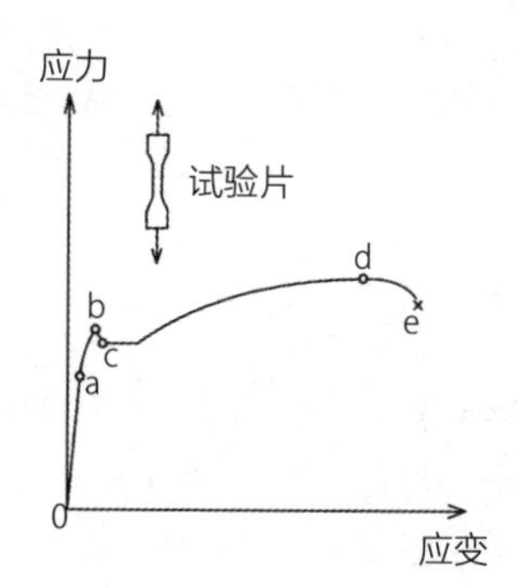

A 钢的 σ–ε 图中，从原点开始的直线，在屈服点产生弯折后保持一段水平。力为 2 倍时，伸长也会变为 2 倍，除去力后会恢复原状，称为弹性状态，是从原点开始的比例直线。材料屈服后，有一小段是在相同的力下的变形，不会恢复原状，称为塑性状态。用精度好的测量器测量直线弯折部分，可以发现以下 4 点：比例结束且不通过原点的直线为比例极限；除去力也不会恢复原状为弹性极限；力减少，曲线向下弯折点为上屈服点；曲线弯折成水平，在相同的力下伸长为下屈服点。

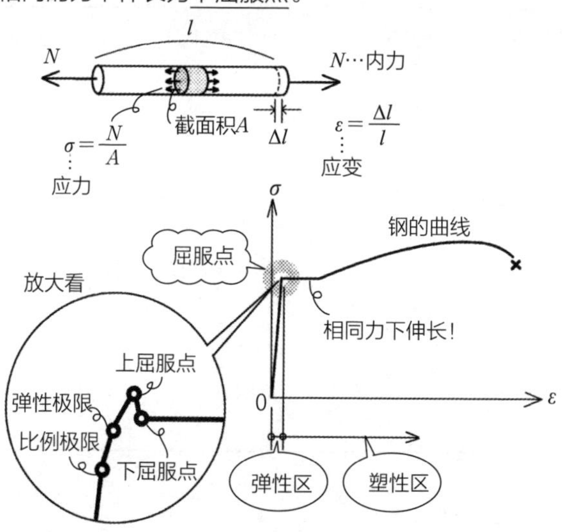

答案 ▶ **1.** 正确　**2.** 错误　**3.** 正确　**4.** 正确　**5.** 正确

Q 在钢骨结构中，为了提高框架组装的韧性，在预设会塑性化的部位，可以使用屈服比大的材料。

A 屈服比是屈服点和最大强度之间的比，和顶点相比之下的屈服点的比，就是屈服点 / 抗拉强度。在钢的 σ-ε 曲线中，屈服点向右弯折后，有几乎成水平的屈服平台，通过之后会出现最后的山形。屈服比小，表示从屈服点到最大强度有富余，从开始塑性变形到破坏之间还有富余，有柔韧度，有韧性。屈服比为 70%，表示力还有 30% 的富余，95% 表示还有 5% 的力就会达到顶点（最大强度）（答案错误）。

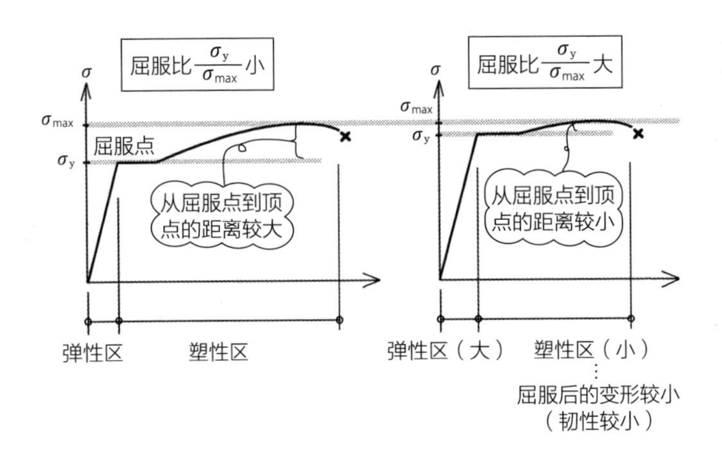

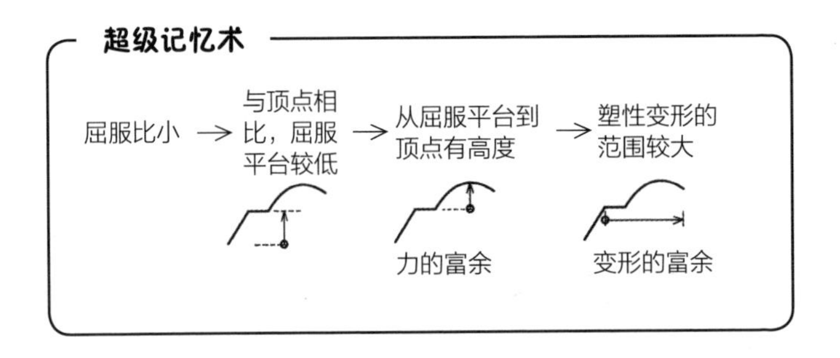

答案 ▶ 错误

Q 屈服点 240MPa、抗拉强度 420MPa 的钢材的屈服比为 1.75。

A 在 σ-ε 曲线中，屈服比是屈服点（屈服平台）与山整体高度的高度比，因此屈服比不会大于 1（答案错误）。抗拉强度为 400MPa 的 SN400、SS400、SM400，屈服比为 0.6 左右。题目的屈服比为：

$$\text{屈服比} = \frac{\text{屈服点}\,\sigma_y}{\text{抗拉强度}\,\sigma_{max}} = \frac{240}{420} \approx 0.57$$

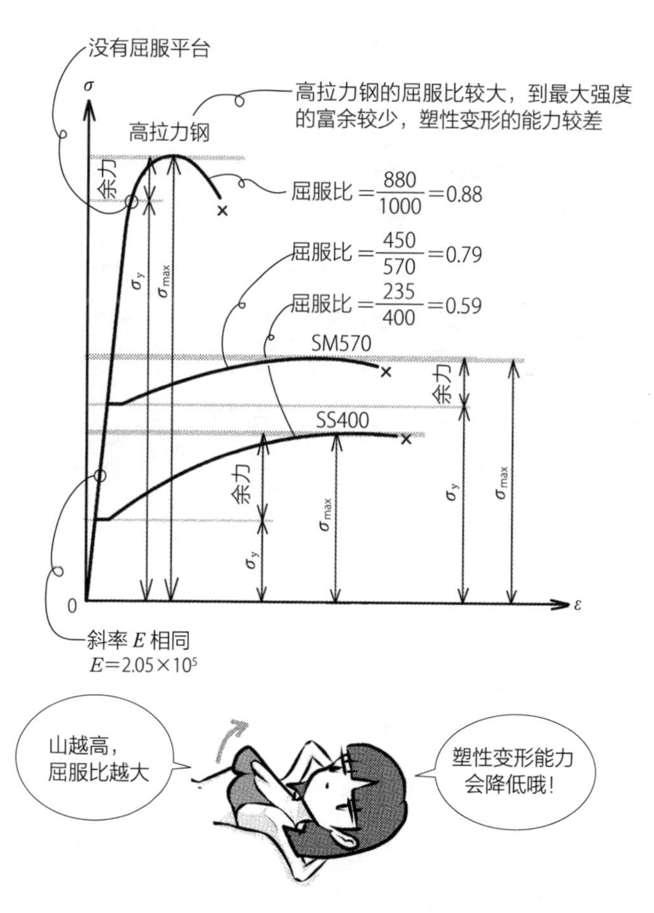

山越高，屈服比越大

塑性变形能力会降低哦！

答案▶错误

Q 1. 在常温下，所有种类的钢材的弹性模量都是 205×10^3MPa 左右。

2. 在常温下，SN490 钢材的弹性模量比 SN400 钢材的弹性模量大。

3. 在常温下，长度 10m 的钢材受到 20MPa 的拉应力作用时，长度会伸长约 1mm。

A 在弹性区内，通过 $\sigma-\varepsilon$ 曲线原点的直线，其斜率、比例系数是弹性模量 E。钢的 $E=2.05\times10^5=205\times10^{-2}\times10^5=205\times10^3$（MPa）（1 正确）。

SN（steel new structure）是建筑结构用压延钢材，400、490 这些数字表示抗拉强度的下限值。即使产品强度有误差，也能保证在这个数字以上。钢材的最大强度会随着 $\sigma-\varepsilon$ 曲线的山的高度而变化，最初的直线斜率 E 都是相同的（2 错误）。

题目 3 可将数值代入 $\sigma=E\varepsilon=E\times\dfrac{伸长长度}{原长}=E\times\dfrac{\Delta l}{l}$，求出 Δl。ε 是变化率，把分母和分子的单位相除后，单位被抵消，σ 和 E 则为相同的单位（MPa 等）。

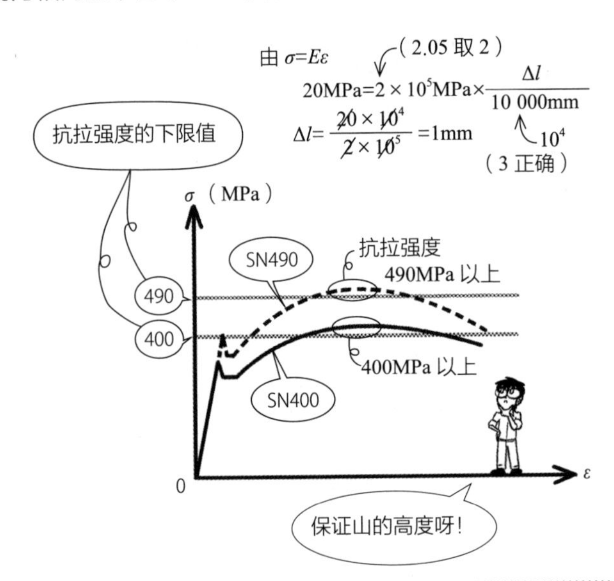

答案 ▶ **1.** 正确 **2.** 错误 **3.** 正确

Q 请判断下列钢材种类的符号和说明是否正确。

1. SN490C，建筑结构用压延钢材的一种。
2. SS400，一般结构用方形钢管的一种。
3. SNR400B，建筑结构用压延钢棒的一种。
4. SM490A，焊接结构用压延钢材的一种。
5. BCP235，建筑结构用冷压成型方形钢管的一种。

A 代表钢材规格的符号如下：

SN 建筑结构用压延钢材　由 SS 材料、SM 材料等改良成建筑用的新规格
steel new structure

SS 一般结构用压延钢材
steel structure

SM 焊接结构用压延钢材　marine 有海、船的意思，是开发出来用于造船，易焊接的钢
steel marine

BCR 建筑结构用冷滚轧成型方形钢管
box column roll

BCP 建筑结构用冷压成型方形钢管
box column press

STKN 一般结构用圆形钢管
steel tube "kozo"new

STKR 一般结构用方形钢管
steel tube "kozo"rectangular

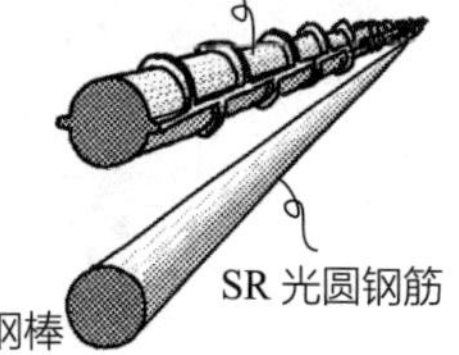

SD 螺纹钢棒（螺纹钢筋）
steel deformed bar

SR 光圆钢筋
steel round bar

SNR 建筑结构用压延钢棒　SN 规格的钢棒
steel new structure

S( )T 扭剪型高强螺栓
structual joint( )tension　( )内是数字

F( )T 高强六角螺栓
friction joint( )tension　( )内是数字

答案 ▶ **1.** 正确　**2.** 错误　**3.** 正确　**4.** 正确　**5.** 正确

Q 1. SN400B 是规定屈服比上限的钢材，与 SS400 相比，其塑性变形能力更好。

2. 在框架结构中，柱和梁使用 SN490B，次梁使用 SN400A。

3. SN400A，包括焊接加工时，可以使用在板厚方向承受较大拉应力的构件、部位。

A 建筑结构用压延钢材的 SN 钢材，分为 A 种、B 种、C 种。与除了建筑以外也常用于一般用途的 SS 钢材、SM 钢材相比，SN 钢材是有更高的抗震性的材料。

- SN-A (SN400A)　不适合焊接，在弹性范围内使用→次梁
- SN-B (SN400B、SN490B)　塑性变形能力和焊接性都很优良→框架的柱梁
- SN-C (SN400C、SN490C)　板厚方向的抗拉较好→横隔板（diaphragm）

压延时杂质会向板厚方向延伸，因板厚方向的拉力而开裂。C 种可以改善这种情况（3 是 C 种的说明）。

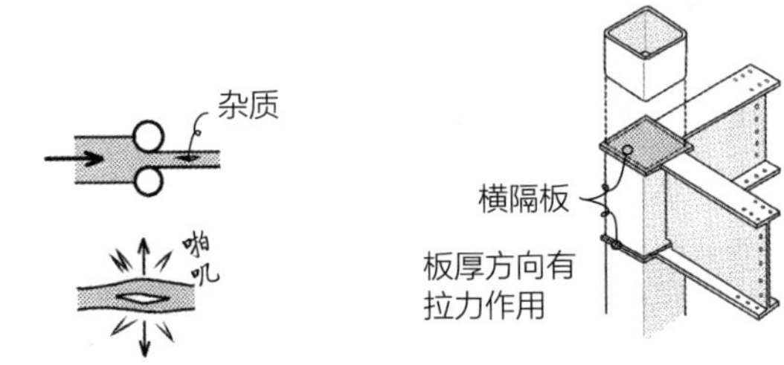

答案 ▶ **1.** 正确　**2.** 正确　**3.** 错误

Q 建筑结构用压延钢材（SN 钢材）有 A、B、C 三种类型，每种都有夏比吸收能量的规定值。

A 1981 年修订的日本建筑标准法施行令规定，在中地震中，各部位的应力要在弹性区标准内的一次设计，以及在大地震中保持在塑性区，不会马上破坏的二次设计。其中规定了屈服点和屈服后的变形能力。另外，由于曾发生 SM 钢材的钢板在板厚方向开裂的案例，因此制造出了建筑结构用的 SN 钢材。

在夏比冲击试验（参见 R156）中，通过测量试验片开裂后的能量，能够知道其变形性能和延展性。吸收能量越大，柔韧度越好，越不容易产生脆性破坏。SN-B、SN-C 是需要柔韧度的材料，因此规定夏比吸收能量必须在 27J（焦耳）以上，对 SN-A 则没有规定（答案错误）。

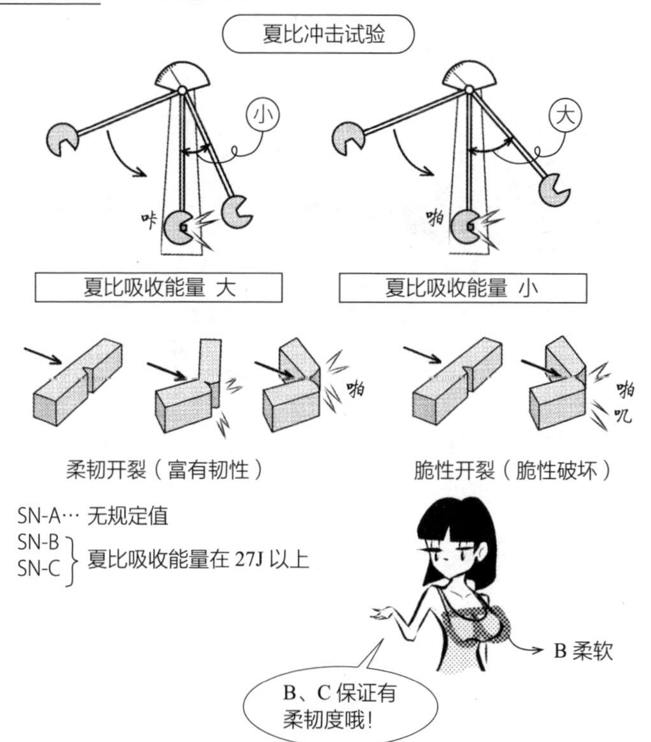

答案 ▶ 错误

Q 热轧压延钢材的强度，与压延方向（L 方向）或与压延方向成直角的方向（C 方向）相比，板厚方向（Z 方向）较小。

A 受热熔化成橘色的钢，上下以滚轧挤压（压延）制作出钢板。压延时上下会施加压力，钢的结晶组织或杂质会往横长方向挤压成型。钢板不是均质的钢，容易因板厚方向的拉力而开裂，产生脆性破坏（答案正确）。

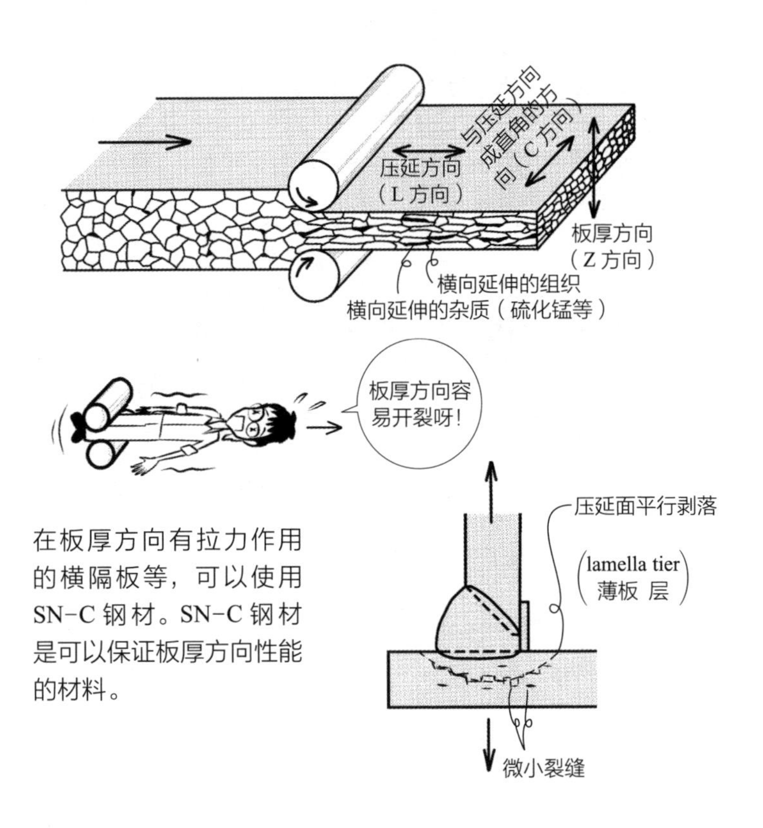

在板厚方向有拉力作用的横隔板等，可以使用 SN-C 钢材。SN-C 钢材是可以保证板厚方向性能的材料。

答案 ▶ 正确

Q 1. 建筑结构用压延钢材 SN400 和一般结构用压延钢材 SS400，抗拉强度的范围相同。
2. 建筑结构用冷滚轧成型方形钢管 BCR295 的屈服点和承载力的下限值为 295MPa。

A SN 和 SS 之后的数字表示抗拉强度（最大强度）的下限值。SN400、SS400 的抗拉强度均为 400MPa 以上，即 σ-ε 曲线的顶点在 400MPa 以上。若加入抗拉强度的上限值，则两者同样是在 400~510MPa（1 正确）。
柱常使用的方形钢管有 BCR 和 BCP。与一般结构用方形钢管 STKR（也是冷轧成型）相比，更适用于建筑的柱。BCR295、BCP325 的数字表示屈服点。承载力使用于金属时，与屈服点基本同义，屈服点不明确时，表示弹性结束点（2 正确）。钢筋 SD、SR 之后的数字也是屈服点。

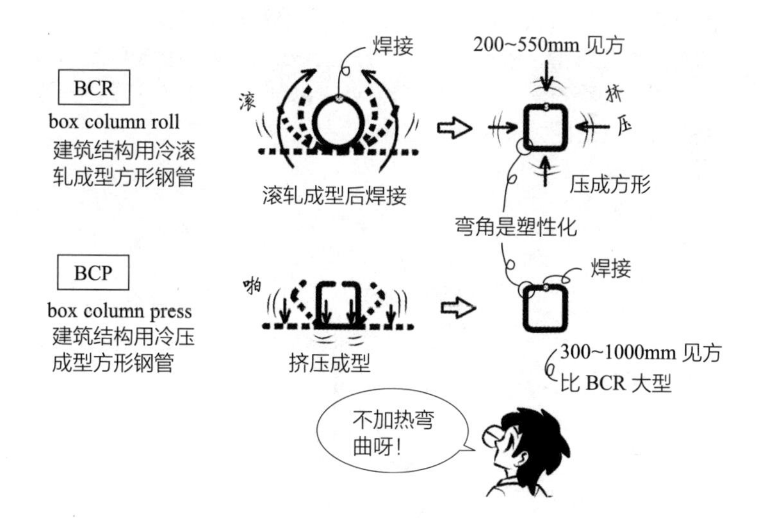

答案 ▶ **1.** 正确　**2.** 正确

Q 1. 常温弯曲加工的内侧弯曲半径，是板厚的 2 倍以上。

2. 需要有塑性变形能力的柱和梁等构件，其常温弯曲加工的内侧弯曲半径是板厚的 4 倍以上。

3. 钢材若以板厚 3 倍左右的弯曲半径进行冷轧弯曲加工，则强度增加，变形性能与原材料相比会降低。

A 常温（冷轧）弯曲加工的内侧弯曲半径（弯曲内半径）为 $2t$ 以上，需要塑性变形能力的部分为 $4t$ 以上（1、2 均正确）。

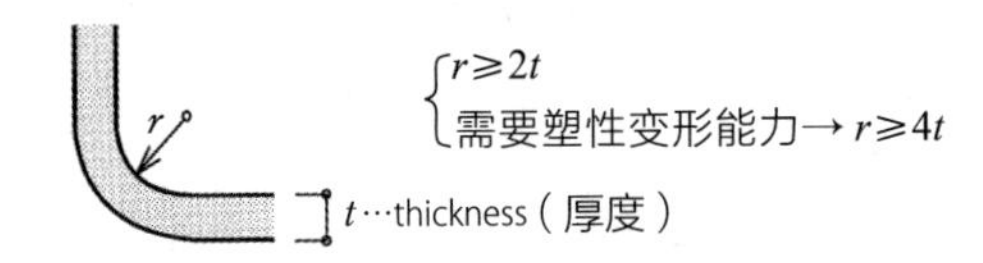

当板弯曲时，外侧伸长，内侧缩短，如果施加超出弹性区的力，板就不会恢复原状。应变会残留下来，称为残余应变。经过弯曲加工的板和钢管，都是塑性变形后应变残留下来的状态。当再度施力时，如图右侧所示，会与材料的原始曲线（虚线）不同。强度上升，变形能力下降（3 正确）。

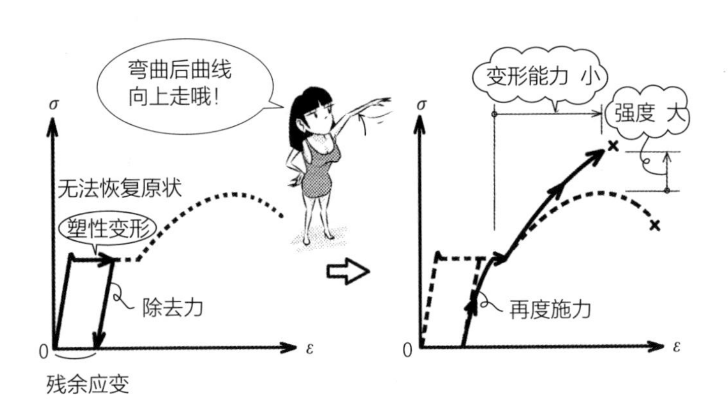

答案 ▶ **1.** 正确　**2.** 正确　**3.** 正确

Q 当冷轧成型加工而成的方形钢管（厚度 6mm 以上）作为柱使用时，根据钢材的种类对应柱和梁的连接处结构方法，需要采取增加内力等措施。

A 框架结构使用的重型钢骨在 6mm 以上，由薄板弯曲材料构成的轻型钢骨则小于 6mm。冷轧弯曲加工产生塑性化，会变硬，并且失去柔韧度。因此，方形钢管的弯角部位容易产生脆性（没有柔韧度）破坏，采取的对策是内力要比计算值增加，使柱的承载力降低（答案正确）。

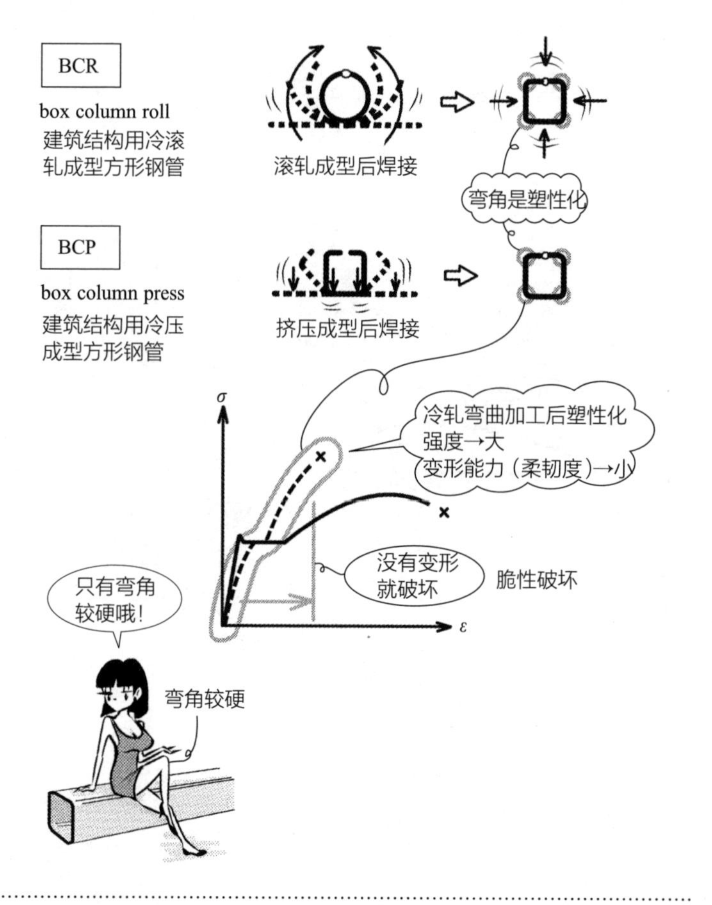

答案 ▶ 正确

Q 1. SN400 钢材的屈服点应力的下限值为 400MPa。

2. BCR295 钢材的屈服点应力的下限值为 295MPa。

3. STKN400 钢材的屈服点应力的下限值为 400MPa。

4. SD345 钢材的屈服点应力的下限值为 345MPa。

5. 高强六角螺栓 F10T 的屈服点应力的下限值为 $10tf/cm^2$=1000MPa。

A SN、BCR 等字母符号后面的数字表示抗拉强度或屈服点。出厂的产品会有误差，但是都保证有其下限值。

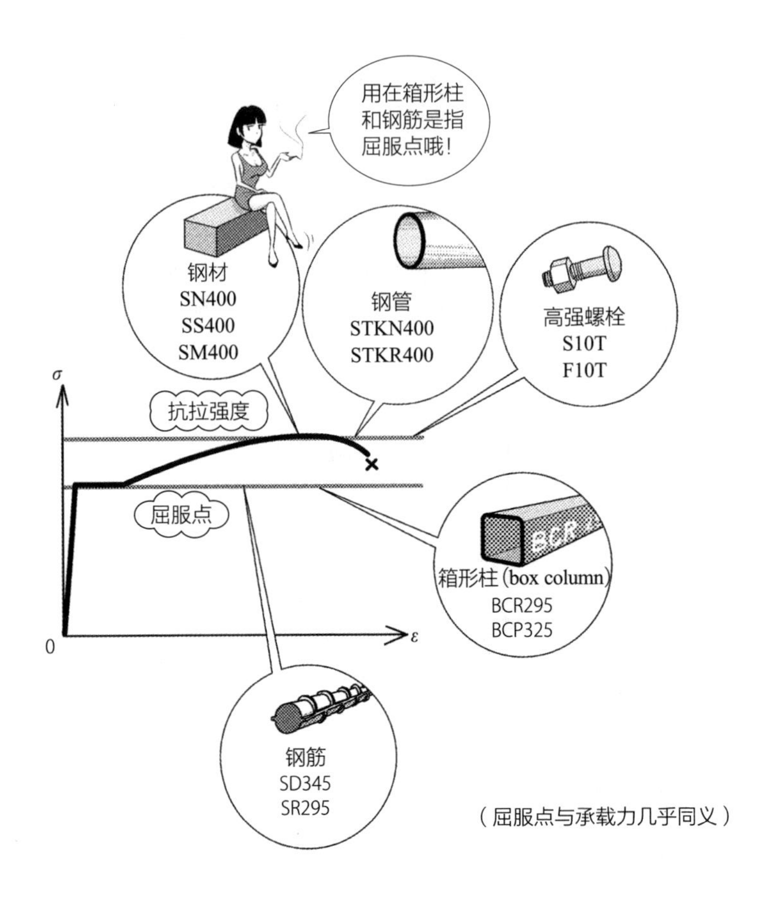

答案 ▶ **1.** 错误　**2.** 正确　**3.** 错误　**4.** 正确　**5.** 错误

Q 1. 内力在允许应力以下，为了让次梁的挠度更小，若为相同的截面尺寸，要变更为屈服强度较大的材料。

2. 在刚性结构中，使用同一截面的 SN490 钢材代替 SN400 钢材，不会有弹性变形减小的效果。

A 从两端固定的最大挠度公式来看，由荷载 W、跨度 l、弹性模量 E、截面二次矩 I 决定挠度 δ。钢的 E 是 2.05×10^5，为定值。如果减小挠度，就必须加大梁高等，加大 I，缩短跨度 l，减小梁的支撑荷载 W。梁的强度或屈服点改变时，E 都相同，没有 δ 变小的效果（1 错误，2 正确）。

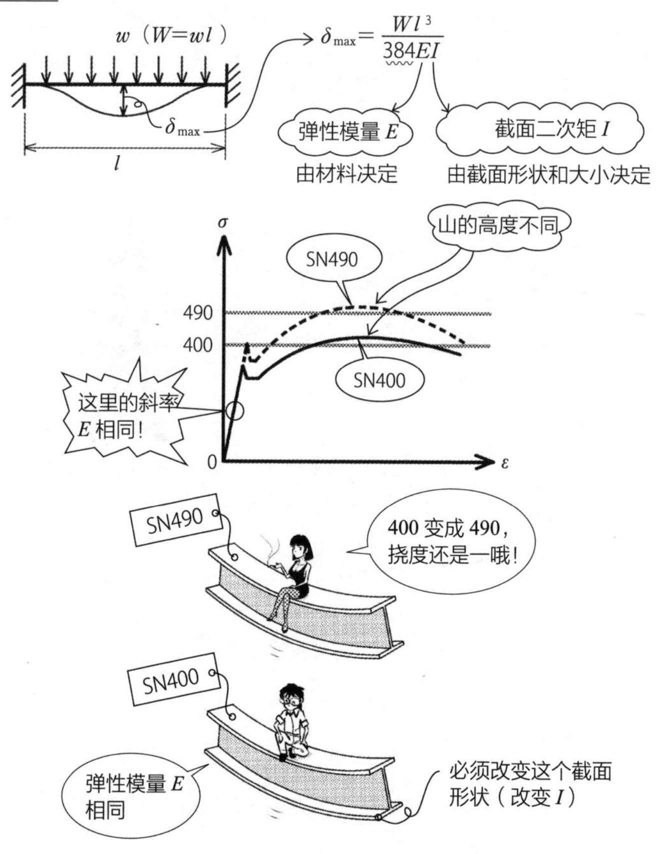

答案 ▶ **1.** 错误　**2.** 正确

Q 1. 随着钢材温度上升，一般结构用钢材约为 350℃，耐火钢（FR 钢）约为 600℃以上时，屈服点会下降至常温时的 2/3。

2. 在常温下，耐火钢（FR 钢）的弹性模量、屈服点、抗拉强度等，与同一种类的一般钢材几乎相同。

A 钢是强度和柔韧度优良的材料，缺点是在火灾中受热会变得像糖果一样柔软，而且会生锈。为了抵抗（resistant）火灾（fire）而开发出来的就是耐火钢（FR 钢，fire-resistant steel）。屈服点成为 2/3 时，一般的钢材约为 350℃，FR 钢为 600℃以上。常温时的强度、屈服点、弹性模量与同一种类的一般钢材几乎相同（1、2 均正确）。可以制造出不需要耐火披覆，或者较薄的耐火结构。一般的钢材或 FR 钢的屈服点，都随温度下降，强度在 300℃附近有峰值（参见 R158）。

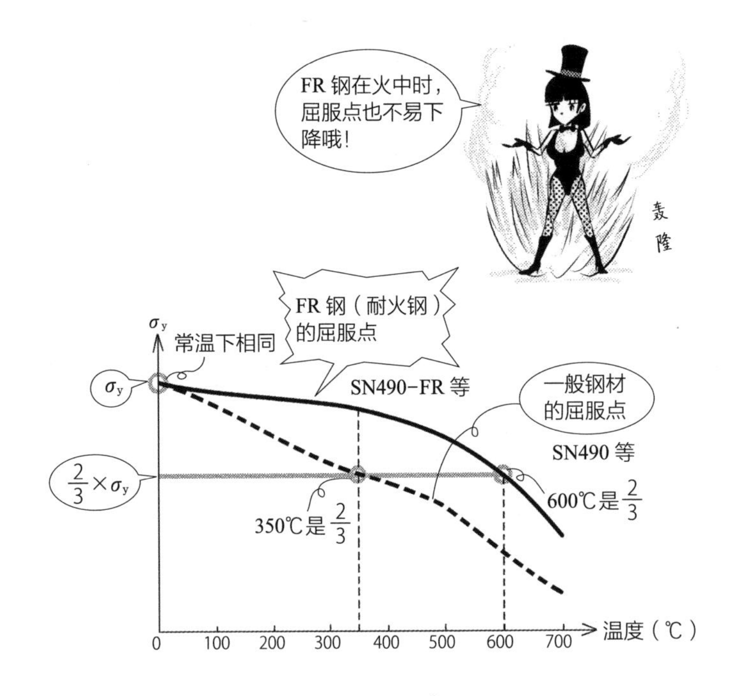

答案 ▶ **1.** 正确 **2.** 正确

Q 1. 钢材的标准强度 F 的数值，是从钢材的屈服点、抗拉强度的70% 中取较小值。

2. 支撑材料使用厚度 40mm 以下的 SN400B 钢材时，标准强度为 235MPa。

3. 一般结构用压延钢材 SS400 使用厚度 25mm 时，标准强度为 235MPa。

A 标准强度 F 是在求取不可超过的法定允许应力时，作为标准的强度。钢材的 F 是从屈服点、抗拉强度的 70% 中取较小值（1 正确）。在 σ–ε 曲线中，取屈服点的高度、顶点的高度 ×0.7 中，数值较低者作为 F。

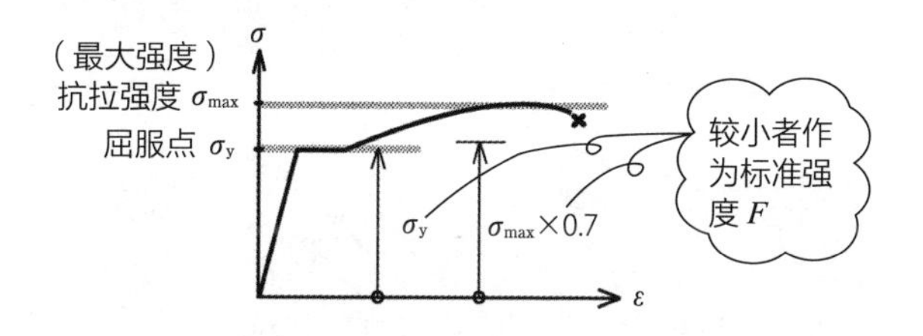

SN400、SS400、SM400 的抗拉强度（σ–ε 曲线的顶点的高度）都是 400MPa，故 400MPa×0.7=280MPa，屈服点都是 235MPa，因此 F 值是较小的 235MPa（2、3 均正确）。

F 值（MPa）

钢材种类	厚度≤ 40mm	40mm ＜厚度≤ 100mm
SN400 (A、B、C)	235	215
SS400	235	215
SM400	235	215

答案▶ **1.** 正确　**2.** 正确　**3.** 正确

Q 由同样的钢块压延而成的钢材，板厚较薄者的屈服点比板厚较厚者的屈服点高。

A 将高温熔化的钢通过轧机的滚轮压制成形的钢材，称为压延钢。同样由钢材压延成型者，根据厚度不同，屈服点和以此决定的标准强度 F 会有些误差。比起厚钢材，薄钢材有较细的缝隙，其组织更为密集。压得越薄，密度越高，屈服点越高（答案正确）。

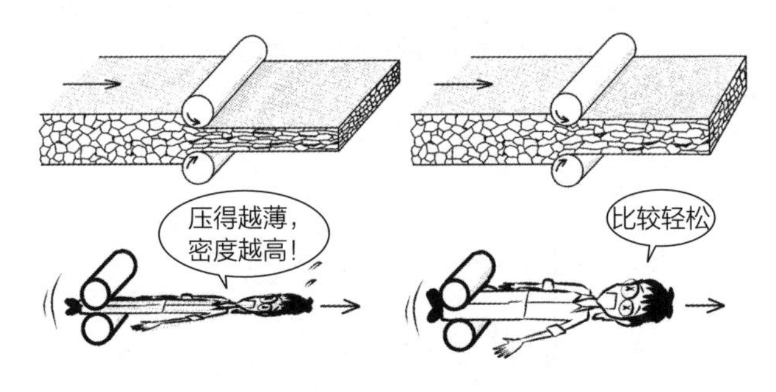

标准强度 F（≈屈服点）（MPa）

钢材种类	厚度≤ 40mm	40mm ＜厚度≤ 100mm
SN400(A、B、C)	235	215
SS400	235	215
SM400	235	215

较薄　屈服点 σ_y 大　　较厚　屈服点 σ_y 小

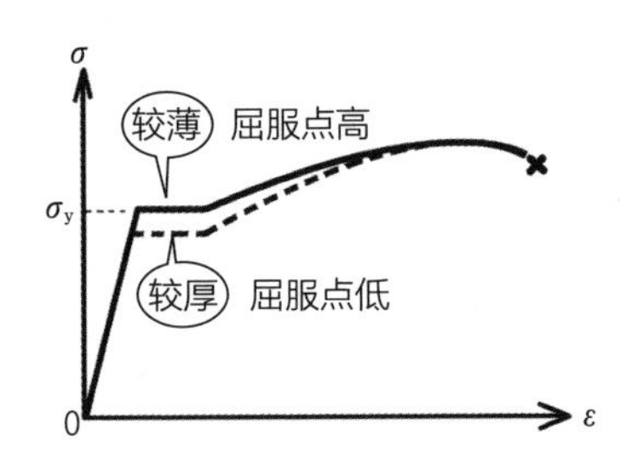

要点

板厚较薄→屈服点 σ_y、标准强度 F 大

答案 ▶ 正确

Q 1. 钢材的长期允许应力，以标准强度 F 为标准，压力、拉力、弯曲为$\frac{F}{1.5}$，剪力为$\frac{F}{1.5\sqrt{3}}$。

2. 钢材的长期允许剪应力，是长期允许拉应力的$\frac{1}{\sqrt{3}}$。

3. SN400 的短期允许应力，是长期允许应力的 2 倍。

A 结构计算所得到的各部位的应力必须在允许应力以下。钢材的压力和拉力都是相同的 σ–ε 曲线，允许应力也相同。弯矩可以分解为压力、拉力的应力，因此弯曲应力与压力、拉力相同。只有允许剪力不一样，沿着截面作用，是以其他允许应力乘以$\frac{1}{\sqrt{3}}$。只有垂直荷载（长期荷载）的情况下，$\frac{F}{1.5}$（$=\frac{2}{3}F$），有$\frac{1}{3}F$ 是 F（$\approx \sigma_y$）所留有的富余。另外，垂直荷载加上水平荷载时为 F，屈服点 σ_y（或者抗拉强度 ×0.7）完全耗尽。

钢材的允许应力

长期允许应力				短期允许应力			
压力	拉力	弯曲	剪力	压力	拉力	弯曲	剪力
$\frac{F}{1.5}$	$\frac{F}{1.5}$	$\frac{F}{1.5}$	$\frac{F}{1.5\sqrt{3}}$	长期的 1.5 倍			

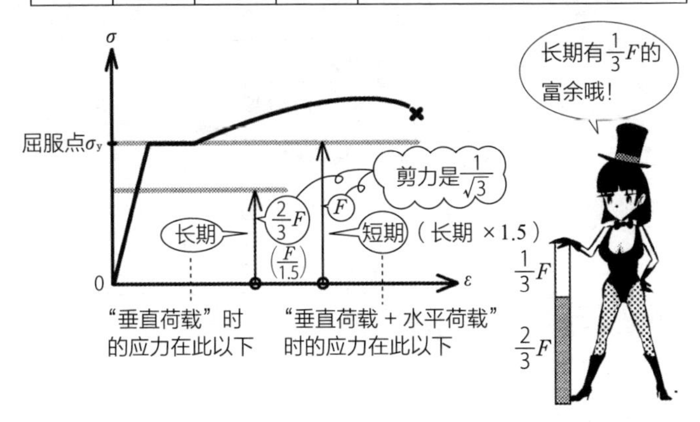

答案 ▶ **1.** 正确　**2.** 正确　**3.** 错误

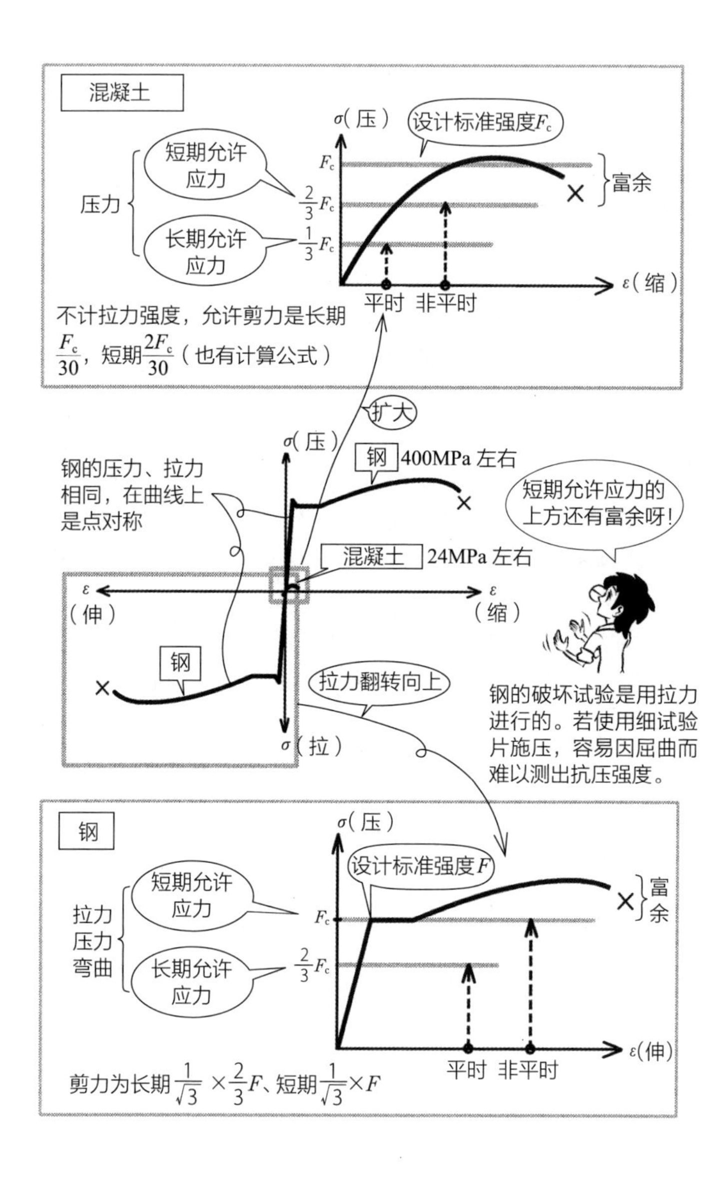
混凝土
σ(压)
设计标准强度F_c
F_c
短期允许应力
$\frac{2}{3}F_c$
压力
长期允许应力
$\frac{1}{3}F_c$
富余
ε(缩)
平时 非平时
不计拉力强度，允许剪力是长期$\frac{F_c}{30}$，短期$\frac{2F_c}{30}$（也有计算公式）
扩大
σ(压)
钢 400MPa 左右
钢的压力、拉力相同，在曲线上是点对称
短期允许应力的上方还有富余呀!
混凝土 24MPa 左右
ε（伸）
ε（缩）
钢
拉力翻转向上
σ（拉）
钢的破坏试验是用拉力进行的。若使用细试验片施压，容易因屈曲而难以测出抗压强度。
钢
σ(压)
设计标准强度F
短期允许应力
拉力
压力
弯曲
长期允许应力
F_c
$\frac{2}{3}F_c$
富余
ε(伸)
平时 非平时
剪力为长期$\frac{1}{\sqrt{3}}\times\frac{2}{3}F$、短期$\frac{1}{\sqrt{3}}\times F$

Q 1. 计算极限水平承载力时，在钢材使用 JIS（日本工业标准）规格制品的条件下，要增加设计标准强度。

2. 在钢筋混凝土结构的极限水平承载力计算中，若计算梁的弯曲强度，主筋适合使用 JIS 的 SD345，设计标准强度为标准值的 1.1 倍。

A 计算各层的极限水平承载力 Q_u，确认都在加速度 1g 产生的层剪力 Q_{un} 以上，就是极限水平承载力的计算。计算 Q_{un} 时，先计算出表示梁端部或柱脚在多少弯矩作用下会产生塑性铰的屈服弯矩 M_p。M_p 是使用屈服点应力 $\sigma_y = F$（设计标准强度）而得。此 F 值若为 JIS 规格的钢材，要增加 1.1 倍（建设省公告，1、2 均正确）。

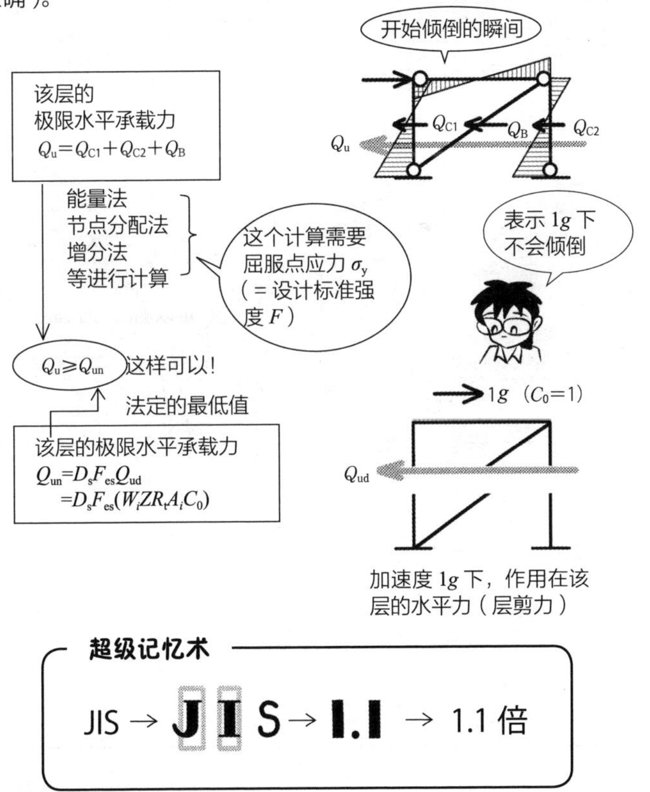

加速度 1g 下，作用在该层的水平力（层剪力）

超级记忆术

JIS → **J I** S → **I.I** → 1.1 倍

答案 ▶ **1.** 正确　**2.** 正确

Q 1. 建筑结构用不锈钢材 SUS304A 的 σ-ε 曲线中，没有明确的屈服点。

2. 由于 SUS304A 的屈服点不明确，所以用 0.1% 的偏移屈服强度来决定标准强度。

3. SUS304A 的焊接性比其他不锈钢好。

A 不锈钢（stainless steel）是含有铬 18%、镍 8%（俗称 18-8 不锈钢）的钢。正如 stain（污渍，此指生锈）less（较少的）的名称一样，是不易生锈的钢。SUS304 的焊接性能提高后成为 SUS304A（3 正确）。数字 304 是规格号码，不是对应强度、屈服点。SUS304A 没有明确的屈服点、屈服平台（曲线的水平部分）。如图所示，将 ε 向右偏移 0.1%，该直线和曲线的交点，0.1% 偏移屈服强度就是假定的屈服点。像高拉力钢或加工后的钢筋（参见 R049）等，当屈服点不明确时，使用 0.2% 偏移屈服强度（1、2 均正确）。

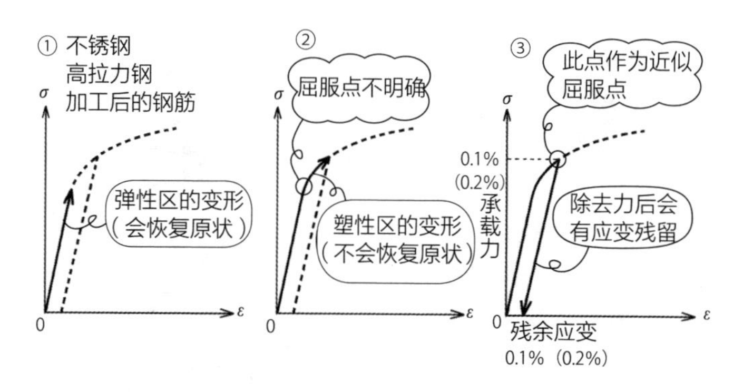

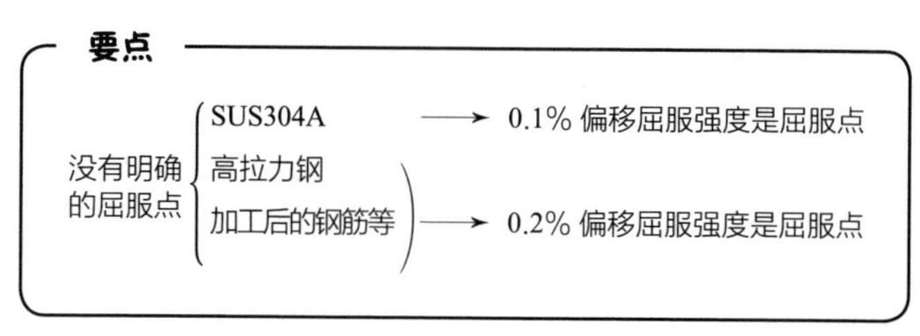

答案 ▶ **1.** 正确　**2.** 正确　**3.** 正确

Q 作为结构用不锈钢材 SUS304A 的标准强度，与板厚 40mm 以下的 SN400B 相同。

A SUS304A 没有明确的屈服点，把 0.1% 偏移屈服强度作为假定的屈服点，该点就是标准强度。另外，SN 钢材、SS 钢材、SM 钢材有屈服平台，屈服点也很明确，是从屈服点和抗拉强度的 70% 中取较小的数值作为标准强度。SUS304A、SN400B 的标准强度均为 235MPa（答案正确）。

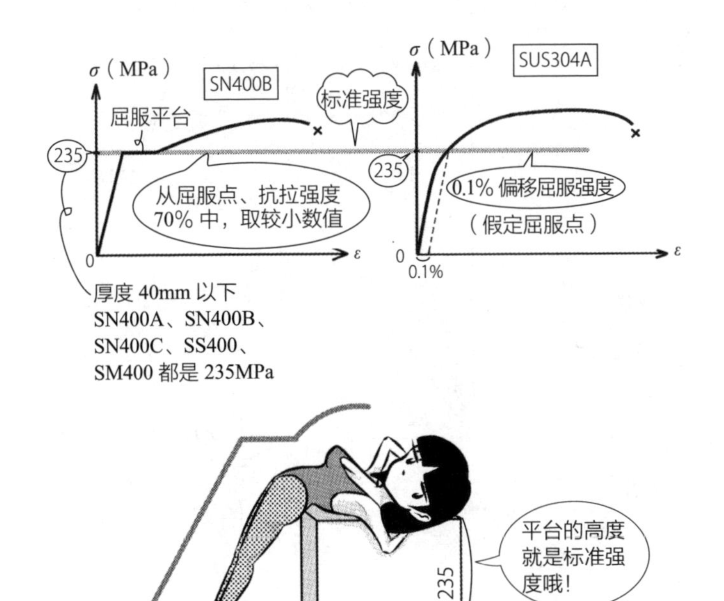

- SUS304A 与顶点（520MPa）相比，0.1% 偏移屈服强度（235MPa）较低，屈服比较小。

答案 ▶ 正确

Q 建筑结构用不锈钢 SUS304A 的弹性模量比普通钢 SS400 还要小。

A 不锈钢 SUS304A 的弹性模量 E 比钢小一些，具有比钢更容易变形的性质（答案正确）。铝的弹性模量约为钢的 1/3，混凝土约为钢的 1/10。

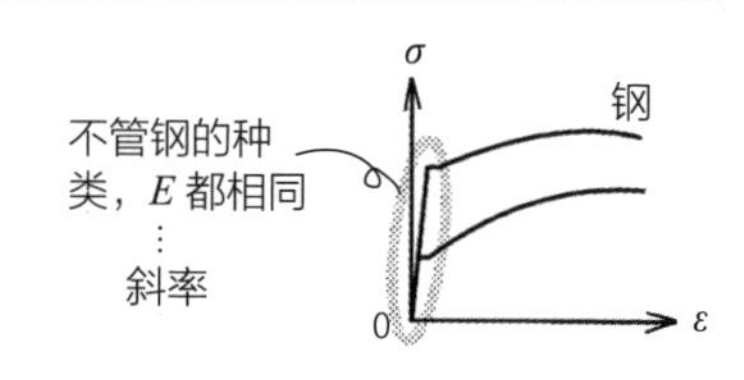

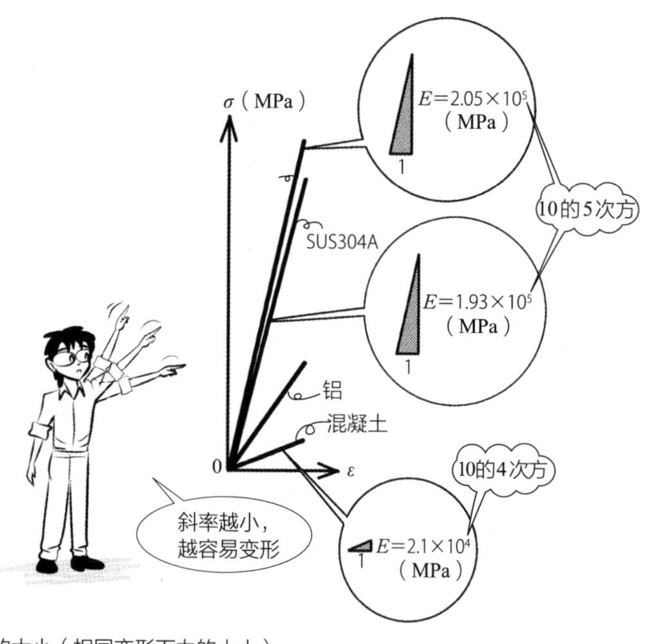

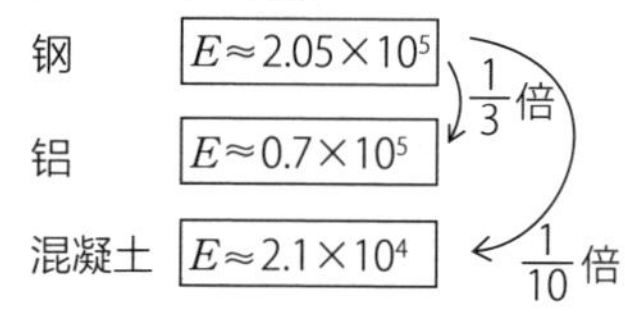

答案 ▶ 正确

Q 1. 建筑结构用不锈钢 SUS304A 的线膨胀系数，比普通钢 SS400 还要小。

2. 建筑结构用不锈钢 SUS304A 与其他不锈钢相比，具有结构框架组装中不可或缺的优良焊接性。

A 混凝土和钢的线膨胀系数均为 $1\times10^{-5}℃^{-1}$（参见 R037）。因为对热有相同的伸缩反应，所以才能形成钢筋混凝土。

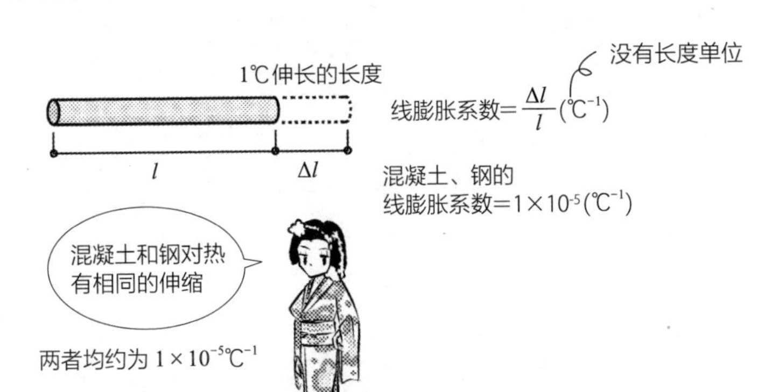

与钢相比，铝的线膨胀系数约为 2 倍，不锈钢约为 1.5 倍，因此对热具有易伸长的性质（1 错误）。由下面的要点可知，钢是受热和受力都很难变形的优良材料。

要点

线膨胀系数……（受热的变形难易度）	钢≈混凝土 (1×10^{-5})	< 不锈钢 (1.7×10^{-5})	< 铝 (2.3×10^{-5})	
弹性模量 E……（受力的变形难易度）	钢 (2.05×10^{5})	> 不锈钢 (1.93×10^{5})	> 铝 (0.7×10^{5})	> 混凝土 (2.1×10^{4})

建筑结构用不锈钢 SUS304A 对成分进行了调整，使之易于焊接（2 正确）。另外，它的耐火性、耐低温性也很优良。

要点

SUS304A ⇨ 耐腐蚀性、焊接性、耐火性、耐低温性均优良

答案 ▶ **1.** 错误　**2.** 正确

Q 1. 钢的相对密度约为铝的 3 倍。
2. 铝的相对密度与钢相比，小了约 1/3，强度也较小。
3. 铝的弹性模量约为钢的 1/3。

A 相对密度是与水相比的重量，水的相对密度是 1，钢的相对密度是 7.85，钢筋混凝土的相对密度是 2.4，铝的相对密度是 2.7，玻璃的相对密度是 2.5（1 正确）。$1m^3$ 水的质量是 1t。相对密度小于 1 的物体能够浮在水上。

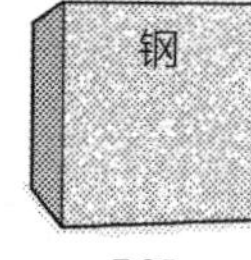

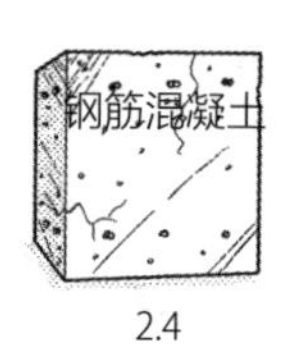

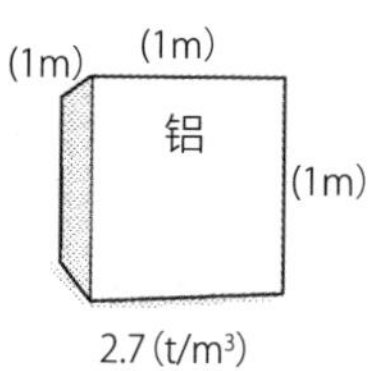

比强度（specific strength）是指与重量相比的强度，是强度 / 密度。铝和木材（相对密度 0.5 左右）的相对密度较小，比强度比钢大（2 错误）。

弹性模量 E 是 σ-ε 曲线的斜率，铝约为钢的 1/3（3 正确）。

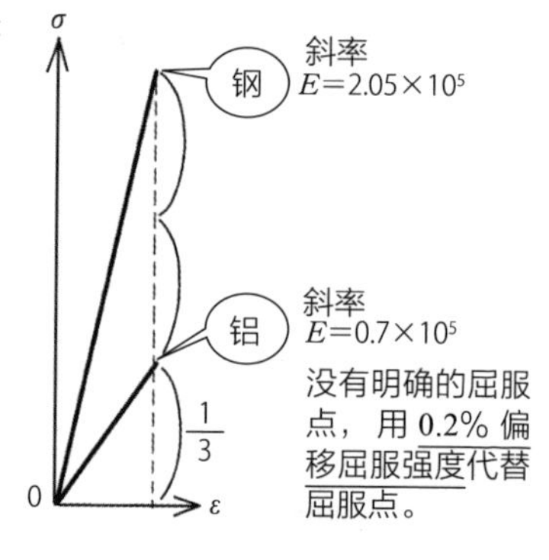

要点

铝

较轻…………相对密度

受力的变形难易度………弹性模量 E } 钢的 $\frac{1}{3}$

受热的变形难易度………线膨胀系数……钢的 2 倍

答案 ▶ **1.** 正确 **2.** 错误 **3.** 正确

Q 1. 高强螺栓用于铝合金材料的梁连接时，为了防止接触腐蚀，采用热镀锌高强螺栓。

2. 铝涂料可以反射热能，防止基础材料的温度上升，适合涂装在钢板屋顶或设备配管等。

A 金属遇水时会释放出电子（带负电），自身成为阳离子且溶于水的性质。此为金属的离子化倾向，其大小关系为离子化列，如表所示。K、Ca、Na 在常温下也会与水发生激烈的反应，Pb 对热水有反应，Au 在海水中不会溶解、生锈。建筑中经常使用的 Al、Zn、Fe 具有中等程度的离子化倾向。

要点

离子化倾向大（容易氧化） → 离子化倾向小（不易氧化）

K	Ca	Na	Mg	[Al]	[Zn]	[Fe]	Ni	Sn	[Pb]	(H)	[Cu]	Hg	Ag	Pt	Au
钾	钙	钠	镁	铝	锌	铁	镍	锡	铅	氢	铜	汞	银	铂	金

□内是建筑常用的金属

离子化倾向不同的 Al 和 Fe 接触时，$Al \rightarrow Al^{3+}+3e^-$ 和水产生离子化溶解，放出电子 e^-，e^- 流到 Fe 侧，与水的 H^+ 反应生成 H_2。金属离子化产生溶解腐蚀，称为电腐蚀，离子化倾向大不相同的金属接触时，电流会依电池的原理流动，容易产生电腐蚀反应。若在 Fe 表面进行热镀锌，形成氧化锌薄膜，可以阻挡生锈的进行。Al 和 Fe 的接触面被氧化锌薄膜阻断，就可以防止电腐蚀发生（1 正确）。铝制窗框利用 Al 的氧化薄膜防止生锈。

铝具有反射热能的性质，涂装在屋顶材料上可以隔热（2 正确）。或设置在隔热材料的单侧，能反射墙体内中空层的热辐射。

答案 ▶ **1.** 正确　**2.** 正确

Q 1. F10T 的高强螺栓，抗拉强度是 1000~1200MPa。
2. H 型钢作为梁的现场连接处时，可以使用不会发生延迟破坏的 F10T 高强螺栓。

A JIS 规定的高强螺栓有 F8T、F10T、F11T。F10T 的 10 表示抗拉强度的下限值是 10tf/cm²，换算成牛顿则是 1000N/mm²，即 1000MPa。规范值是 1000~1200MPa（1 正确）。螺栓轴的粗细有 M12、M16、M20 等，M 代表普通螺纹，表示直径为 12mm、16mm、20mm。

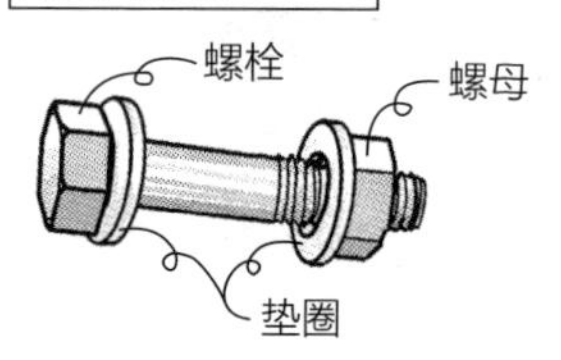

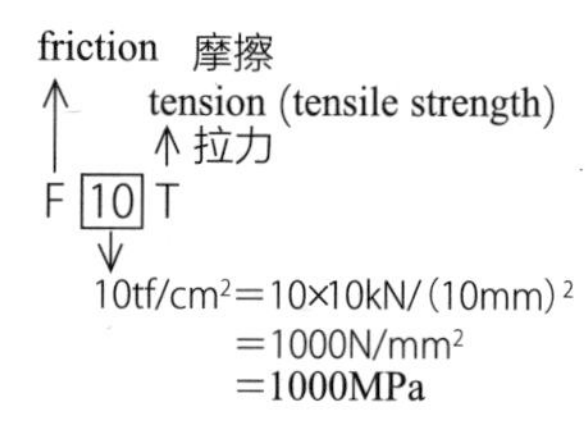

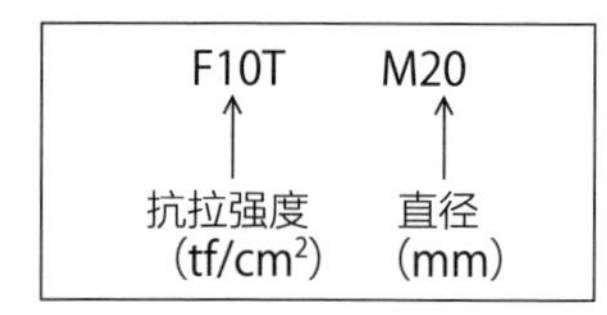

扭剪型高强螺栓不是 JIS 的规定，而是日本钢结构协会规范的高强螺栓，S10T 和 F10T 的性能相同。

延迟断裂（delayed fracture）是指在静荷载作用一段时间后，突然发生破坏的现象，原因是进入钢的氢使其脆化。F11T 延迟断裂的报告很多，所以实际上 F11T 是被禁止使用的，较常使用的是 F10T（2 正确）。

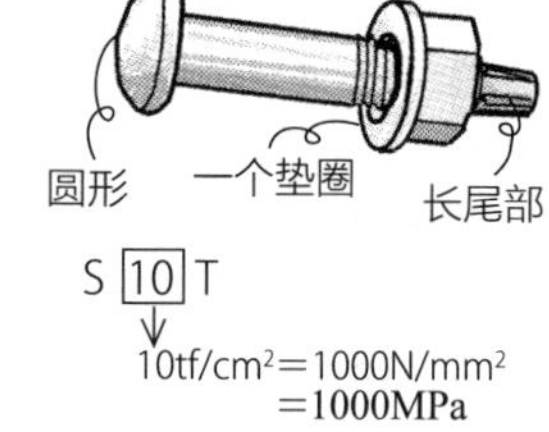

答案 ▶ **1.** 正确　**2.** 正确

Q 高强螺栓 F10T 的标准强度是 900MPa。

A 标准强度是标准法规定的材料强度的标准值，F10T 规定为 900MPa（答案正确）。钢的标准强度一般是指屈服点，但高拉力钢、高强螺栓等屈服点不明确的情况下，是把偏移屈服强度作为标准强度。标准拉力 T_0 是在施工初期导入拉力或摩擦力计算的值。

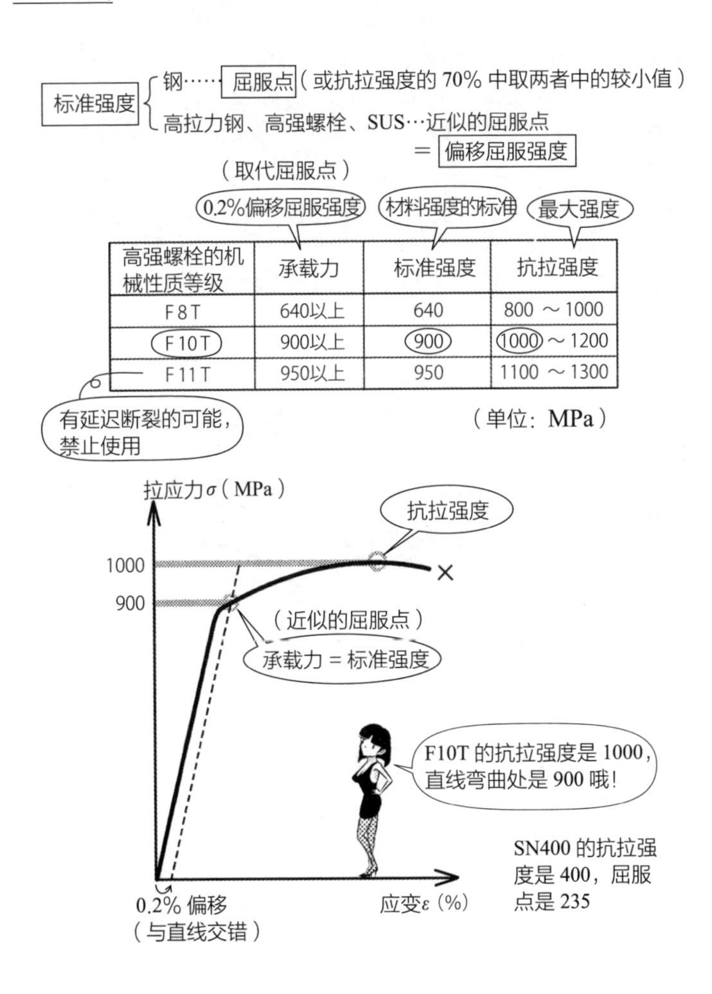

高强螺栓的机械性质等级	承载力	标准强度	抗拉强度
F8T	640以上	640	800 ～ 1000
F10T	900以上	900	1000 ～ 1200
F11T	950以上	950	1100 ～ 1300

答案 ▶ 正确

Q 1. 高强螺栓以摩擦连接时，最重要的是确保紧固的力，所以螺栓、螺母、垫圈成套使用。

2. 高强螺栓以摩擦连接时，每一根螺栓的滑动承载力，不必考虑接合面的状态，是由剪力面的数量和初期导入拉力求得的。

3. 高强螺栓以摩擦连接时，若摩擦面的密合度不好，则滑动承载力显著降低。

A JIS 规定，高强螺栓是以六角螺栓、六角螺母、垫圈为一个组合（1 正确）。高强螺栓的摩擦连接，会随着接合面状态的最大摩擦力即滑动承载力而大幅改变（2 错误）。除去浮锈、黑锈（黑皮、氧化皮）、灰尘、油、涂料（无需防锈）、飞溅（spatter：焊接中飞散的金属颗粒）等，在只产生红锈的状态下连接。热镀锌表面要进行喷砂处理（凹凸不平）。螺栓孔周围有毛边或下垂等，会影响接合面的密合度，可使用研磨机等清除（3 正确）。

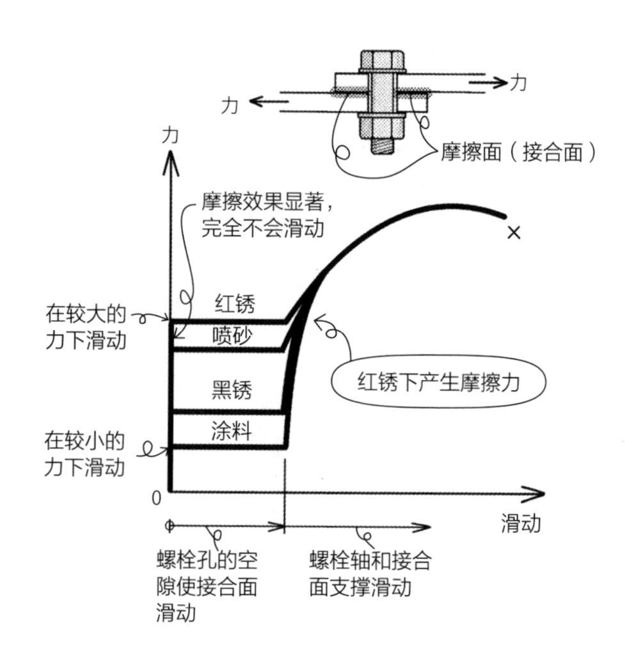

答案 ▶ **1.** 正确　**2.** 错误　**3.** 正确

Q 高强螺栓以摩擦连接时，空隙是 2mm，母材和连接板之间可以放入经过相同表面处理的填充板。

A 接合面（摩擦面）的间隙（空隙）超过 1mm 时，要放入填充板。填充板（filler plate）是指填充（fill）空隙的板。填充板和其他接合面相同，一样以红锈或喷砂进行表面处理，产生摩擦力（答案正确）。

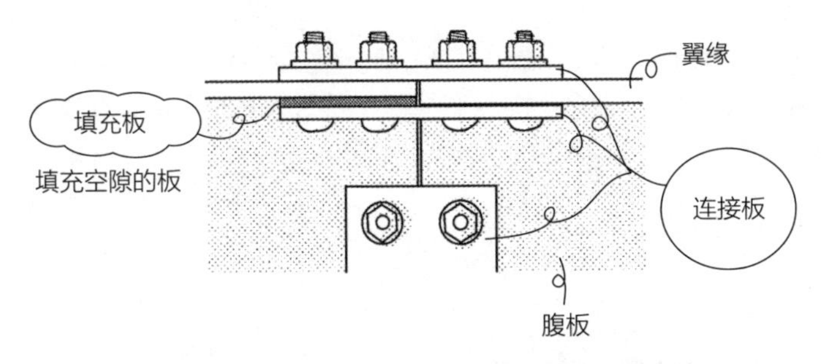

钢板（plate）根据使用场所的不同，有许多不同的名称。除了填充板（filler plate）以外，还有连接板（splice plate）、节点板（gusset plate）、加劲肋（stiffener）、横隔板（diaphragm）、翼缘（flange）、腹板（web）等。

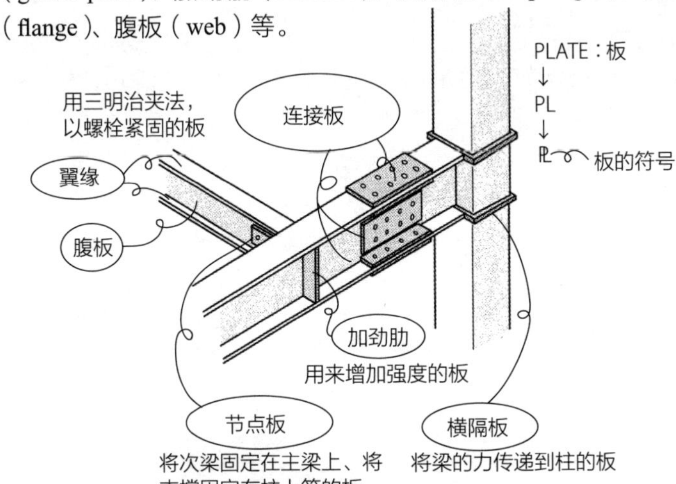

答案 ▶ 正确

Q 1. 高强螺栓的摩擦连接，是利用螺栓轴部的剪力和母材的支承压力进行内力传递的连接方法。

2. 高强螺栓的摩擦连接处的允许应力，是以钢材间紧固的摩擦力和高强螺栓的剪力之和，进行内力传递的计算。

A 高强螺栓是能够承受高拉力的螺栓，利用拉力产生的摩擦来连接的就是高强螺栓摩擦连接。如图所示，高强螺栓受到拉力 T 作用时，接合面会有与 T 互相平衡的压力 C 作用。上下的钢板在左右有拉力 P 时，接合面会有与 P 互相平衡的摩擦力 R 作用。P 增加时，R 也增加。另外，螺栓的穿孔比螺栓的轴径大，一旦进行摩擦连接，钢板就完全不能左右移动，因此从钢板不会有力传递至螺栓轴（1、2 均错误）。

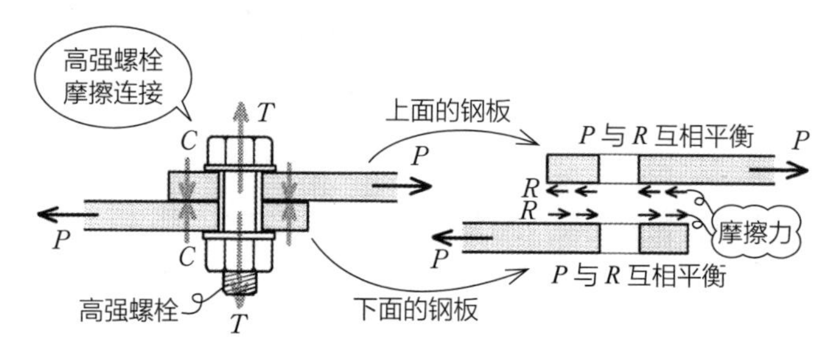

用普通螺栓连接，在拉力 P 左右作用时，钢板容易错动碰到螺栓轴。螺栓轴会受到钢板的支承压力（局部压力）P 作用，与螺栓轴的剪力 Q 互相平衡（1 是普通螺栓的说明）。

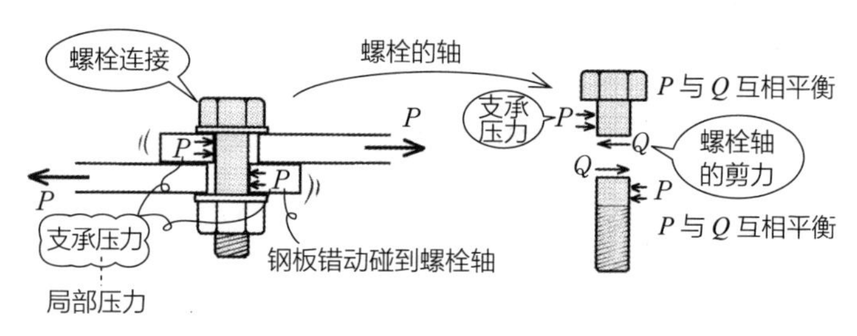

答案 ▶ **1.** 错误　**2.** 错误

Q 高强螺栓的摩擦连接，在短期荷载作用下，是利用螺栓轴部的剪力和母材的支承压力进行内力传递的连接方法。

A 长期荷载是指平时作用的重量，即垂直荷载。短期荷载是指地震、台风等非平时作用的水平荷载和垂直荷载的合计。高强螺栓摩擦连接，即使在非平时（短期荷载时），钢板之间的摩擦也必须有效（答案错误）。受到更大的力作用时，摩擦无法应对，钢板就会滑动。螺栓的孔有余量，此余量使钢板滑动后碰到螺栓轴停住。此后，通过螺栓轴，以及钢板碰到螺栓轴部分的作用，在破坏前传递力。

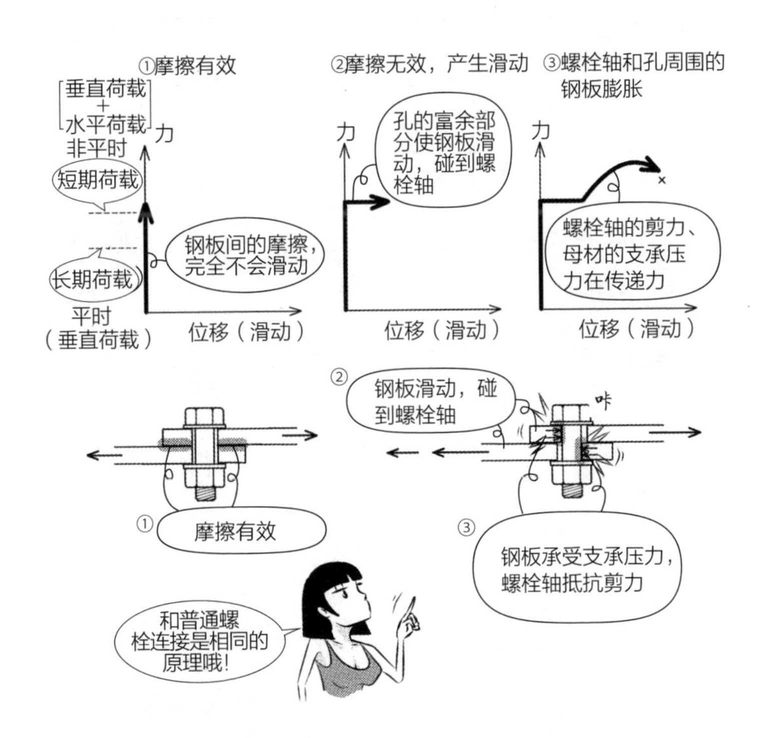

- 高强螺栓与普通螺栓并用时，高强螺栓的紧固使钢板不会滑动，普通螺栓则无法产生效果。并用时不能进行内力分担。

答案 ▶ 错误

Q 1. 高强螺栓摩擦连接的连接处，在滑动承载力以下反复作用的内力，可以不考虑螺栓拉力的降低、摩擦面的状态变化。

2. 普通螺栓不会用于承受振动、冲击和反复内力作用的连接处。

A 高强螺栓的摩擦连接，对滑动承载力以下的摩擦有效，一动也不动。因此，即使内力反复作用，螺栓拉力和摩擦面也不会发生变化（1 正确）。另外，普通螺栓连接中，力的方向改变时，螺栓轴承受的支承压力的方向也会改变，疲劳后的拉力也有改变的可能，接合面也会反复滑动，造成摩擦力降低（2 正确）。

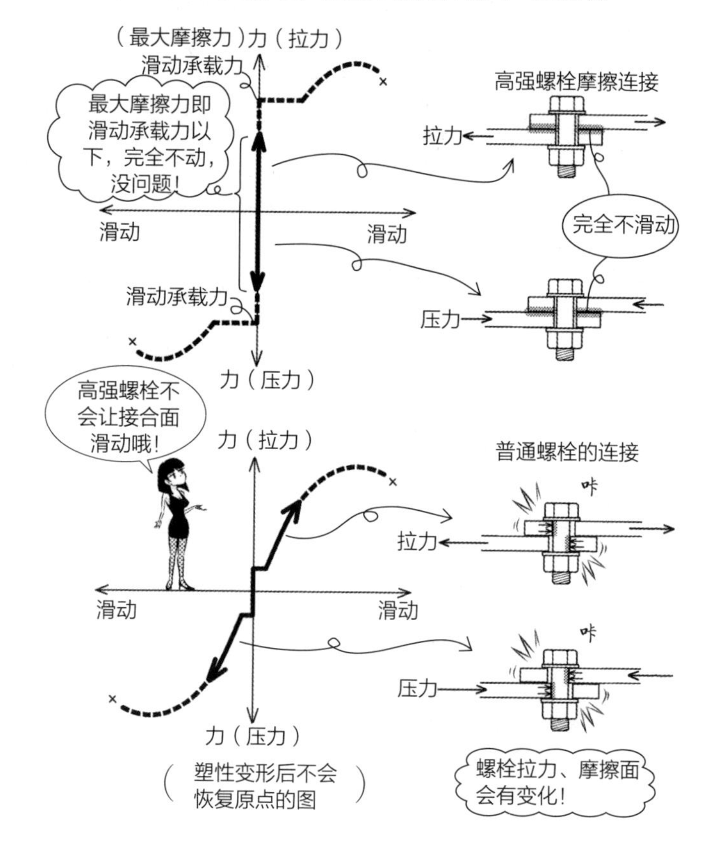

Q 1. 高强螺栓摩擦连接处的允许剪应力，其滑动系数规定为 0.45。
2. 热镀锌高强螺栓摩擦连接处的允许剪应力，其滑动系数规定为 0.4。

A 物体横向滑动时，较小的力与摩擦力互相平衡，不会移动。力越大，摩擦力也越大，在超过最大摩擦力的瞬间，物体开始移动。最大摩擦力可由摩擦面状态决定的摩擦系数，与物体垂直的反作用力，即垂直反力，两者的乘积求得。

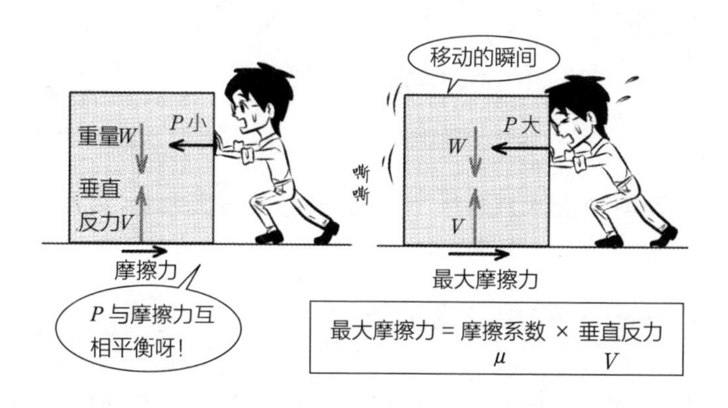

滑动系数与摩擦系数几乎同义。滑动系数使用的力 = 垂直反力。红锈状态的面为 0.45，热镀锌表面比红锈面更容易滑动，为 0.4（1、2 均正确）。热镀锌表面必须进行喷砂处理，摩擦力较大。

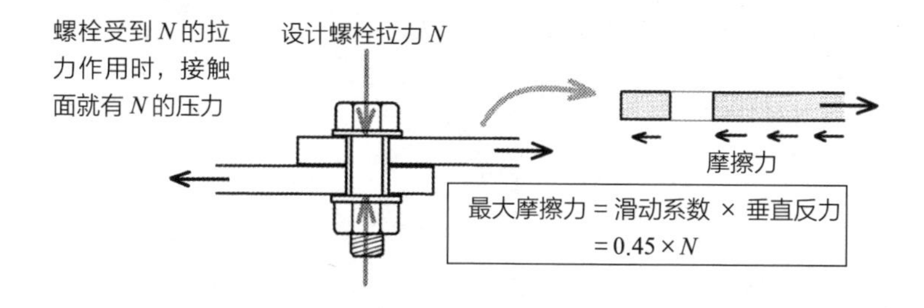

● 喷砂（sand blasting）处理：将铁砂、硅砂等用高速气流喷到表面，制造出细微的凹凸面。

答案 ▶ **1.** 正确 **2.** 正确

Q 1. 高强螺栓的摩擦连接处（除去浮锈的红锈面），1 面摩擦剪力的短期允许剪应力是高强螺栓标准拉力的 0.45 倍。

2. 高强螺栓的摩擦连接处（除去浮锈的红锈面），1 面摩擦剪力的长期允许剪应力是高强螺栓标准拉力的 0.3 倍。

A ①螺栓拉力是通过标准拉力（T_0，根据种类为 400MPa 等）乘以螺栓轴的截面积来求得的。

设计螺栓拉力 N = 螺栓截面积 × 标准拉力

$$=\left\{\pi\left(\frac{d}{2}\right)^2\right\}\times T_0=\frac{\pi d^2}{4}T_0$$

圆的面积

［diameter
d 是螺栓的直径，
M20 表示直径为
20mm 的公制螺栓］

②高强螺栓的最大摩擦力，可用摩擦面的垂直反力（= 拉力）乘以滑动系数（≈摩擦系数）0.45 求得。

最大摩擦力 = 滑动系数 × 垂直反力 = $0.45\times N=0.45\times\frac{\pi d^2}{4}T_0$

③使用 1 根螺栓时的 1 面剪力（1 面摩擦）如上所述，螺栓变成 2 根、3 根、4 根，就是 2 倍、3 倍、4 倍。摩擦面 2 面时，4 根螺栓就是 2 × 4 = 8 倍。

④在这种情况下，剪应力不是指螺栓轴的剪力，而是接合面之间的剪力作用，换算成螺栓每 1mm² 轴截面的值。短期是最大摩擦力，长期与其他钢材相同，是短期的 2/3。

短期允许剪应力 = $\frac{\text{接合面之间的最大摩擦力}}{\text{螺栓轴截面积}}$

$$=\frac{0.45\times\frac{\pi d^2}{4}T_0}{\frac{\pi d^2}{4}}=\underline{\underline{0.45T_0}}$$（1 正确）

长期允许剪应力 = $\frac{2}{3}\times0.45T_0=\underline{\underline{0.3T_0}}$（2 正确）

答案 ▶ **1.** 正确 **2.** 正确

Q 高强螺栓的摩擦连接处，剪力和拉力同时作用时，内力作用的方向不同，允许剪应力不会减小。

A 螺栓受到轴方向拉力作用时，摩擦面的压力会减小。减小的压力 × 滑动系数，最大摩擦力随之减小，对应的允许剪应力也减小（1 错误）。

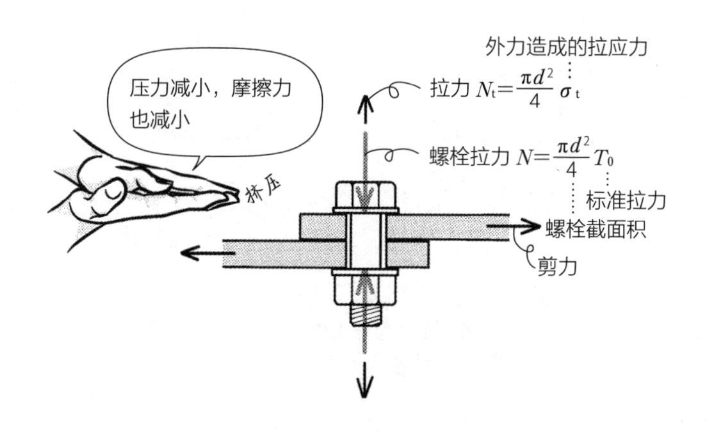

- 摩擦面的压力＝螺栓拉力 N － 外力造成的拉力 N_t

$$=\frac{\pi d^2}{4}T_0-\frac{\pi d^2}{4}\sigma_t=\frac{\pi d^2}{4}(T_0-\sigma_t)$$

- 最大摩擦力＝0.45× 摩擦面的压力

$$=0.45\times\frac{\pi d^2}{4}(T_0-\sigma_t)$$

- 单位截面积的最大摩擦力（每 1mm^2）$=\frac{\text{最大摩擦力}}{\text{螺栓轴截面积}}$

$$=\frac{0.45\times\frac{\pi d^2}{4}(T_0-\sigma_t)}{\frac{\pi d^2}{4}}=0.45(T_0-\sigma_t)$$

- $\begin{cases}\text{短期允许剪应力}=0.45(T_0-\sigma_t)\\ \text{长期允许剪应力}=\frac{2}{3}\times0.45(T_0-\sigma_t)=0.3(T_0-\sigma_t)\end{cases}$

在标准法中，使用公式 $0.45(T_0-\sigma_t)=0.45T_0\left(1-\frac{\sigma_t}{T_0}\right)$。

答案 ▶ 错误

10 连接

Q 1. 高强螺栓以摩擦连接时，2 面摩擦的允许剪力是 1 面摩擦允许剪力的 2 倍。

2. F10T 的高强螺栓以摩擦连接，当使用相同直径的螺栓时，1 面摩擦使用 4 根螺栓紧固的允许剪力，与 2 面摩擦使用 2 根螺栓紧固的数值相同。

A 施加相同拉力时，作用在各摩擦面的最大摩擦力 =0.45× 拉力，若有 2 面就是 2 倍（1 正确）。

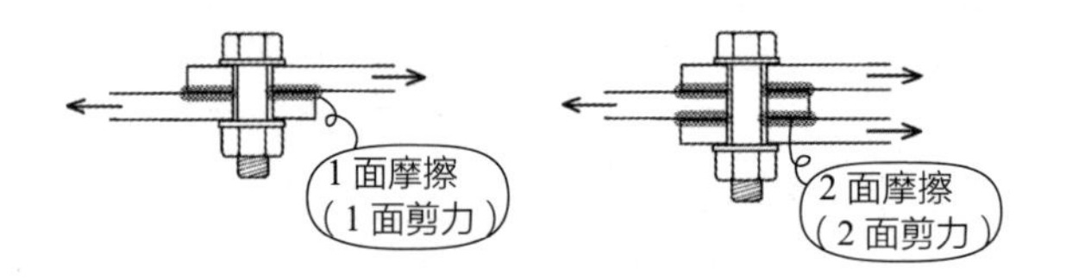

摩擦力的最大值可由垂直反力 N（= 螺栓拉力）× 滑动系数 0.45 求得。1 根螺栓的最大摩擦力为 $0.45N$，2 根螺栓的最大摩擦力为 $2\times(0.45N)$，2 根就有 2 倍。

1 面摩擦使用 1 根紧固作为 1 时，1 面摩擦有 4 根紧固就是 $1\times4=4$，2 面摩擦使用 2 根紧固就是 $2\times2=4$，摩擦力相同（2 正确）。2 面摩擦也称为 2 面剪力。

要点

1 面摩擦 1 根：$1\times1=1$

1 面摩擦 2 根：$1\times2=2$

2 面摩擦 1 根：$2\times1=2$

2 面摩擦 2 根：$2\times2=4$

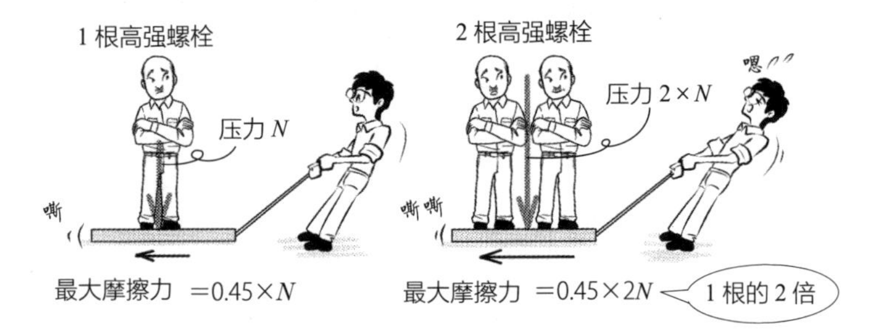

答案 ▶ **1.** 正确 **2.** 正确

Q 如图所示，2 片钢板使用 4 根高强螺栓进行摩擦连接时，请求出与连接处的短期允许剪力相等时的拉力 P（N）的值。每 1 根螺栓的 1 面摩擦的长期允许剪力为 47kN。

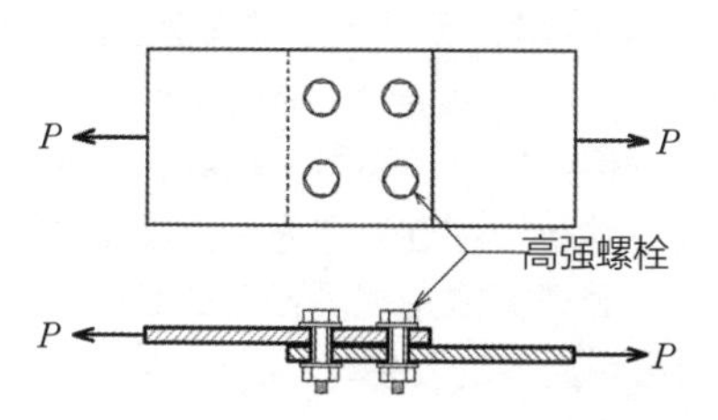

A 钢的短期允许应力为 F 时，长期常为 $\frac{2}{3}F$（$\frac{F}{1.5}$），高强螺栓连接处的允许剪力也相同。

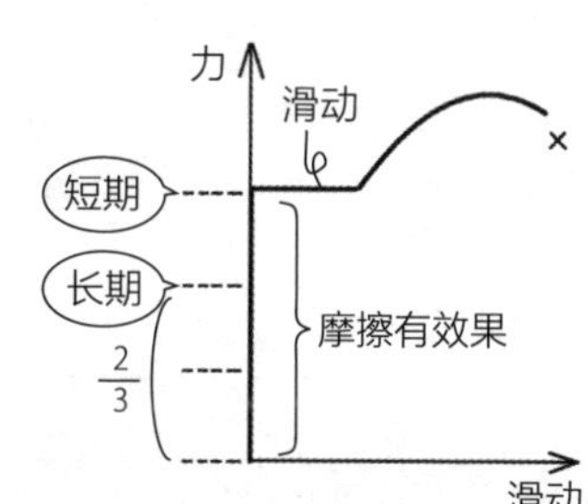

① 1 面摩擦使用 1 根紧固的短期允许剪力 $=R_1$

（长期是短期的 $\frac{2}{3}$ 倍（$\frac{1}{1.5}$ 倍））

② 1 面摩擦使用 1 根紧固的长期允许剪力 $=\frac{2}{3}R_1=47\text{kN}$ ←由题目可知

所以 $R_1=\frac{3}{2}\times 47=70.5\text{kN}$

③ 1 面摩擦使用 4 根紧固的短期允许剪力 $=4\times R_1$

$=4\times 70.5=$ **282kN**

（高强螺栓 4 根故是 4 倍）

答案 ▶ 282kN

Q 在结构承载力上，主要的连接处使用高强螺栓连接时，要配置 2 根以上的高强螺栓。

A 高强螺栓的连接要使用 2 根以上（答案正确）。2 根时拉力是 2 倍，最大摩擦力（= 滑动系数 × 拉力）也是 2 倍。虽然使用 1 根就能确保拉力，但如果这一根发生损坏，连接处就会破坏。要避免刚好的设计，给予剩余性，作为意外发生时的备用，称为冗余（redundancy）。建筑大多是现场作业的制成品，与机械等其他制成品相比，必须有更多的冗余。

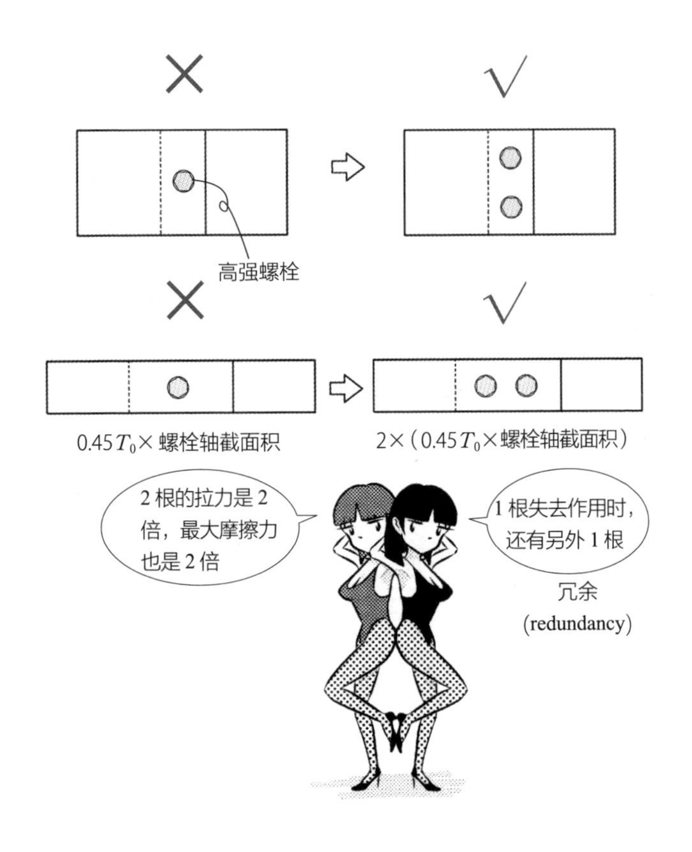

答案 ▶ 正确

Q 1. 使用高强螺栓 M22 时，螺栓相互之间的中心距离为 55mm 以上，孔径为 24mm 以下。

2. 高强螺栓的直径为 27mm 以上，且不会对结构承载力造成阻碍时，孔径可以比高强螺栓的直径大 3mm。

A 螺栓的中心距离越小，孔与孔之间越窄，钢板之间越缺乏足够的连接力。因此，中心距离要是螺栓直径的 2.5 倍以上。M22 是公制的螺栓，表示直径为 22mm。F10T-M22 是 JIS 规定的高强六角螺栓，表示抗拉强度为 1000MPa（10tf/cm^2），直径为 22mm。

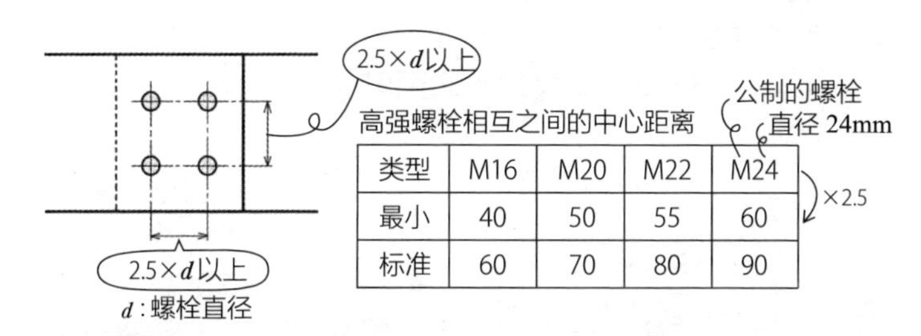

类型	M16	M20	M22	M24
最小	40	50	55	60
标准	60	70	80	90

孔径与螺栓直径完全相同时无法插入，所以要有一些间隙。当间隙太大时，螺栓的力很难传递到钢板，滑动时的位移量也会变大。孔径一般是在螺栓直径 +2mm 以下，或 +3mm 以下，如图所示。

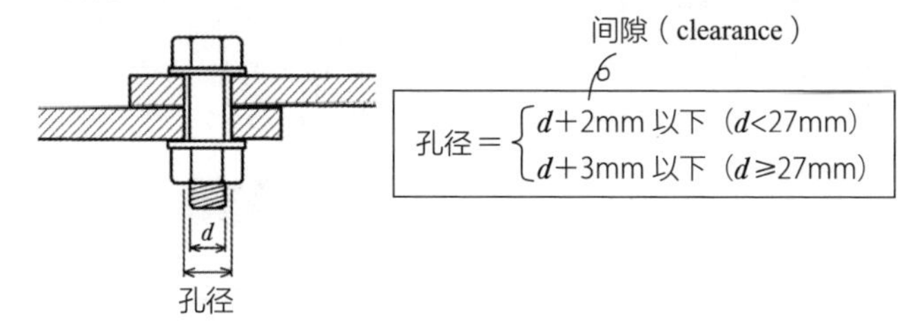

$$孔径=\begin{cases} d+2\text{mm 以下}\ (d<27\text{mm}) \\ d+3\text{mm 以下}\ (d\geq 27\text{mm}) \end{cases}$$

答案 ▶ **1.** 正确 **2.** 正确

Q 1. 高强螺栓的最小边缘距离，在不进行结构计算时，会随着有无剪切边缘、自动气割边缘而不同。

2. 高强螺栓的最小边缘距离，在不进行结构计算时，自动气割边缘的值比手动气割边缘的值小。

3. 在受拉材料的连接处中，承受剪力作用的高强螺栓在内力方向没有 3 根以上并列时，从高强螺栓孔中心到内力方向的连接处构件端的距离，是高强螺栓的公称轴径的 2.5 倍以上。

A 若到边缘的距离较短，则连接处在受拉时会被破坏。高强螺栓没有 3 根以上并列时，规定距离要在螺栓直径的 2.5 倍以上（3 正确）。就和螺栓间隔 2.5*d* 以上一起记住吧。另外，随着切断方式的不同，可靠性变差，长度会设置得较长。

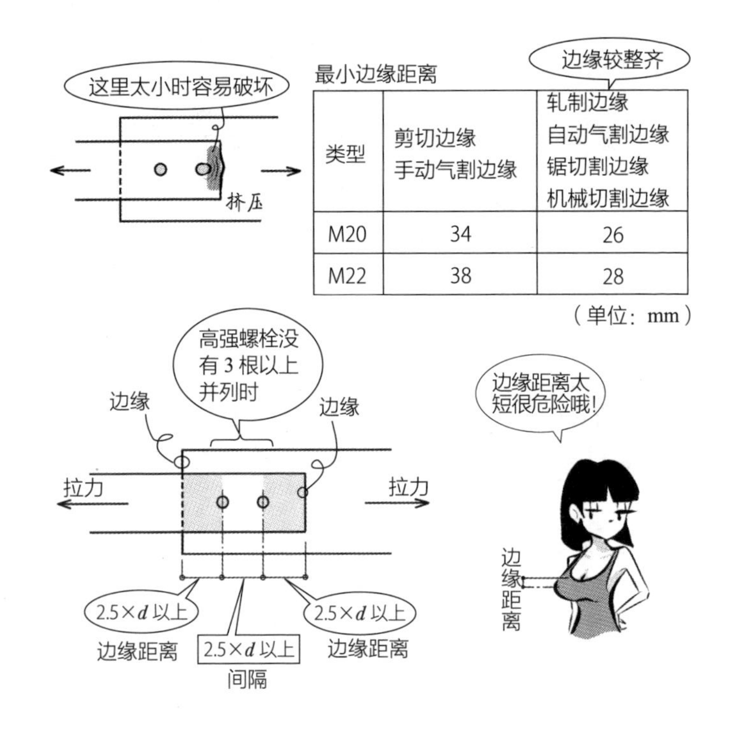

最小边缘距离

类型	剪切边缘 手动气割边缘	轧制边缘 自动气割边缘 锯切割边缘 机械切割边缘
M20	34	26
M22	38	28

（单位：mm）

答案 ▶ **1.** 正确　**2.** 正确　**3.** 正确

Q 1. 当高强螺栓摩擦连接和焊接连接并用时，高强螺栓的紧固要在焊接之前进行，再把两者的允许承载力相加起来。

2. 当高强螺栓摩擦连接和焊接连接并用时，为了使两者的允许承载力相加，要在焊接后紧固高强螺栓。

A 高强螺栓紧固和焊接时，一定要先紧固高强螺栓。如果先进行焊接，钢板会受热变形，使接合面无法密合，孔的位置也会产生滑动。只有按照高强螺栓紧固→焊接的顺序进行，两者的承载力才可以相加起来（钢接指南）。

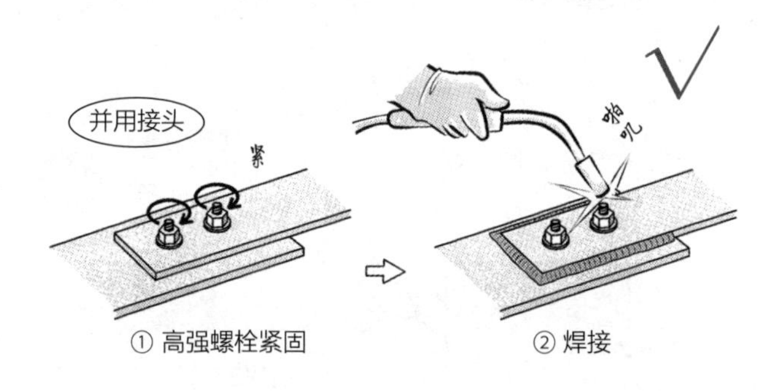

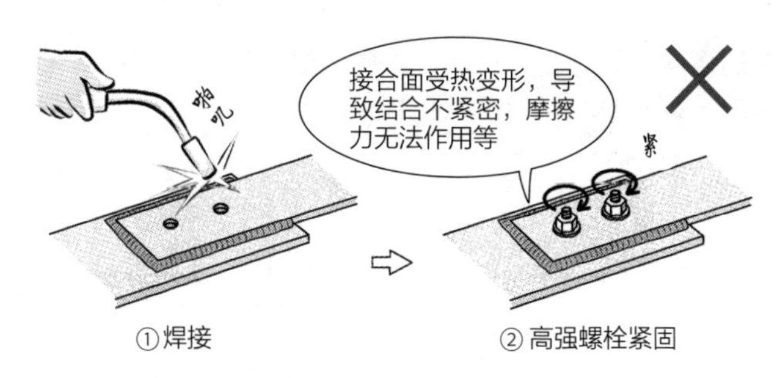

答案 ▶ **1.** 正确　**2.** 错误

Q 1. 进行螺栓连接时，采取“2 层螺母”或“埋入混凝土”等措施来防止旋转。

2. 用普通螺栓紧固的板，总厚度要在螺栓直径的 5 倍以下。

A 高强螺栓用高拉力紧固，不会有松动的情况。“螺栓连接”是以普通螺栓进行的连接，有松动的可能性。因此，如图所示，经常使用 2 层螺母等方法。螺母之间互相压制，使螺母难以旋转。另外，还有埋入混凝土、焊接螺母等方法。或者使用弹簧状的垫圈（弹簧垫圈 spring washer）、附有难以回复的楔子状凹凸的垫圈，以及螺母间的缝隙极小并附有止动装置的螺栓（1 正确）。

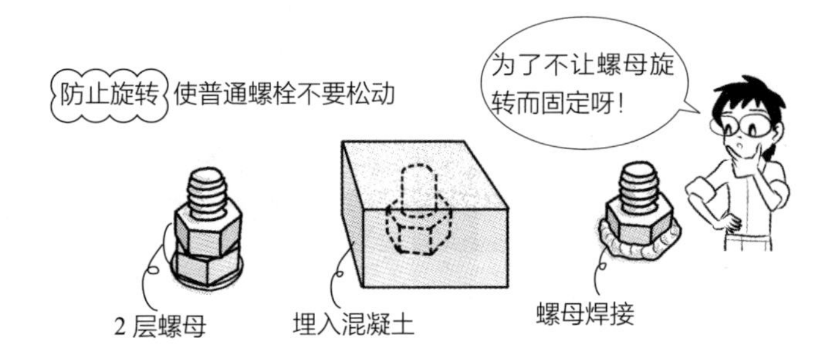

用普通螺栓紧固的板，总厚度是螺母直径的 5 倍以下（2 正确）。当超过 5 倍时，螺栓根数就要相应增加。

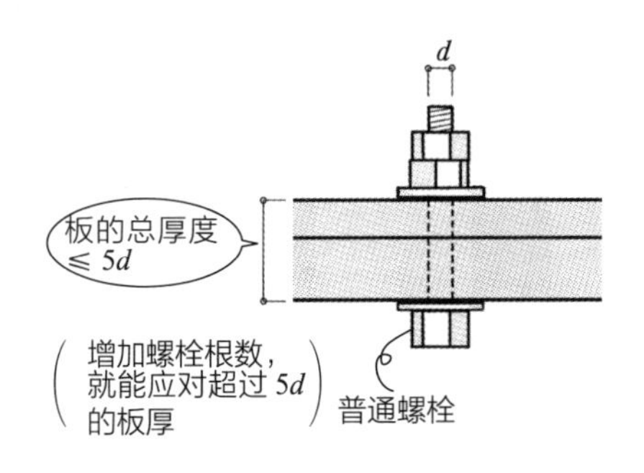

答案 ▶ **1.** 正确 **2.** 正确

Q 1. 传递内力的焊缝形式有“全熔透对接焊缝”、“角焊缝”和“部分熔透对接焊缝”。

2. 全熔透对接焊是全长没有断续的焊接方式。

A 焊条（焊丝）遇热熔化，与稍微熔化的母材一体化连接，称为焊接。先制作沟槽（开槽焊道），沿着焊接部分全长，将母材的整体厚度以熔敷金属完全渗透的焊接，称为全熔透对接焊（2 正确）。由截面整体传递内力。在 L 形的部分，以三角形的熔敷金属填满，称为角焊。若将图中的角焊的上方材料向上拉，只有熔敷金属的部分会传递内力。如图所示，母材平对接时，沟槽较小或者没有的情况下，只有部分熔透，称为部分熔透对接焊（1 正确）。

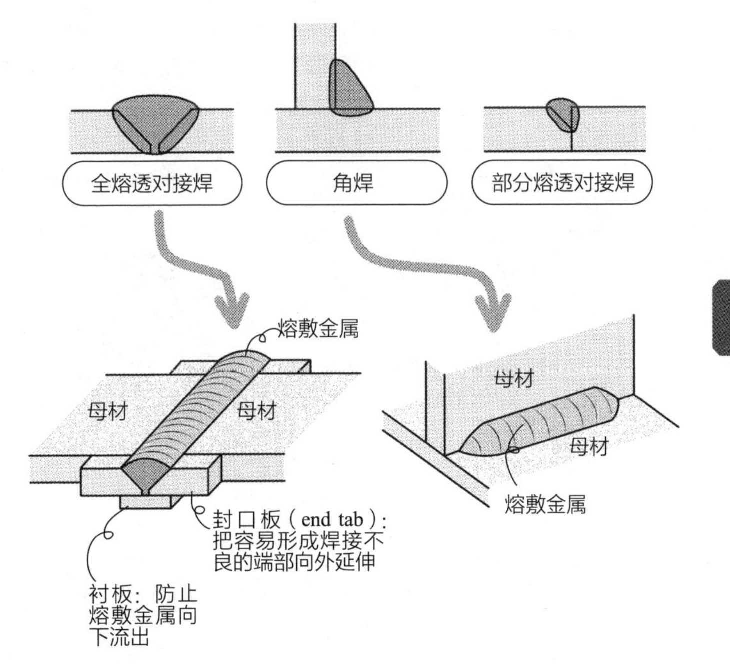

答案 ▶ **1.** 正确 **2.** 正确

Q 1. 在钢材的两面进行全熔透对接焊时，从焊接面的背面，将焊接部分的第一层削除，称为背面剔槽。

2. 封口板用在全熔透对接焊的开始端、结束端，避免产生焊接缺陷。

3. 在不会产生金属疲劳的荷载作用下，且确认不会对内力传递造成阻碍时，可以不用除去封口板，直接留下。

A 衬板是为了防止熔敷金属向下流出，在焊缝背面预先设置（组合焊接）的钢板。在焊接后，这些钢板会直接留下。若要让设计更加简洁，则可以将背面的焊接部分刨削（背面剔槽），从背面进行焊接作业（1 正确）。

焊接端部是容易有熔敷金属堆积，或因温度等的不同而产生焊接不良的部分。使用衬板延伸，设置钢制或陶瓷制的封口板（end tab，end 是端部，tab 是小部分的凸出），将连接处向外延长，避免产生焊接缺陷（2 正确）。封口板如果不会造成阻碍，也可以直接保留下来（3 正确）。

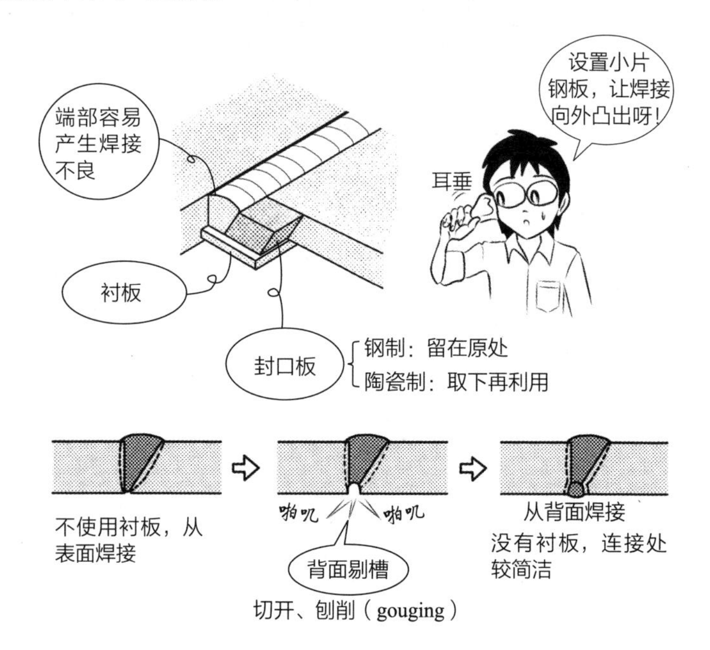

答案 ▶ **1.** 正确 **2.** 正确 **3.** 正确

Q 1. 图中的焊接金属由焊接材料转移到焊接部的熔敷金属，和焊接部位产生部分熔化的母材组成。

2. 图中（a）部分称为热影响区。焊接产生的热会使组织、金属性质、机械性质等发生变化，是没有熔化的母材部分。

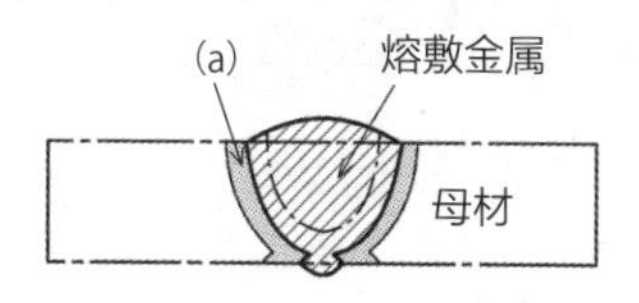

A 焊丝或焊条的金属，遇热熔化成熔敷金属。母材也受热熔化，与熔敷金属一起凝固，成为一体。熔敷金属 + 熔化母材 = 焊接金属（1 正确）。与未熔化的母材邻接的部分也会受到热的影响而变质，该部分称为热影响区（2 正确）。题目的图使用背面剔槽，下图是带衬板的一般的全熔透对接焊。

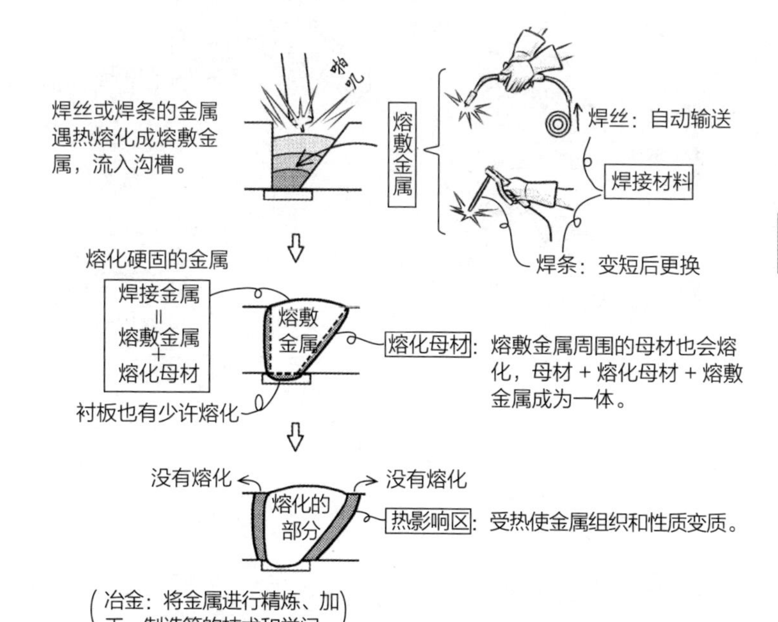

（冶金：将金属进行精炼、加工、制造等的技术和学问）

答案 ▶ **1.** 正确　**2.** 正确

Q 图中的焊接方法在日本工业标准的符号是 [符号]。

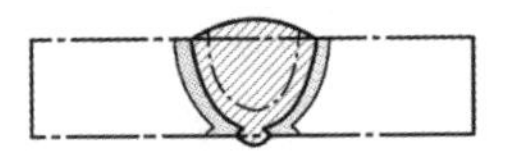

A 图中是全熔透对接焊，题目的符号是角焊（答案错误）。焊接符号最难理解的地方是焊接在材料的哪一侧。焊接在箭头侧、材料前端时，规定要写在水平线的下方。

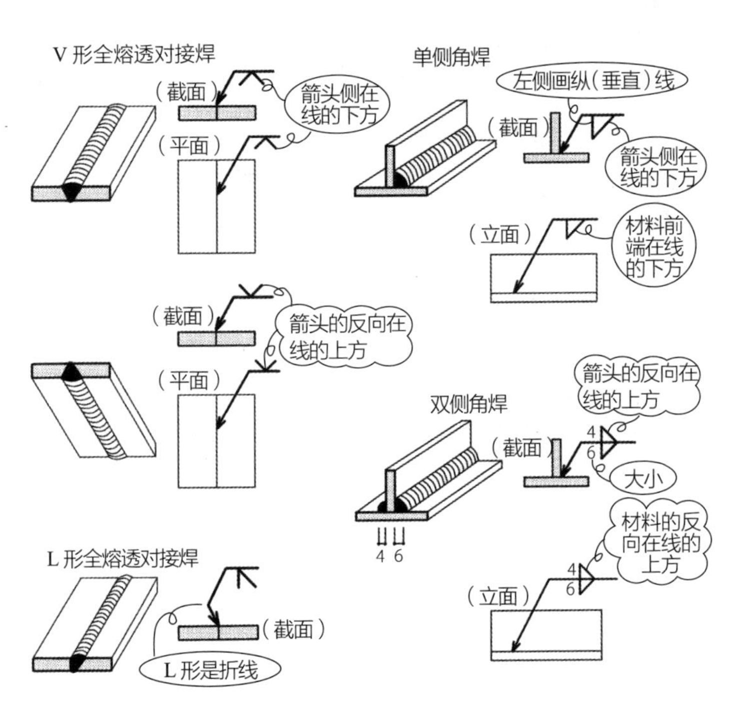

答案▶错误

Q 在搭接连接的角焊中，焊接钢板的转角部分时不能进行包角焊接。

A 角焊刚好停在钢板的转角时，焊接端部容易焊接不良，所以要包覆一些转角部分。就像全熔透对接焊设置封口板，让端部向外延伸一样，在转角的角焊要使用包角焊接（答案错误）。

全熔透对接焊→用封口板延长
转角角焊→包角焊接

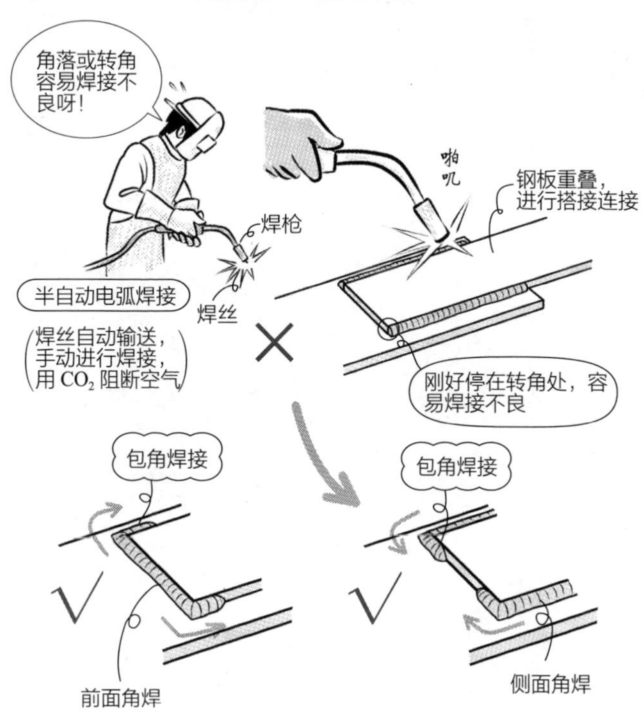

答案▶错误

Q 焊道长度较短时，焊接入热量较小，冷却速度较快，发生韧性劣化或低温裂缝的危险性很小，因此组合焊接最好采用短焊道。

A 焊珠是熔敷金属形成的串珠状的波带形隆起部分。焊条（半自动电弧焊接，使用焊枪）从开始端到结束端进行一次焊接操作，形成一条单道焊缝，称为焊道（bead）。

极短焊道的体积小，冷却快，和淬火一样，质地坚硬，没有韧性，容易因荷载和低温产生裂缝（参见 R157、R159）。板厚超过 6mm 时，焊接长度规定为 40mm 以上。

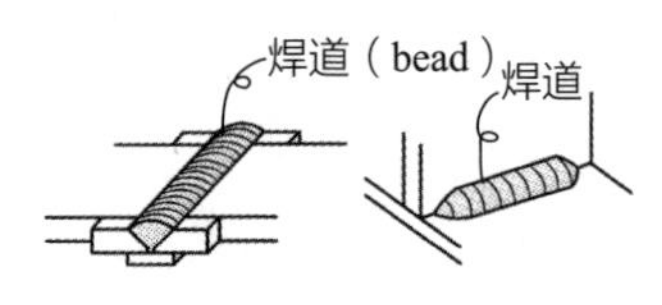

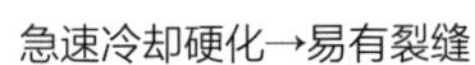

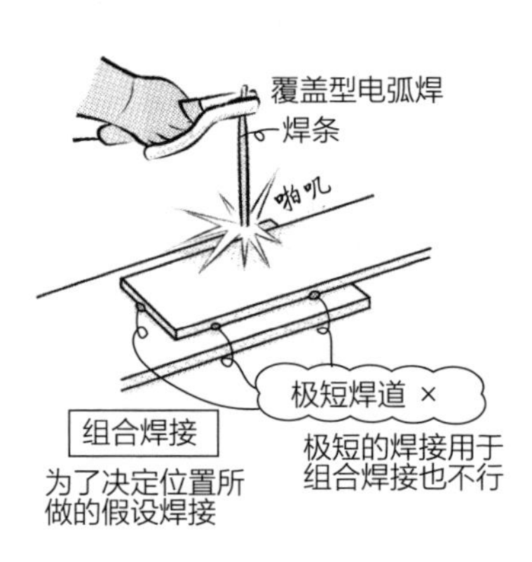

答案 ▶ 错误

Q 焊接金属的机械性质受到焊接条件的影响，为了不使焊接部分的强度下降，层间温度的管理要比规定值高。

A 焊条（或是焊枪）从起点到终点进行 1 次焊接作业，称为焊道（bead）。图中所示为手动进行了 5 次，重叠 4 层，4 层 5 焊道的全熔透对接焊。

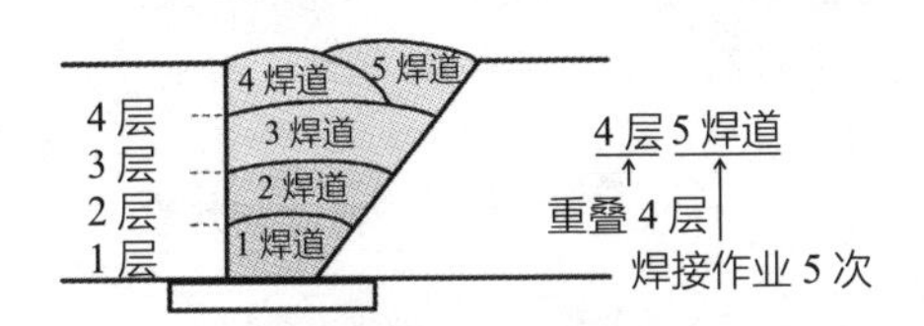

焊道与焊道之间，焊接前的熔敷金属和周边母材的温度，称为层间温度。钢在急速冷却（淬火）下会变硬、变脆，但不冷却就不会出现强度。遇热又会回到熔化的状态。1 次焊道完成后，要冷却到某种程度再进行下一条焊道。焊道之间的温度由钢材决定，温度在 350℃以下、250℃以下等（答案错误）。

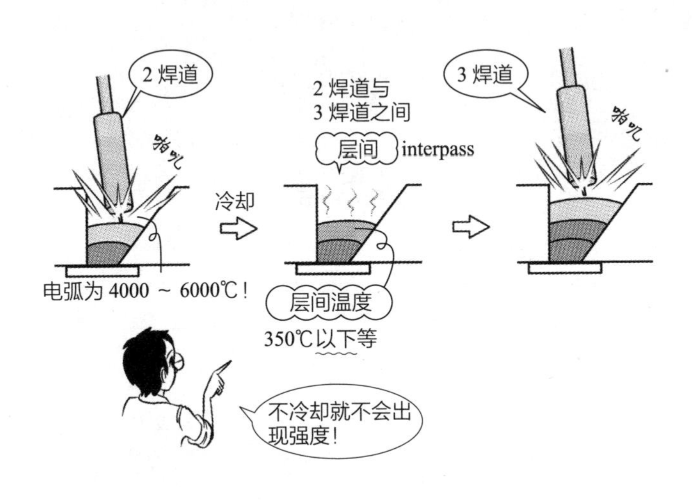

答案 ▶ 错误

Q 预热的目的是防止因焊接而产生裂缝，会在板材较厚或气温较低时进行。

A 厚板的焊接或气温较低时的焊接，会由于以下各种原因产生低温裂缝。为了避免低温裂缝，母材必须预先用加热器进行加热。电弧的温度为 4000 ~ 6000℃，与太阳表面温度相同，若一下子冷却，就会失去钢的韧性（柔韧度），容易产生裂缝。

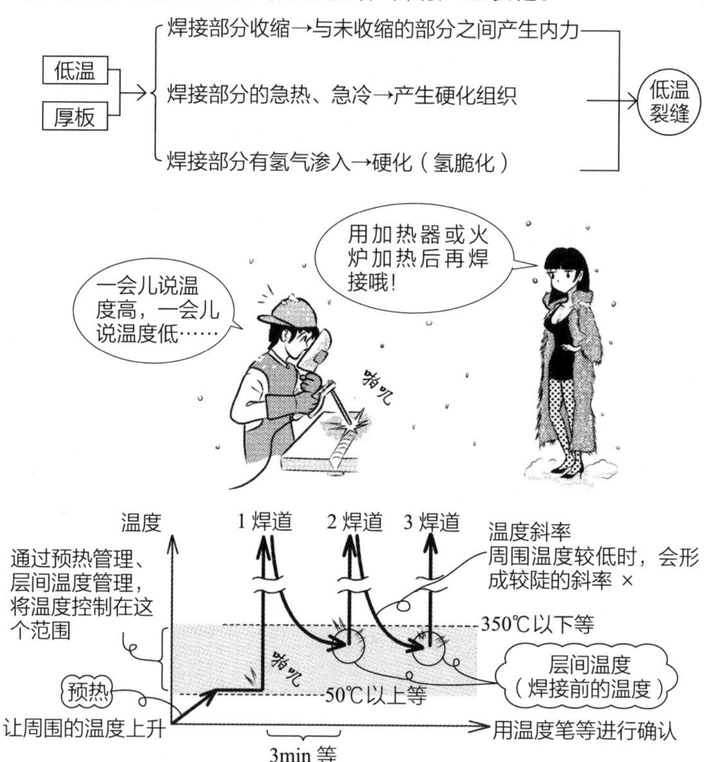

答案 ▶ 正确

Q 在焊接部分的非破坏检验中，包括射线探伤检验、超声波探伤检验、磁粉探伤检验、渗透探伤检验，最适合检测内部缺陷的是磁粉探伤检验。

A 内部缺陷检测适合使用放射线或超声波。磁粉和渗透剂的检验，适合用于检测表面的伤痕（答案错误）。

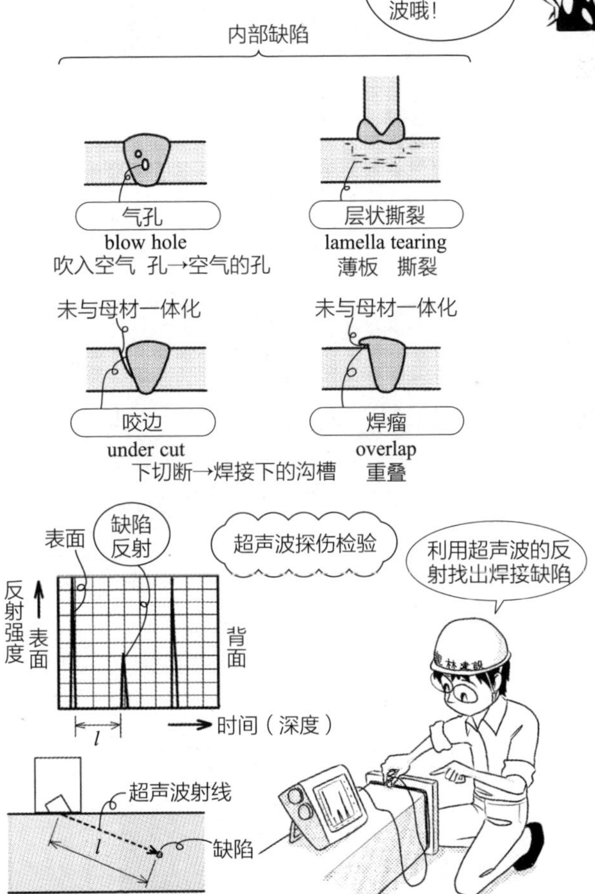

答案▶错误

Q 结构计算使用的角焊缝的焊脚尺寸会超过母材较薄者的厚度。

A 角焊缝的焊脚尺寸 S、焊缝计算厚度（喉厚）a 如图所示。从母材边角的距离（边长）中，取较小者为 S，做出等腰三角形（一般是底角 45° 的等腰直角三角形）。从直角的顶点到斜边的垂直长度为 a。

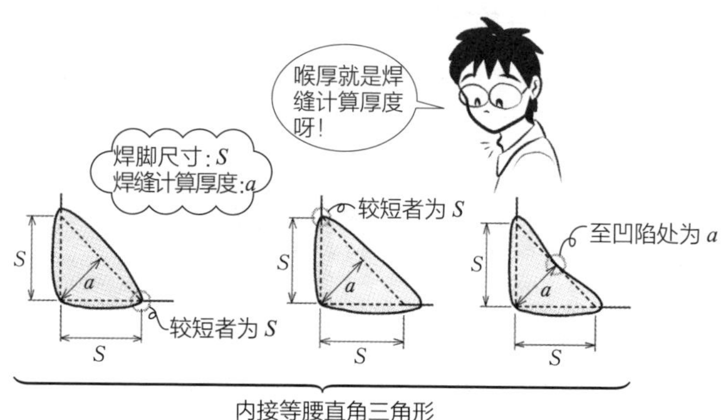

S 会在母材较薄者的厚度以下（答案错误）。如下图右侧所示，$t_1 < t_2$ 时，若 $S > t_1$，则焊接部分会超过母材。如下图左侧所示，T 形接头在一定厚度以下时，S 稍微在母材较薄者的厚度以上也没有关系。

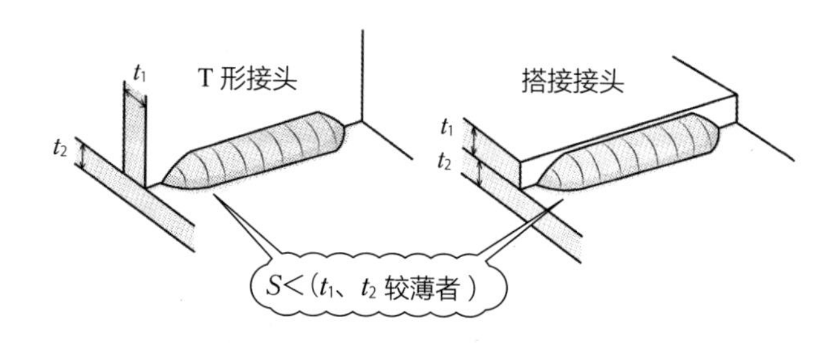

答案 ▶ 错误

Q 1. 角焊的有效长度是从包含焊接部分的焊缝长度，减去角焊缝的焊脚尺寸的 2 倍。

2. 结构计算使用的角焊的焊接部分的有效面积由“焊接的有效长度 × 母材较薄者的厚度”计算得出。

A 角焊的两端较细，所以焊缝长度 $-2S$（S：焊脚尺寸）就是有效长度（1 正确）。内力由焊接的喉厚截面积进行传递，产生内力。计算上，喉厚截面积 = 焊接的有效面积，如图所示，焊接的有效面积 = 有效长度 l× 焊缝计算厚度 a（2 错误）。

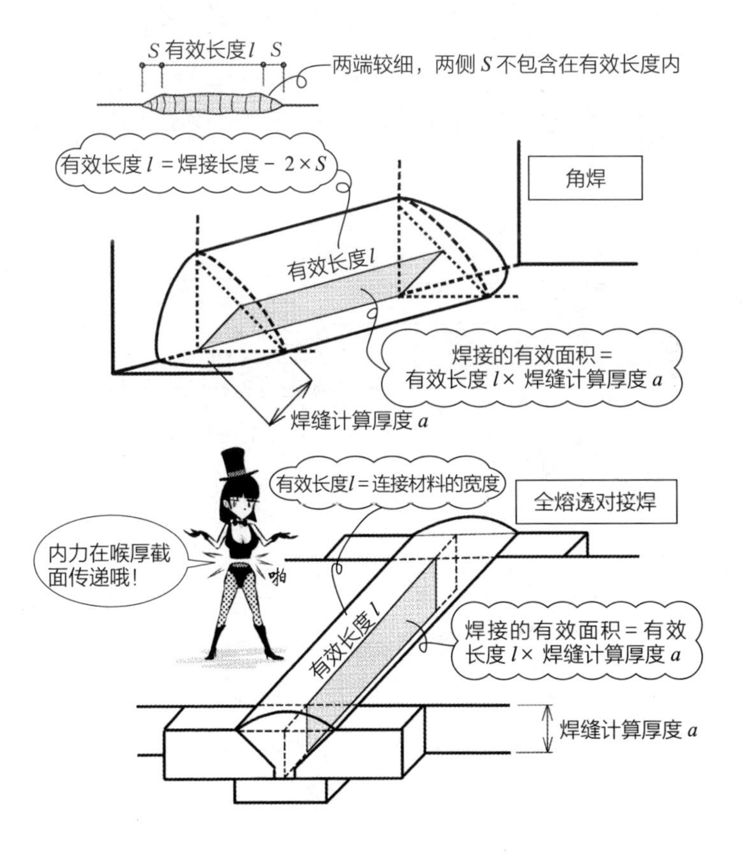

答案 ▶ **1.** 正确 **2.** 错误

Q 覆盖型电弧焊在 V 形或 K 形对接焊道的部分熔透对接焊中，焊缝计算厚度不能以对接焊道的全部厚度计算。

A 电弧是电气放电，通过热能将钢熔化进行焊接的就是电弧焊。若焊接时与空气接触，熔化的钢中会产生空气孔，所以必须进行覆盖（防护、遮蔽）来阻断空气。用焊条的手动焊接，称为覆盖型电弧焊。

对接焊道是指熔敷金属熔化的沟槽（坡口），有 V 形、K 形、X 形等形状。全熔透对接焊一直到背面的衬板，厚度全部溶化，形成一体。焊接的厚度、传递内力的部分称为焊缝计算厚度。母材厚度不同时，较薄者的厚度可以有效传递内力，因此以母材较薄者的厚度作为焊缝计算厚度。部分熔透对接焊只有部分焊接。覆盖型电弧焊要熔化到沟槽底部比较困难，因此以对接焊道深度减去一定量作为焊缝计算厚度。

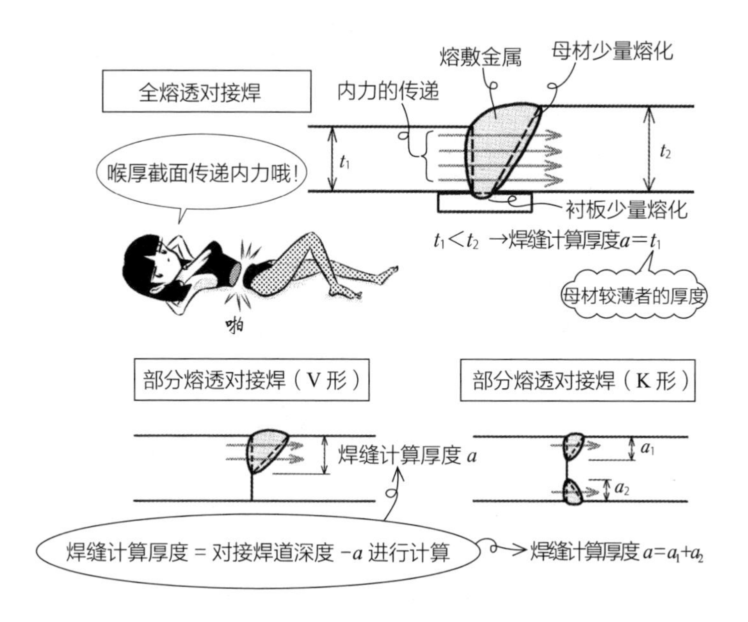

答案 ▶ 正确

Q 1. 单面焊接的部分熔透对接焊，不能使用在接头根部弯曲或因荷载造成偏心弯曲而产生拉应力的情况下。

2. 部分熔透对接焊不能使用在荷载反复作用的部分。

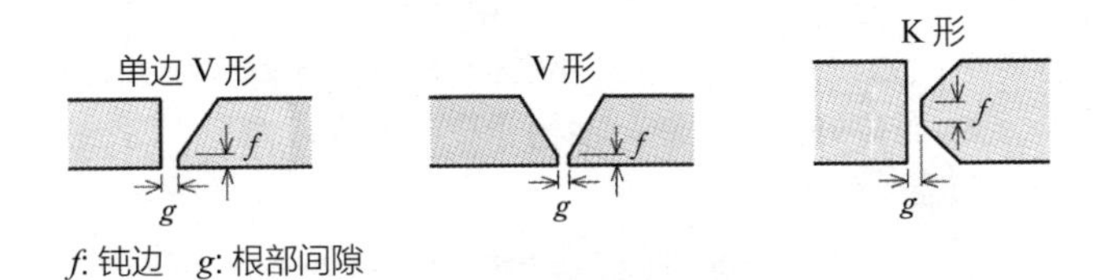

A root 的原意是根、根部，指坡口（沟槽）的根部、底部。钝边（root face）是接头坡口根部的端面直边部分。根部间隙（root opening）是接头根部之间预留的空隙。根部间隙较狭窄时，熔敷金属无法顺利流入，会形成焊接缺陷。

因荷载偏心产生的弯矩称为偏心弯矩。因弯矩、偏心弯矩的作用而在未焊接的根部产生拉力，会有如图所示的破坏危险（1 正确）。

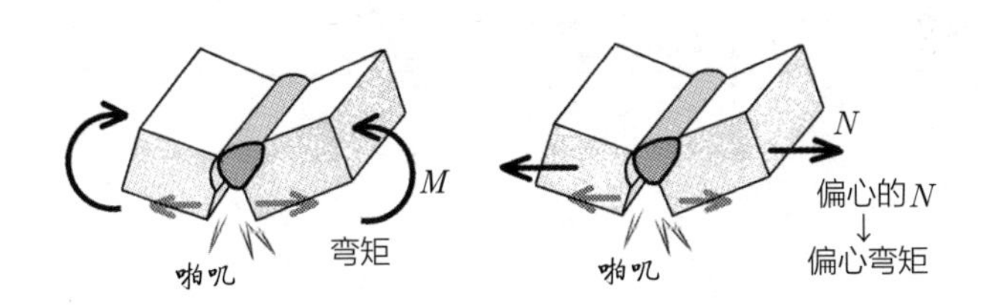

内力反复作用的部分容易破坏，不能使用部分熔透对接焊（2 正确）。

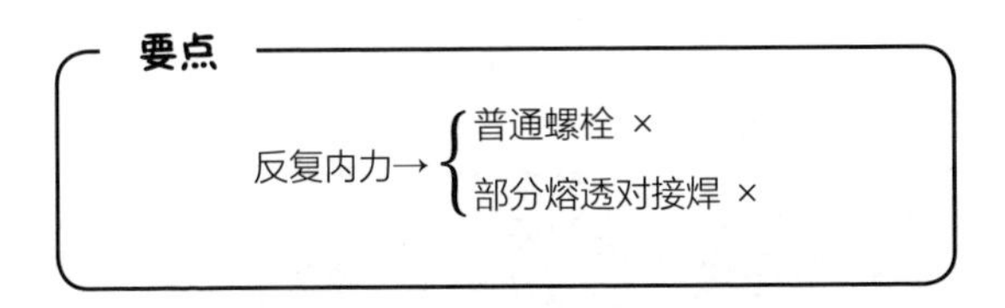

答案 ▶ **1.** 正确　**2.** 正确

Q 全熔透对接焊的喉厚截面，若要确保高度的品质，其允许应力会与母材有相同的数值。

A 熔化流入坡口（沟槽）的熔敷金属，焊条（或焊丝）使用与母材相同的钢材。全熔透对接焊时，熔覆金属与母材成为一体，能够完全传递内力，并且允许应力也与母材相同（答案正确，标准法）。不同钢材进行焊接时，使用母材的允许应力较小者的数值（安全侧的值）。

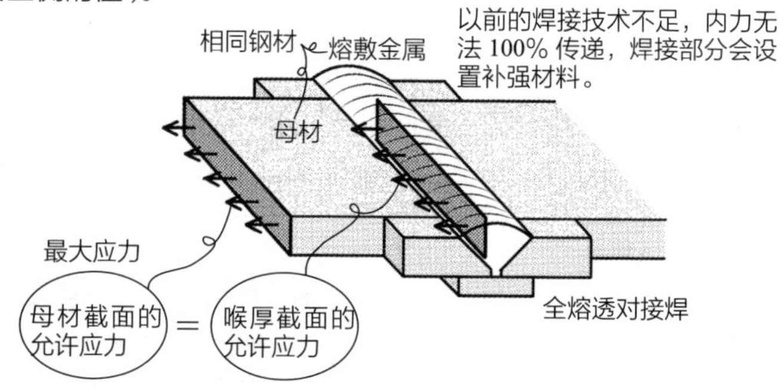

钢材的允许应力→直接作为 全熔透对接焊 的允许应力

长期允许应力				短期允许应力			
压力	拉力	弯曲	剪力	压力	拉力	弯曲	剪力
$\frac{F}{1.5}$	$\frac{F}{1.5}$	$\frac{F}{1.5}$	$\frac{F}{1.5\sqrt{3}}$	长期的 1.5 倍			

F:标准强度

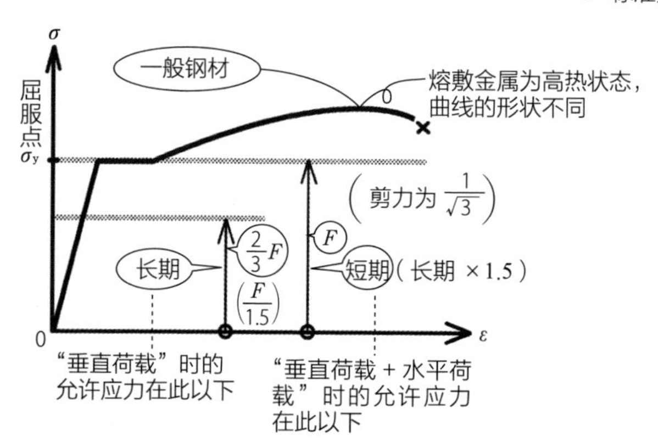

答案▶正确

Q 焊缝的喉厚截面，其允许应力会根据焊缝的形式，使用不同的数值。

A 角焊的喉厚截面，其允许应力是全熔透对接焊的 $1/\sqrt{3}$ 倍（只有剪力是相同的）。短期是长期的 1.5 倍，一般的钢材、高强螺栓、钢筋等都相同。

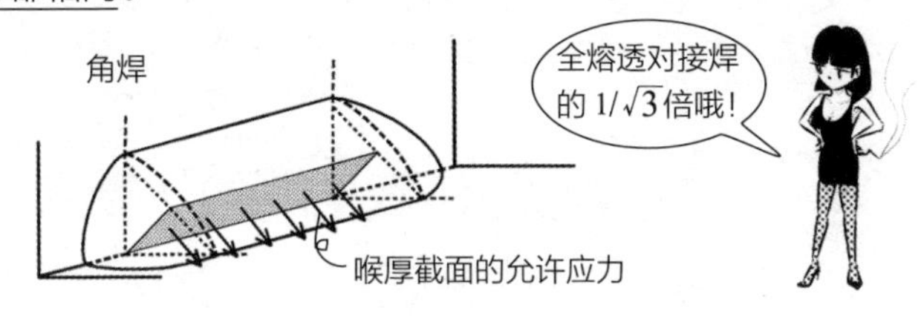

	长期允许应力				短期允许应力			
	压力	拉力	弯曲	剪力	压力	拉力	弯曲	剪力
全熔透对接焊	$\frac{F}{1.5}$	$\frac{F}{1.5}$	$\frac{F}{1.5}$	$\frac{F}{1.5\sqrt{3}}$	长期的1.5 倍			
角焊	$\frac{F}{1.5\sqrt{3}}$	$\frac{F}{1.5\sqrt{3}}$	$\frac{F}{1.5\sqrt{3}}$	$\frac{F}{1.5\sqrt{3}}$	长期的1.5 倍			

剪力相同

F：标准强度

除了剪力以外都不同 全熔透的约 0.6 倍

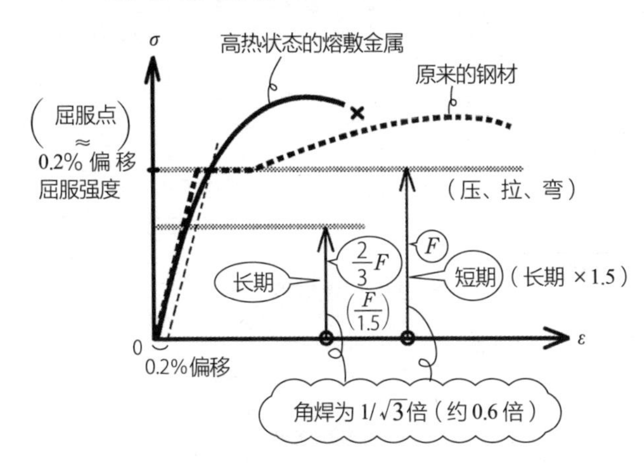

答案 ▶ 正确

Q 如图所示的侧面角焊（在两侧面施工，单面的有效长度为100mm），焊接部分接缝产生应力，请求出与接缝的长期允许剪应力 f_w 相等时的拉力 P（N）。其中 f_w 为 90MPa。

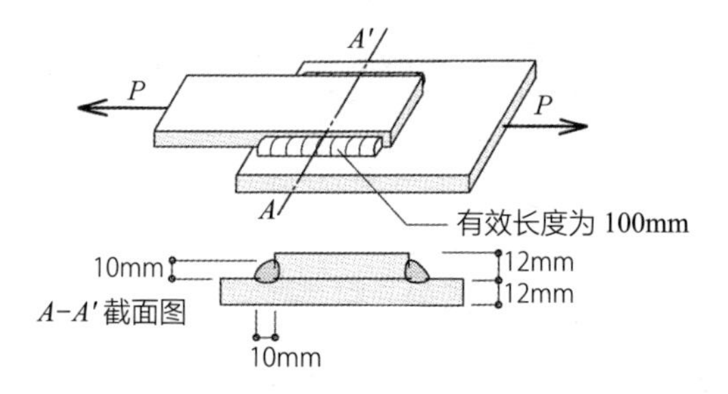

A 喉厚截面的剪应力合计为 P。剪应力的最大值 = 允许剪应力的合计，P 的最大值 = 剪承载力。

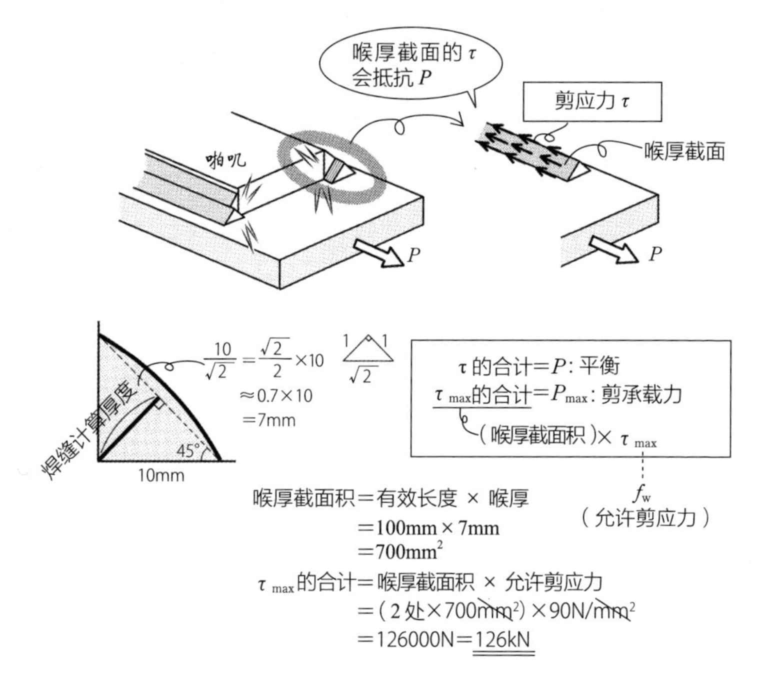

答案 ▶ 126kN

Q 全熔透对接焊和角焊并用时，根据各个焊缝的允许内力来决定各自分担的内力。

A 如图所示，同时使用两种焊接的钢板，左右受到拉力 T 的作用时，各个焊缝受到的拉应力为 T_1、T_2。T 分成 T_1 和 T_2 时，内力分担只要和各个焊缝的承载力成比例即可（答案正确）。焊缝的最大内力 = 允许内力，可以由允许应力 × 喉厚截面积计算求出。角焊的喉厚截面是倾斜的，必须乘以 $\cos\theta$ 来进行调整。

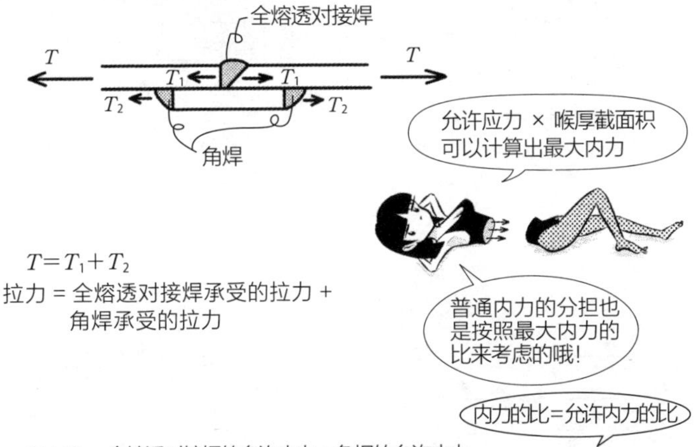

$T_1 : T_2$ = 全熔透对接焊的允许内力 : 角焊的允许内力
= 允许拉应力 × 喉厚截面积 : 允许拉应力 × 调整喉厚的角度 × 喉厚截面积

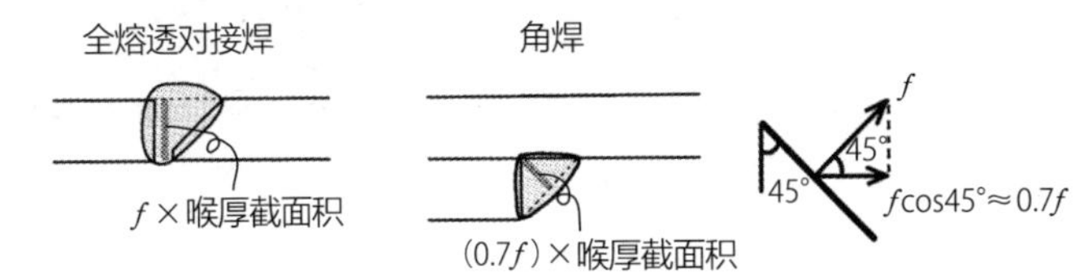

答案 ▶ 正确

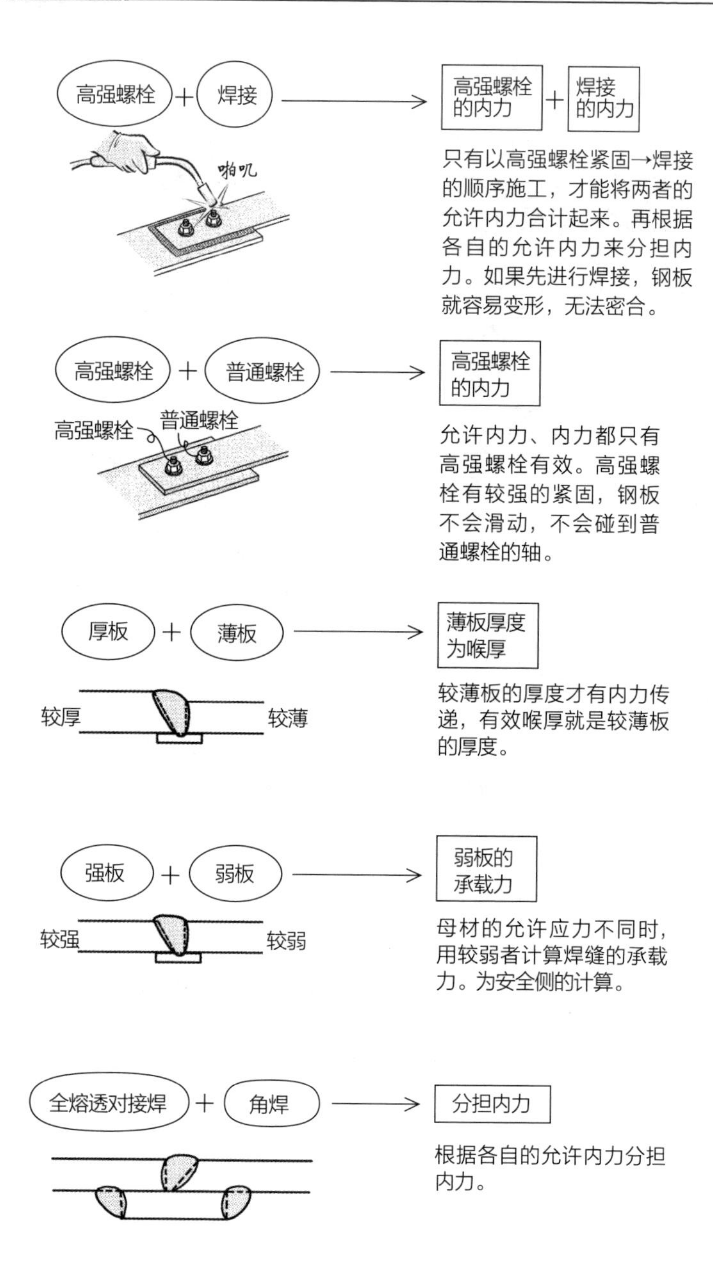

高强螺栓
＋
焊接
高强螺栓的内力
＋
焊接的内力
啪叽
只有以高强螺栓紧固→焊接的顺序施工，才能将两者的允许内力合计起来。再根据各自的允许内力来分担内力。如果先进行焊接，钢板就容易变形，无法密合。
高强螺栓
＋
普通螺栓
高强螺栓的内力
高强螺栓
普通螺栓
允许内力、内力都只有高强螺栓有效。高强螺栓有较强的紧固，钢板不会滑动，不会碰到普通螺栓的轴。
厚板
＋
薄板
薄板厚度为喉厚
较厚
较薄
较薄板的厚度才有内力传递，有效喉厚就是较薄板的厚度。
强板
＋
弱板
弱板的承载力
较强
较弱
母材的允许应力不同时，用较弱者计算焊缝的承载力。为安全侧的计算。
全熔透对接焊
＋
角焊
分担内力
根据各自的允许内力分担内力。

Q 箱形柱的柱梁连接处，有横隔板、内隔板及外隔板等连接形式。

A daphragm（隔板）的原意是横隔膜，指横贯柱截面的钢板。柱用薄钢板制成，没有隔板，直接把梁焊接到柱上，很容易发生破坏。为了确实承受来自梁的翼缘的力，在翼缘位置要设置隔板。

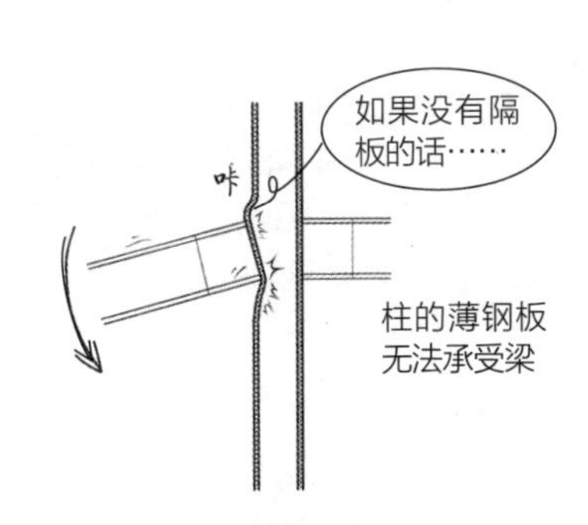

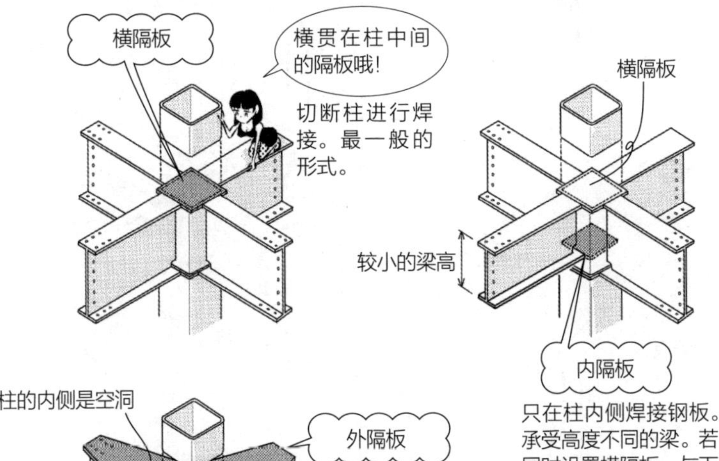

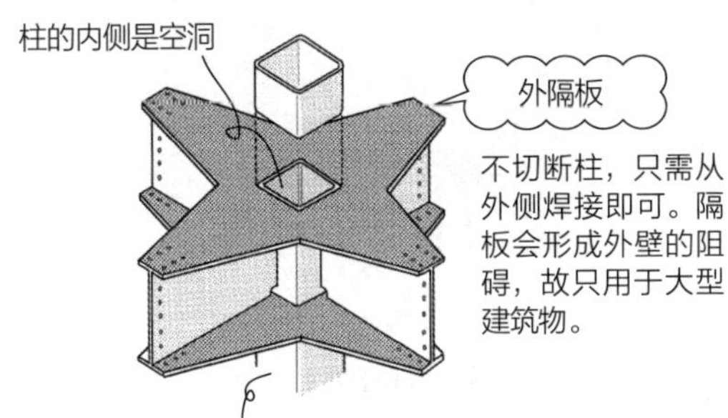

答案 ▶ 正确

Q 设置在柱梁连接处的横隔板和箱形柱之间的连接，可以使用全熔透对接焊。

A 横隔板是以横断的形式贯穿柱，将柱整个切断。如图所示，首先在短柱上下的隔板都以全熔透对接焊进行焊接，然后安装被切成较小的梁头（托架），最后在短柱上下以全熔透对接焊来焊接较长的柱（答案正确）。

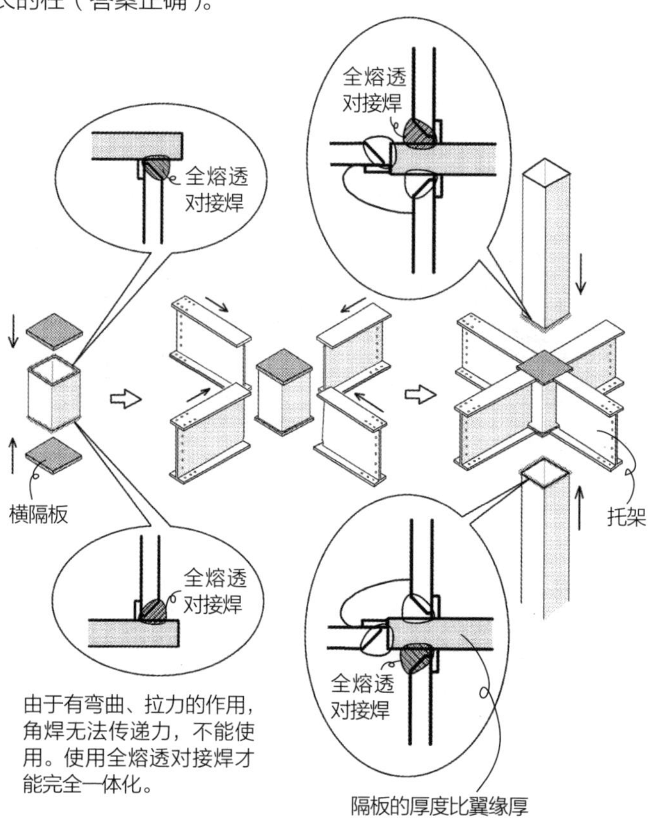

答案▶ 正确

Q 1. 当梁使用 H 型钢时，弯矩由腹板承担，剪力由翼缘承担。
2. 箱形柱若以 H 型钢进行刚接，梁的翼缘要使用全熔透对接焊，腹板则使用角焊。

A 上下端的翼缘抵抗弯矩，中央的腹板抵抗剪力（1 错误）。只承受剪力的腹板使用角焊即可，还要承受拉力的翼缘就要使用全熔透对接焊（2 正确）。

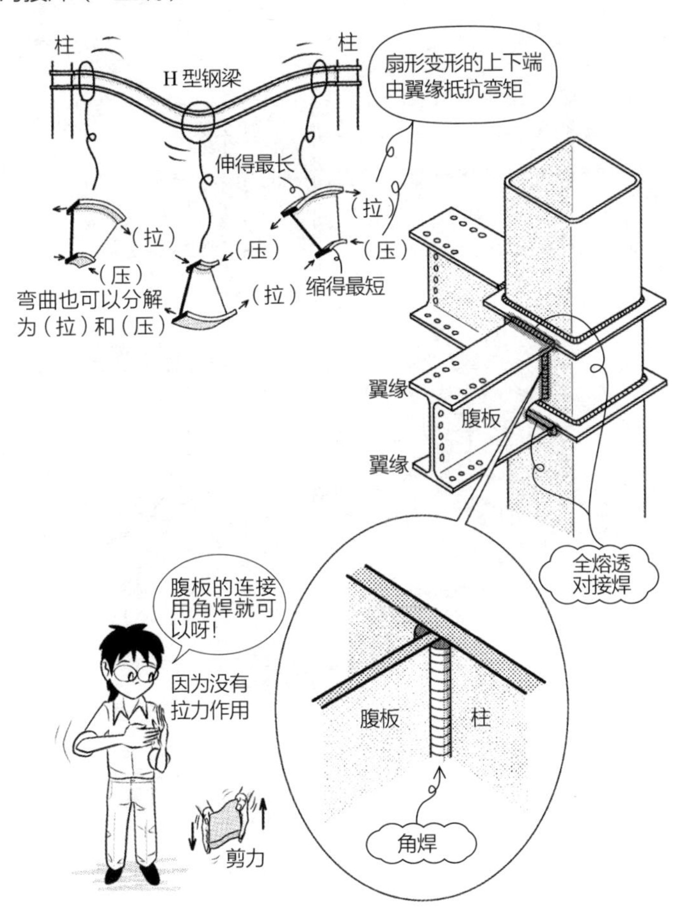

H 型钢的梁焊接在柱上时，一般是翼缘使用全熔透对接焊，腹板使用角焊。若腹板全部使用全熔透对接焊，则施工很麻烦。翼缘承受由弯矩 M 产生的最大（拉力、压力）弯曲应力 σ_b 作用，要使用全熔透对接焊。腹板中央承受由剪力 Q 产生的最大剪应力 τ 作用，使用角焊就可以传递。

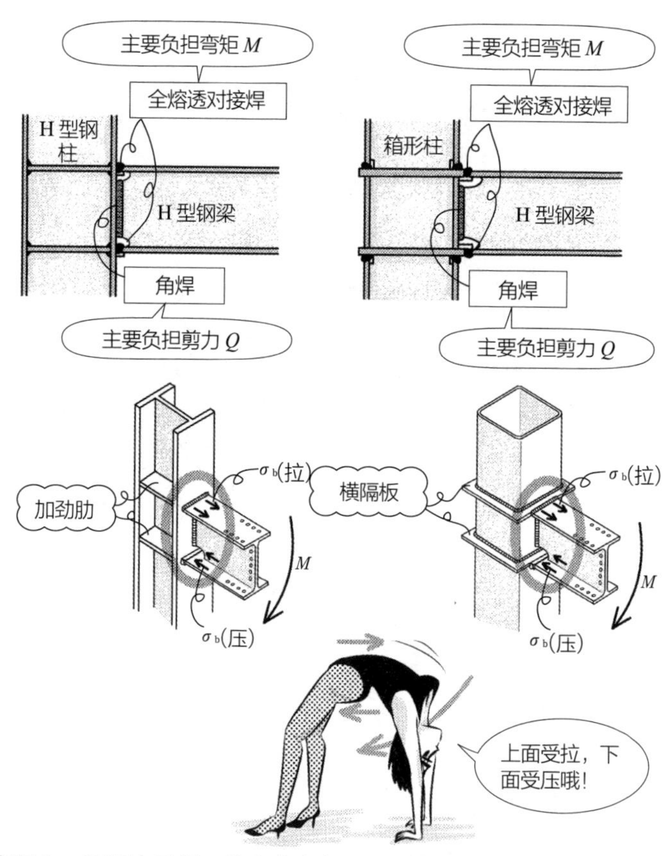

实际上，腹板也承担一些弯曲应力 σ_b，翼缘也承担一些剪应力 τ。

答案 ▶ **1.** 错误　**2.** 正确

Q H 型钢柱和 H 型钢梁的连接处中，当柱的翼缘上下贯穿时，即使梁翼缘和柱的横向加劲肋产生偏心，连接处的承载力也会与没有偏心时相同。

A 加劲肋（stiffener）是为了强化而加入的钢板，也可称为补强钢板。就像箱形柱会加入横隔板一样，H 型钢的柱是加入横向加劲肋。横向加劲肋与梁翼缘若错开，则力无法顺利传递（答案错误）。

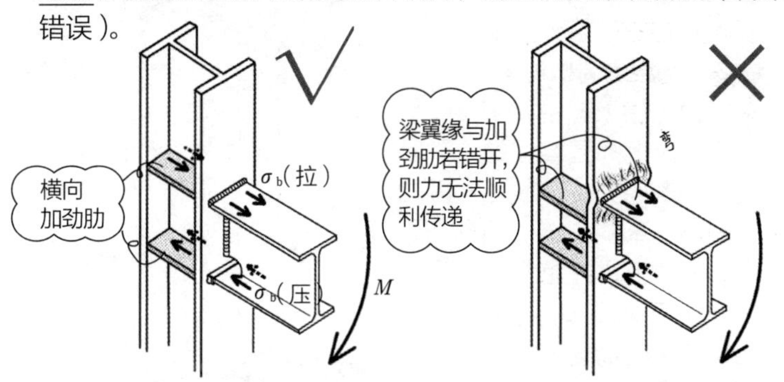

H 型钢的柱与箱形柱不同，翼缘只有单方向。弯矩 M 是由柱翼缘在抵抗，当梁和没有翼缘抵抗的一侧连接时，梁翼缘会与加劲肋分离设置，使 M 无法传递。若是 H 型钢的柱，则成为只有单方向刚性连接的单向框架。

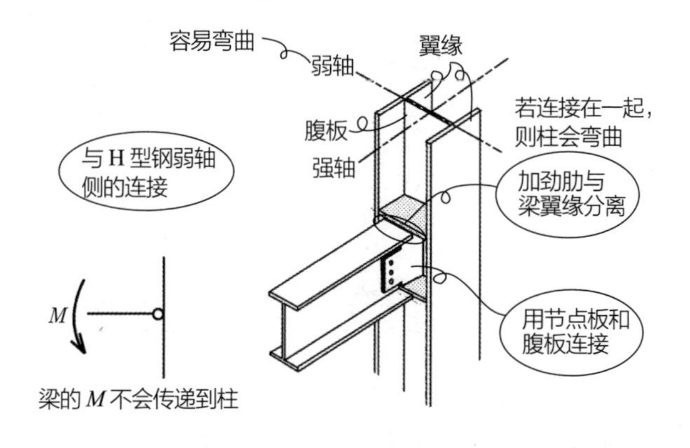

答案 ▶ 错误

Q 如图所示的钢骨框架结构是 4 层建筑物的 1 层部分。请判断下列关于此图的叙述是否正确。

1. 横隔板与主梁翼缘的连接（图中①）采用全熔透对接焊。
2. 柱与主梁腹板的连接（图中②）采用角焊。
3. 横隔板与柱的连接（图中③）采用全周长角焊。
4. 主梁的连接（图中④），翼板、腹板都是高强螺栓的摩擦连接。
5. 柱脚与基础的连接（图中⑤），柱脚与柱底板采用全熔透对接焊，柱底板采用 4 根锚栓与基础连接。

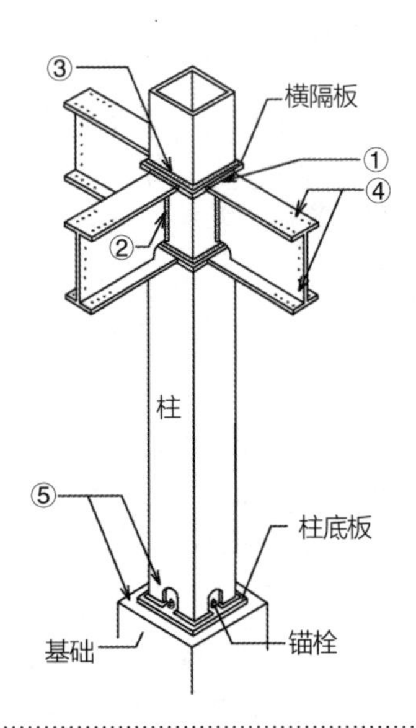

A 横隔板与柱连接时，会有弯矩产生的拉力作用，若使用角焊，则无法传递力（3 错误）。内力要顺利传递就必须采用全熔透对接焊。柱底板与柱也是一样的，先做出坡口（沟槽），然后进行全熔透对接焊。

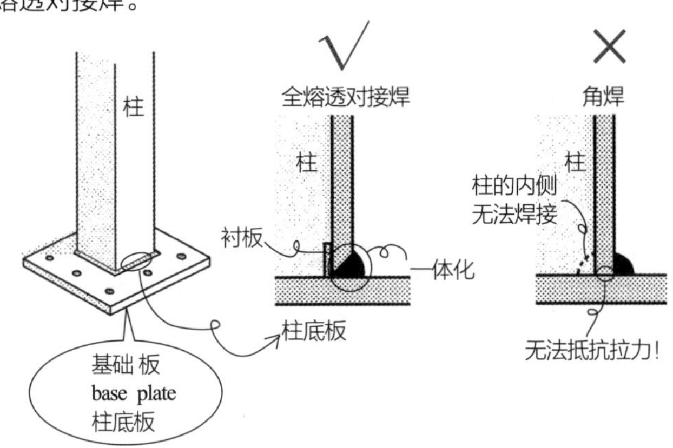

答案 ▶ **1.** 正确 **2.** 正确 **3.** 错误 **4.** 正确 **5.** 正确

Q 在钢骨结构中，设计上会使梁或柱比柱梁连接处先产生屈服。

A 柱梁连接处在钢筋混凝土结构和钢结构中都被称为节点。进行破坏设计时，尽量使整体倾倒，让许多不同的部分能够一边吸收能量，一边倾倒。梁端部、柱脚屈服产生塑性铰，就像生锈的铰链会一边吸收能量，一边旋转。若柱梁连接处先屈服产生塑性铰，就会如图的右侧所示，在部分破坏后瞬间发生破坏。相较于连接处，只有梁、柱先行屈服，才能调整屈服时的最大弯矩（答案正确）。

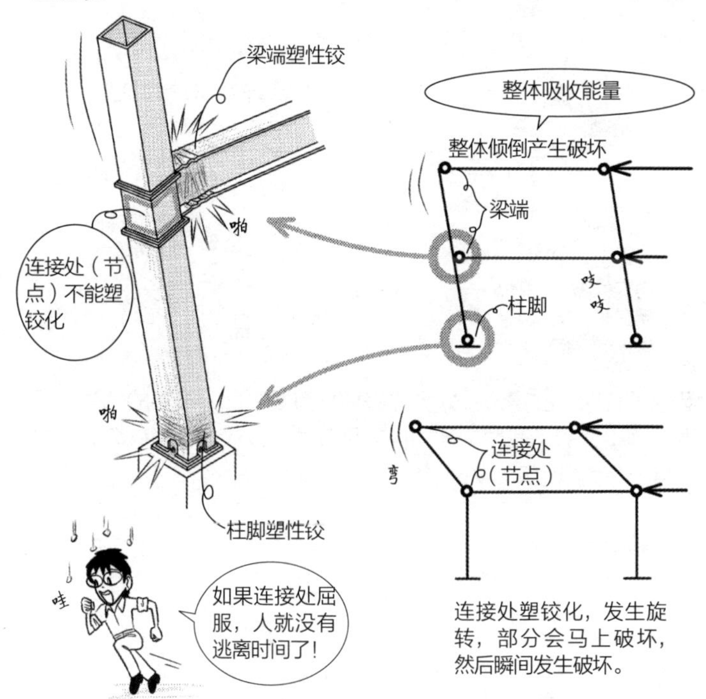

答案▶ 正确

Q 为了防止钢骨结构的梁端的连接处发生初期破坏，即使在设计上加大梁端部的翼缘宽度，减少作用的内力，也必须进行极限承载力连接的研究。

A 承受弯矩 M 时，以中性轴为界，上方伸长，下方缩短。上端的翼缘伸得最长，下端的翼缘缩得最短。材料伸缩最大的部分是在抵抗最大的 M（由 M 产生弯曲应力 σ_b）。加大翼缘的宽度会使伸缩最大部分的截面积增加，每 1mm^2 承受的拉力（压力）弯曲应力 σ_b 就会变小，使梁不易屈服。

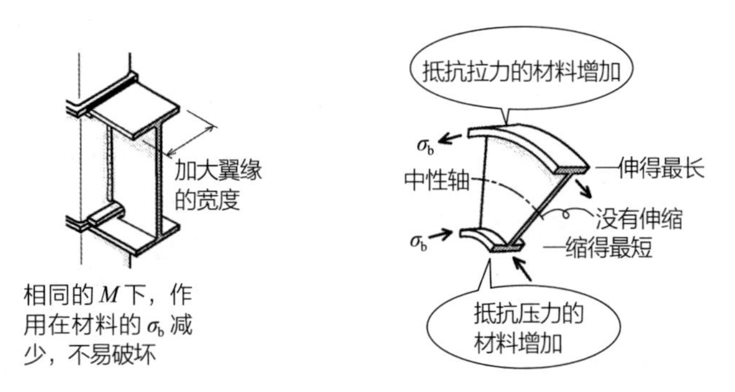

梁不易破坏时，柱梁连接处会先破坏，有发生部分破坏的危险。因此要使连接处的承载力＞各构件的承载力，设计成韧性破坏。这样的连接处称为极限承载力连接（答案正确）。

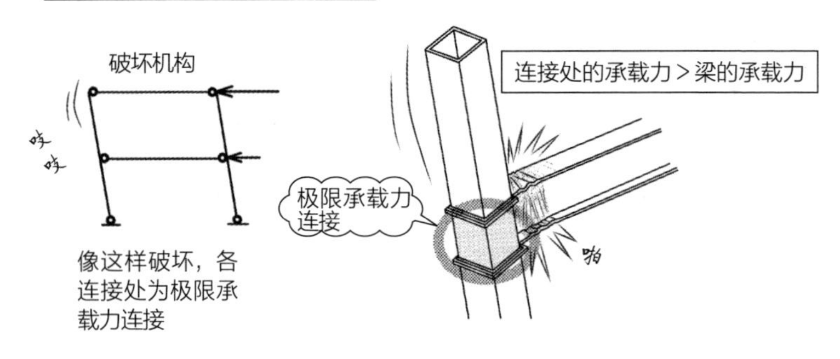

答案▶正确

Q 承担拉力的支撑，进行极限承载力连接时，相较于支撑轴部的屈服承载力，支撑端部及连接处的破坏承载力必须较大。

A 崩坏时，若连接处先破坏，则会在没有柔韧度的状态下瞬间破坏。另外，支撑轴部先屈服时，塑性区在相同应力下会有较大的变形，可以吸收地震的能量。保有较大的承载力，在支撑轴部屈服前都不会破坏的连接，称为极限承载力连接。一般来说，连接处的承载力＞母材的承载力，就称为极限承载力连接（答案正确）。

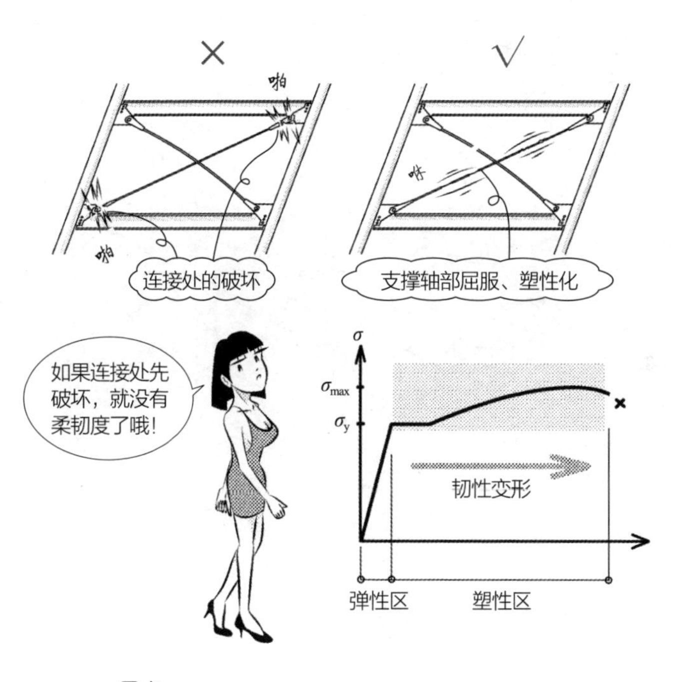

要点

连接处的承载力＞母材的承载力⇨极限承载力连接

答案▶正确

Q 在进行焊接连接时，设置腹板开口（scallop）可以避免焊接线的交叉，并用于插入衬板。

A scallop 的原意是扇贝，指圆弧状的切口。这是为了避免焊接交叉处发生碰撞，以及作为让衬板通过的孔洞，多用在柱梁连接处（答案正确）。

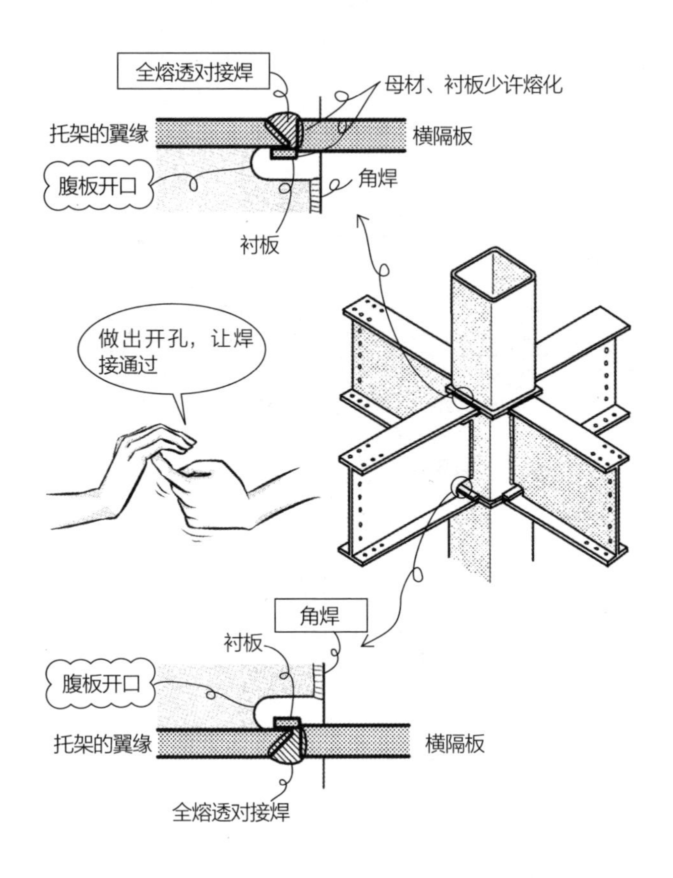

答案 ▶ 正确

Q 横隔板形式的方形钢管和 H 型钢梁的连接处，梁腹板的腹板开口底部容易在地震时出现变形集中的情况，因此建议不要设置腹板开口，或者使用可以缓和变形的腹板开口形状。

A 阪神淡路大地震（1995 年）中，很多腹板开口的翼缘断裂或破坏。腹板开口的前端与翼缘是直角接触，会发生内力和变形集中的现象（见图左侧）。因此出现如图右侧所示的改良型腹板开口，或者不设置腹板开口，采用腹板不开口的施工方法（见图最下侧）（答案正确）。

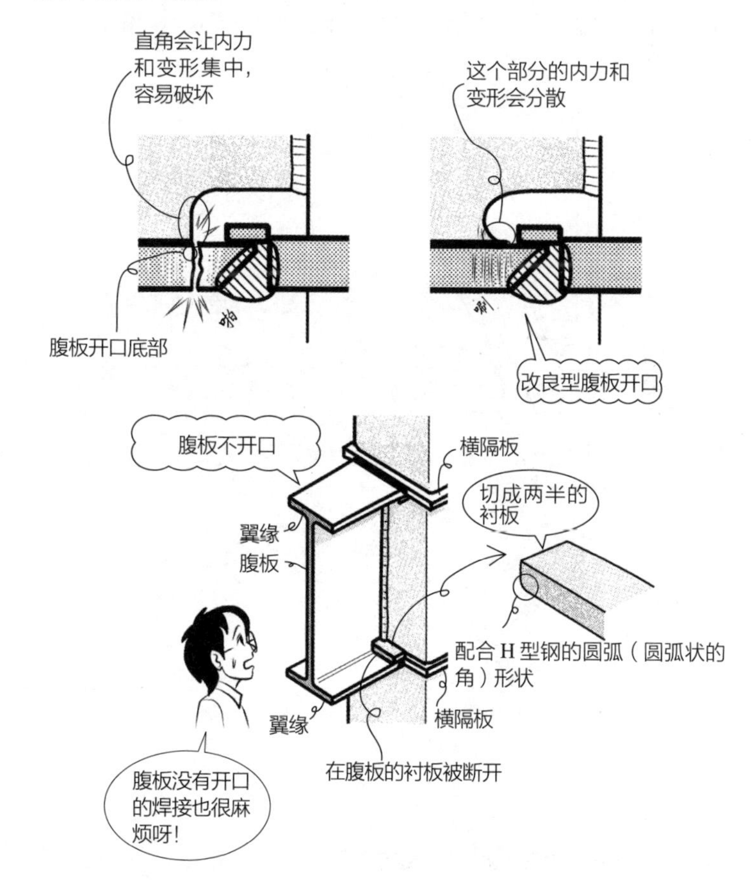

答案 ▶ 正确

Q 横隔板形式的柱梁连接处，封口板在柱梁连接处的组合焊接可以直接在母材进行。

A 封口板在柱梁连接处进行组合焊接时，应在衬板上焊接，避免影响母材。组合焊接导致的材料劣化或咬边（熔敷金属没有填满，留下沟槽）等，可能会造成破坏（答案错误）。若不得不在母材进行组合焊接，则必须在开槽焊道内进行焊接。若是在开槽焊道内，焊接时会再次熔化，与母材成为一体。

规定（JASS 6）衬板的组合焊接不能在梁翼缘端部或腹板的附近进行。在开槽焊道内会再次熔化，和封口板一样是可以的。

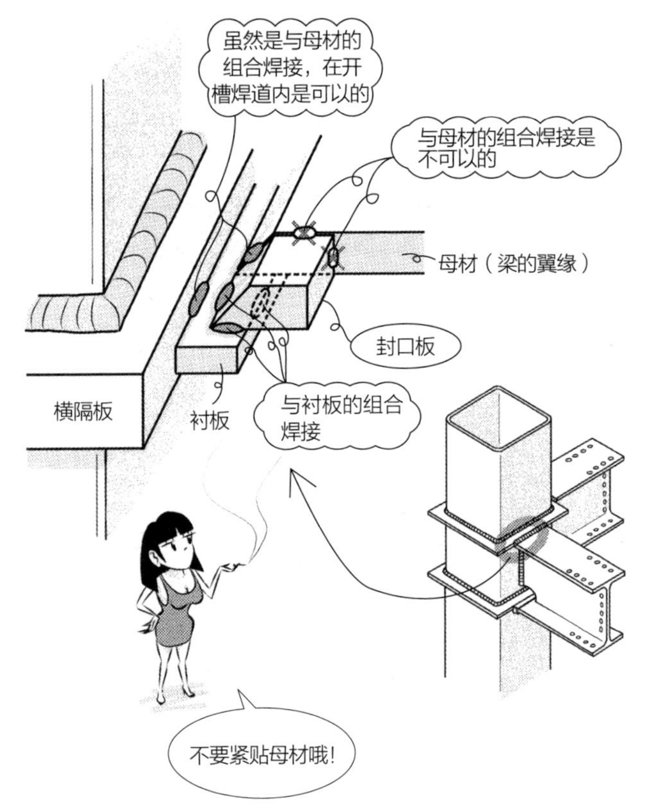

● 译注：JASS 是由日本建筑学会制定的日本建筑标准规范，JASS 6 是关于钢结构工程的部分。

答案 ▶ 错误

Q 1. 为了减小作用在柱接头的内力，柱的接头位置可以设置在楼层的中央附近。

2. 考虑到内力和施工性，柱的接头位置要设置在距离地面 1m 左右的高度。

A 无论柱或梁，在大的弯矩 M 作用下，在 M=0 的位置进行连接是最理想的。柱在地震时会产生很大的 M，但在中央附近是 M=0。虽然结构上最好是在中央附近连接，但是焊接作业较困难，因此在距离地面 1m 左右的位置进行连接。梁的 M 在垂直荷载作用时，跨度 ×1/4 左右的位置 M=0；在水平荷载作用时，跨度中央附近的 M=0。可以在跨度 ×1/4 的附近，由搬运难易度和施工性来决定接头的位置。

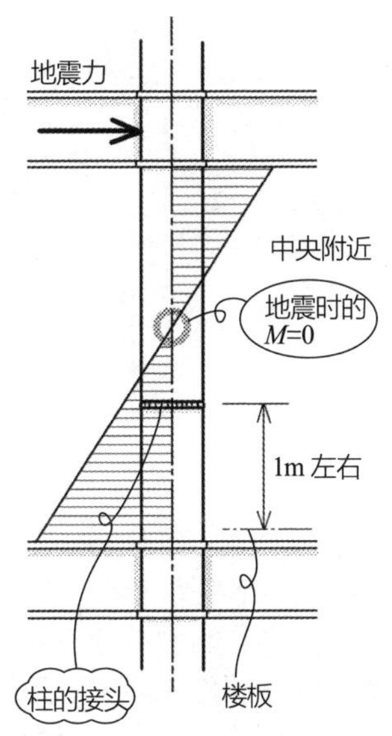

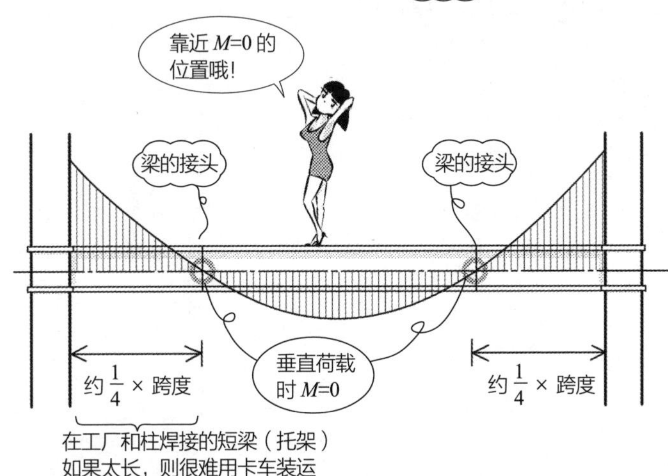

答案 ▶ **1.** 正确　**2.** 正确

Q 当上柱和下柱在施工现场焊接时，承受拉力作用的箱形截面使用工厂安装好的衬板进行全熔透对接焊。

A

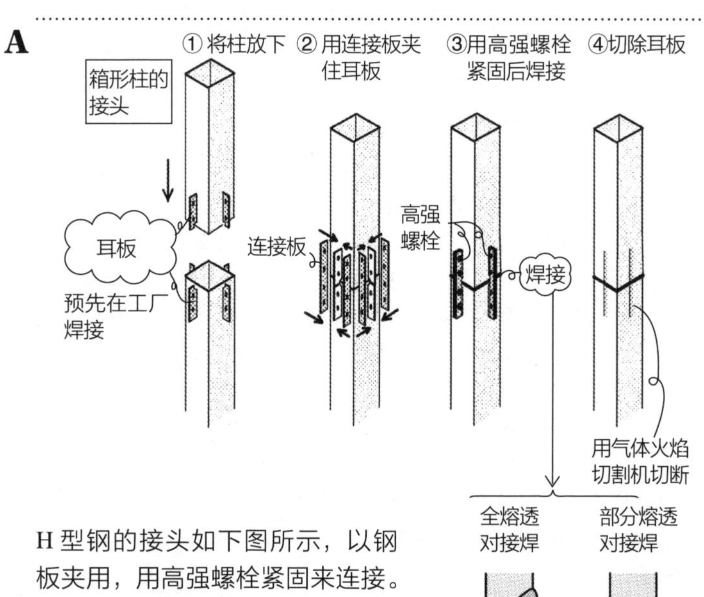

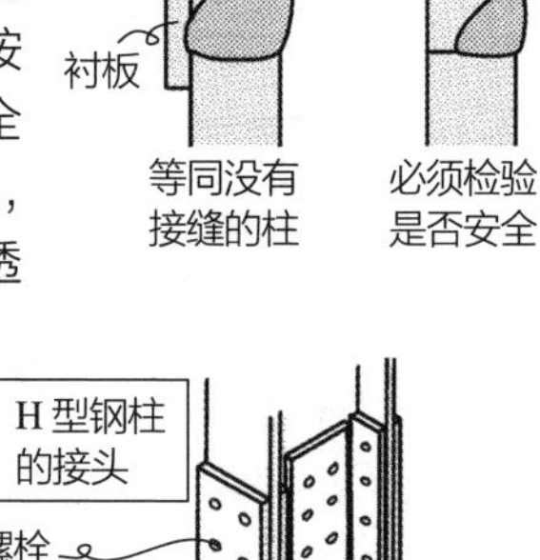

H 型钢的接头如下图所示，以钢板夹用，用高强螺栓紧固来连接。箱形柱是封闭的截面形式，不能使用高强螺栓来紧固。因此要按上图所示的顺序来进行焊接。全熔透对接焊会使之与柱一体化，与没有焊缝的柱相同。部分熔透对接焊则必须进行安全检验。

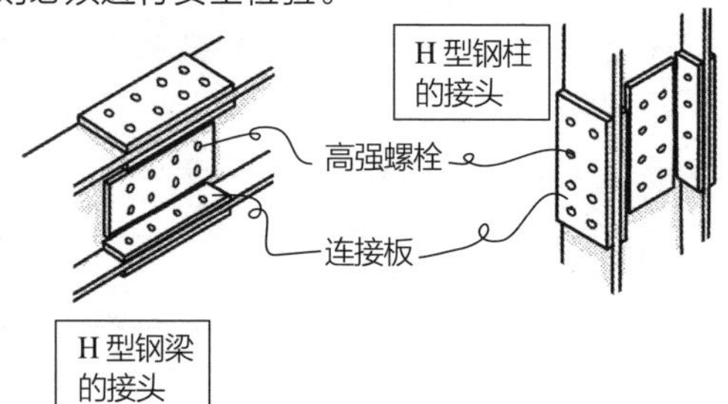

答案 ▶ 正确

Q 柱的接头的连接用螺栓、高强螺栓及焊接，能够完全传递接头的存在内力，并且承载力会超过构件各内力所对应的允许内力的1/2。

A 柱的接头要设置在弯矩 M 为零或者接近零的位置。由 M 产生的弯曲应力 σ_b 也会较小。但是柱是以 1 根连续材料来进行结构计算的，不仅要接头位置所产生（存在）的内力安全，而且要和材料的其他部分比较起来，必须有一定程度的承载力。<u>接头的承载力不能在其他部分的允许内力所计算的承载力的 1/2 以下（钢规范）</u>。全周长采用全熔透对接焊的柱，接头的承载力≈柱的各部位的承载力，等同于 1 根连续的柱。

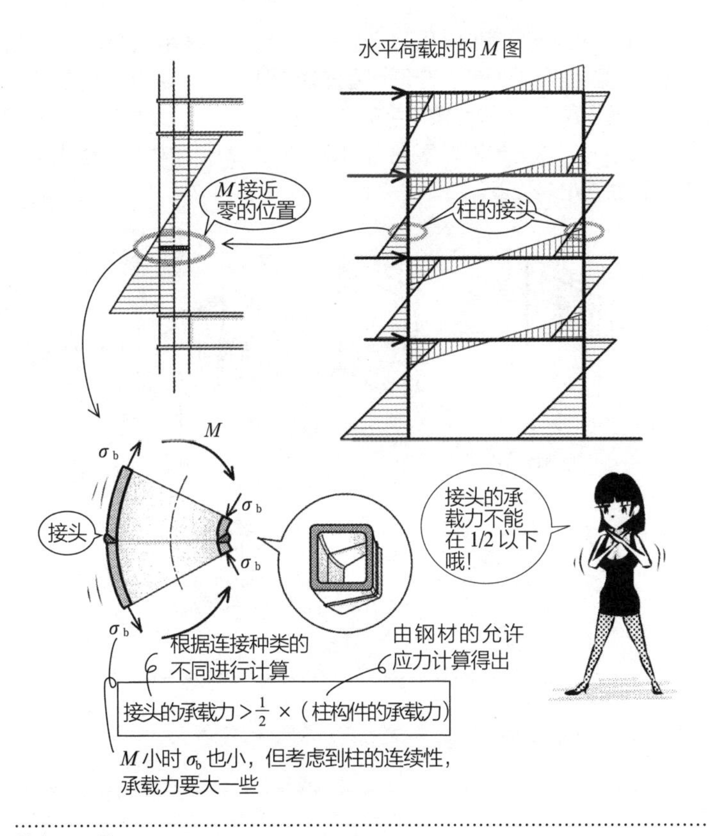

答案 ▶ 正确

Q 钢骨构件中，板的宽厚比或钢管的径厚比越大，越容易产生局部屈曲。

A 屈曲是指柱或梁产生弯折，局部屈曲是指部分产生像波浪一样的弯折。

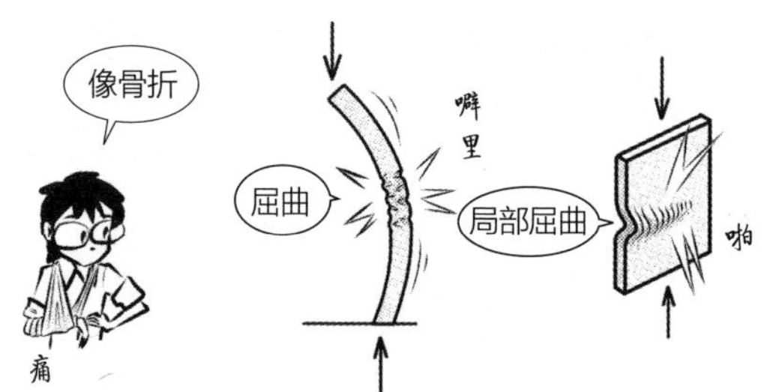

宽度与厚度的比（宽度 / 厚度），宽厚比越大，表示越薄，宽度大的板越容易发生局部屈曲。圆形钢管的径厚比越大，越容易发生局部屈曲（答案正确）。宽厚比按照字的顺序是：宽度 ÷ 厚度或宽度 / 厚度。比较大小时，将分母的厚度视为相等，考虑宽度的大小，就可以知道局部屈曲的难易程度。

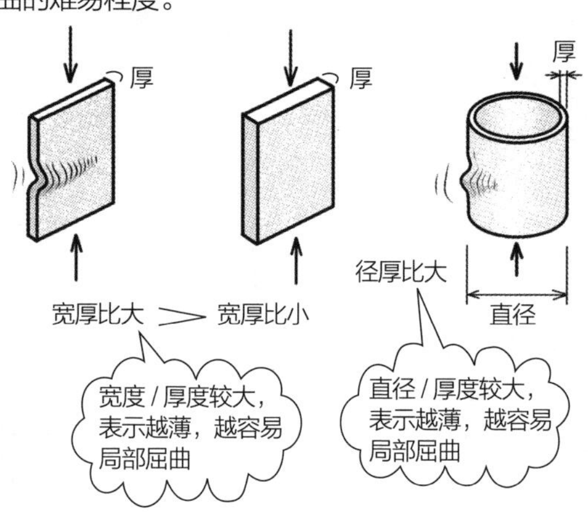

要点

宽厚比→按字顺序为宽度 ÷ 厚度　　水灰比→按字顺序为水 ÷ 水泥

答案 ▶ 正确

Q 轻型钢结构使用的轻型钢，板的宽厚比越大，越容易产生扭曲和局部屈曲。

A 轻型钢是 6mm 以下的钢板，在常温（冷轧）下弯折成 C 形等形状。厚度较薄者，宽厚比（宽度 / 厚度）较大，是容易发生扭曲或部分弯折产生局部屈曲的钢材（答案正确）。因此可以先决定宽厚比的最大值，作为截面计算的有效宽厚比，板在限度值以外的部分，就是没有作用的截面。

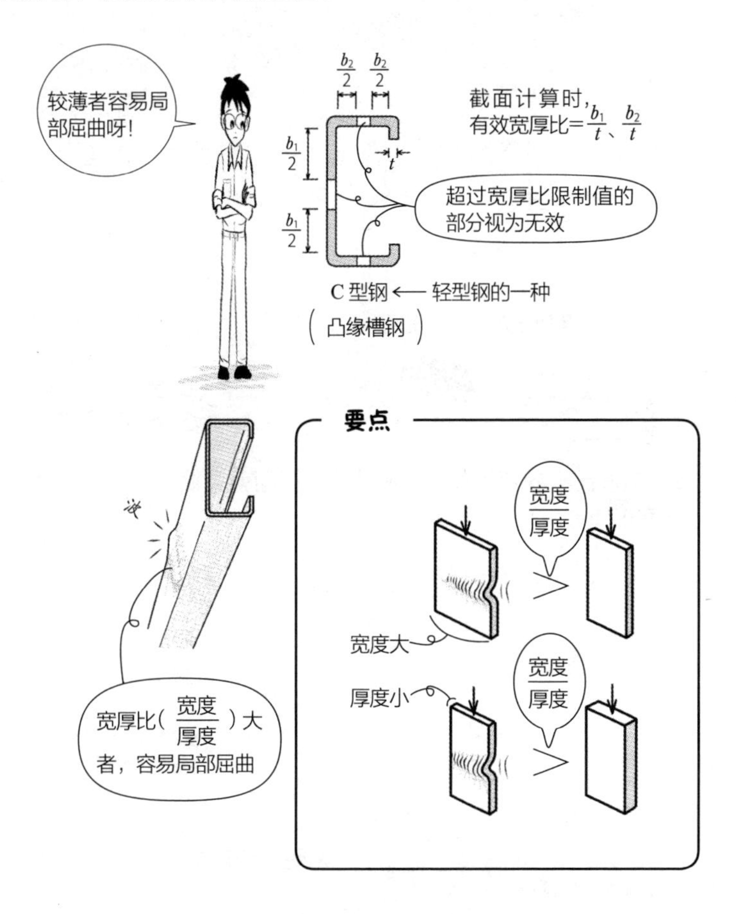

答案 ▶ 正确

Q 型钢的允许应力设计中，板的宽厚比超过限制值时，超过限制值的部分作为无效截面。

A 钢材是标准强度 F 较大的材料，承受较大的内力也是可以的。虽然可以承受较大的内力，但是表示变形难易度的弹性模量 E 是相同的。也就是说，F 较大的材料，如果没有宽厚比较小的限制，就会有容易发生局部屈曲的危险。宽厚比的最大值是由系数 $\times \frac{1}{\sqrt{F}}$ 决定的（建设省公告）。

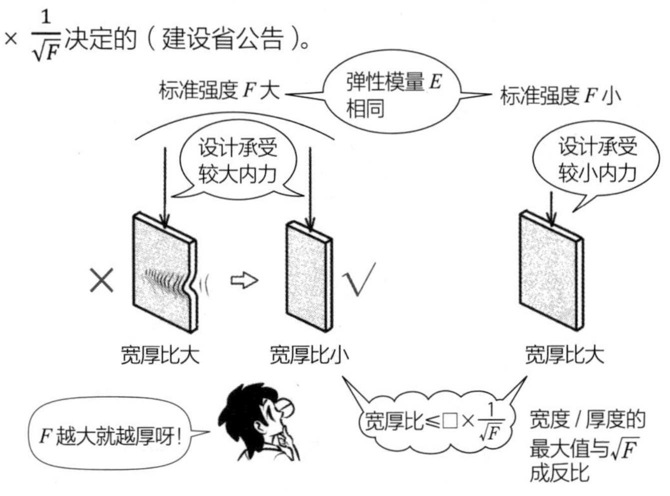

超过宽厚比限制值的部分，如果计入截面就会很危险，应视为无效（答案正确）。

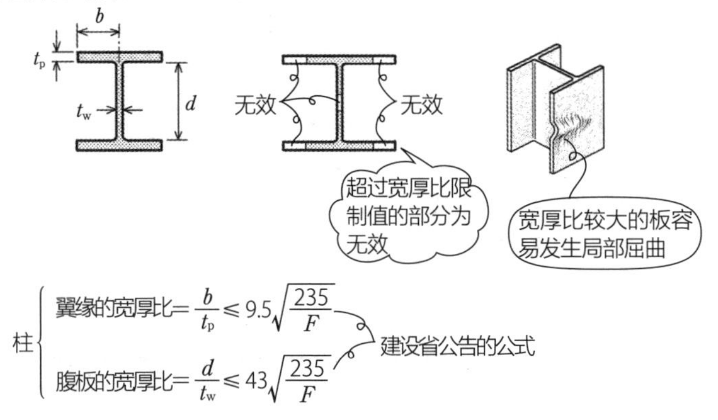

柱
- 翼缘的宽厚比 $= \frac{b}{t_p} \leqslant 9.5\sqrt{\frac{235}{F}}$
- 腹板的宽厚比 $= \frac{d}{t_w} \leqslant 43\sqrt{\frac{235}{F}}$

建设省公告的公式

答案 ▶ 正确

Q 1. 钢骨构件的宽厚比的限制，在材料标准强度越小时越严格。

2. 柱使用的钢材宽厚比的限制，在 H 型钢的腹板与作为梁使用的情况相同。

A 柱梁（框架）的韧性（柔韧度）等级分为 FA、FB、FC，由下表决定宽厚比的最大值。标准强度 F 越大，作用的压应力越大，宽厚比的限制越小（越严格）（1 错误）。另外，柱和梁有不同的宽厚比限制（2 错误）。

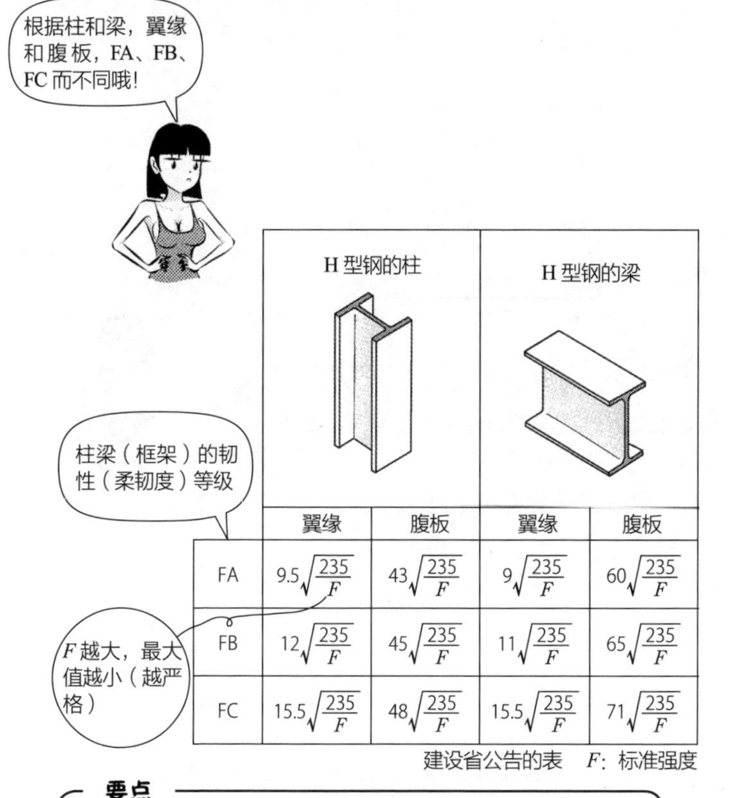

	H 型钢的柱		H 型钢的梁	
	翼缘	腹板	翼缘	腹板
FA	$9.5\sqrt{\frac{235}{F}}$	$43\sqrt{\frac{235}{F}}$	$9\sqrt{\frac{235}{F}}$	$60\sqrt{\frac{235}{F}}$
FB	$12\sqrt{\frac{235}{F}}$	$45\sqrt{\frac{235}{F}}$	$11\sqrt{\frac{235}{F}}$	$65\sqrt{\frac{235}{F}}$
FC	$15.5\sqrt{\frac{235}{F}}$	$48\sqrt{\frac{235}{F}}$	$15.5\sqrt{\frac{235}{F}}$	$71\sqrt{\frac{235}{F}}$

建设省公告的表　F：标准强度

要点

宽厚比：柱≠梁　　翼缘 < 腹板（严格）（宽松）　　FA<FB<FC（严格）（宽松）

答案 ▶ **1.** 错误　**2.** 错误

Q 柱、梁使用的材料由 SN400B 变更为 SN490B 时，宽厚比的限制值会变大。

A SN400B 的标准强度 F 是 235MPa，SN490B 的标准强度 F 是 325MPa。400、490 的数字是抗拉强度的下限值，是保证抗拉强度的值，标准强度 F 是由屈服点决定的。

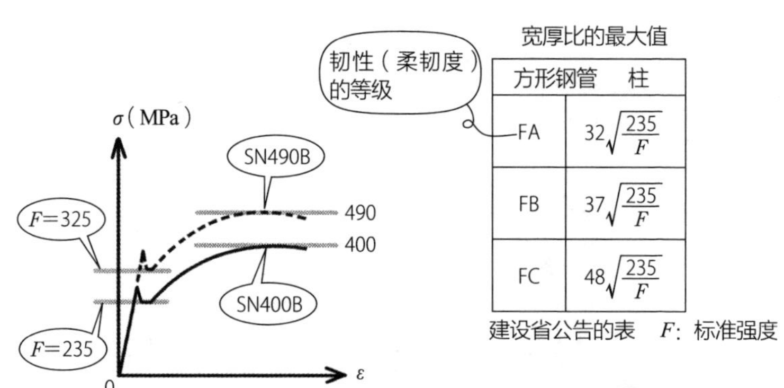

方形钢管	柱
FA	$32\sqrt{\frac{235}{F}}$
FB	$37\sqrt{\frac{235}{F}}$
FC	$48\sqrt{\frac{235}{F}}$

建设省公告的表　F：标准强度

在设计上 F 越大，所承受的内力越大。较大的压应力作用时，薄板容易发生局部屈曲。因此宽厚比要变小，才能防止发生局部屈曲（答案错误）。

要点

F 大→压应力大→容易局部屈曲→宽厚比小　$\square\times\sqrt{\frac{235}{F}}$

答案 ▶ **1.** 错误

Q 高度较高的 H 型截面梁所设置的横向加劲肋，具有提高腹板对剪切屈曲的承载力的效果。

A 加劲肋（stiffener）是为了强化（stiffen）而加入的钢板，也称为补强材料。

剪力 Q 作用时，梁中央部会产生较大的剪应力 τ。当产生 τ 时，会形成 45° 方向的压力和拉力。较强的压力像波浪一样拍打板，很可能产生局部屈曲。就像钢筋混凝土的箍筋一样，加入与轴正交的板就能抵抗 Q。加入梁的中间，称为横向加劲肋。

弯矩 M 作用时，越靠近梁的上下边缘，会产生越大的弯曲应力 σ_b（压力、拉力）。边缘的 σ_b 由翼缘承受，腹板也有 σ_b 作用。压力的 σ_b 越强，越容易发生局部屈曲。如图所示，加入轴方向的加劲肋，即加入纵向加劲肋，能够防止发生局部屈曲。

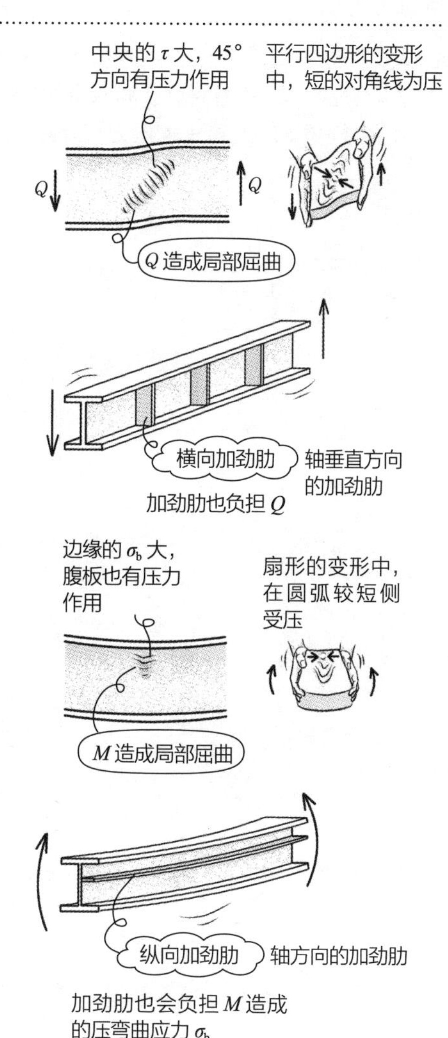

答案 ▶ 正确

Q 在结构承载力上，钢材作为主要部分的压缩材料，柱的有效长细比是在 200 以下，柱以外的部分是在 250 以下。

A 钢索受拉会伸长，内部产生的拉力与外力互相平衡。钢索受压会往横向弯曲，与外力平衡。这就是屈曲。较粗的棒受压不会屈曲，而会缩短，内部产生的压力与外力互相平衡。

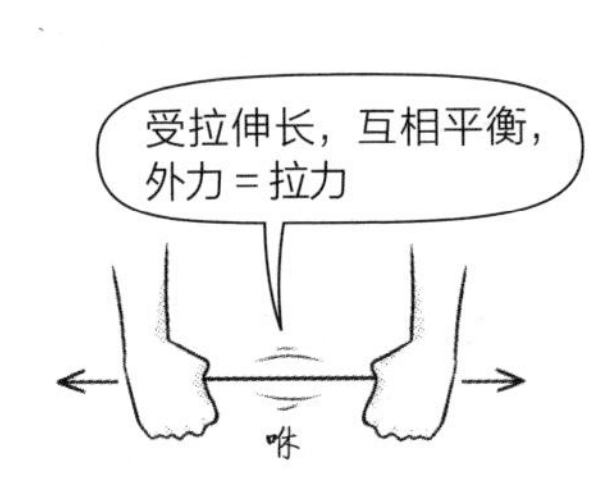

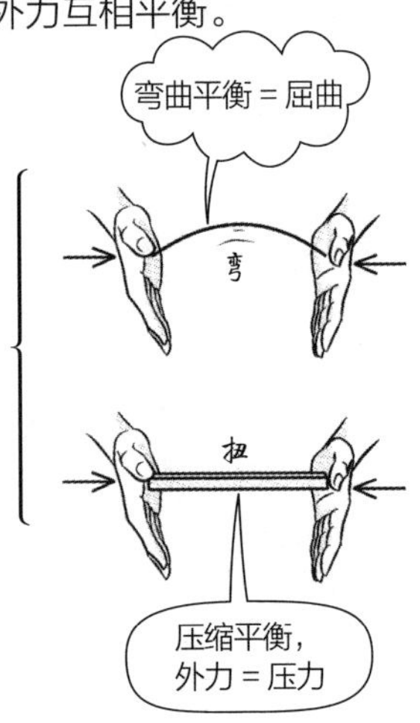

有效长细比 $\lambda = \dfrac{l_k}{i}$ $\begin{matrix}\cdots \text{屈曲长度} \\ \cdots \text{截面二次半径}\end{matrix}$

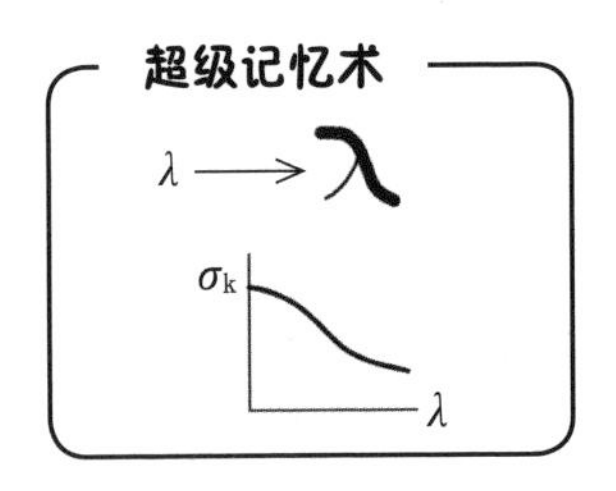

有效长细比 λ 是结构的“细长度”，数值越大（越细长），表示越容易屈曲。标准法中规定，钢结构的柱在 200 以下，柱以外的压缩材料在 250 以下，木结构的柱在 150 以下（答案正确）。屈曲时的压应力 σ_k 和 λ 的曲线是向右下降的曲线，λ 越大（越细长）时，σ_k 越小，在较小的力下产生屈曲。λ 是用屈曲长度 l_k 除以截面二次半径 i 求得的。

答案 ▶ 正确

Q 1. 在钢骨结构中，使用有效长细比较大的构件作为支撑时，支撑设计成只对拉力有效的拉力支撑。

2. 在钢骨结构中，有效长细比较小（20 左右）的支撑，与有效长细比在中等程度（80 左右）的支撑相比，变形能力较高。

A 有效长细比 λ 越大，屈曲时的压应力（屈曲应力）σ_k 就越小，很容易发生屈曲。λ 较大的“细长”棒，只要稍微施压就会弯曲。相反地，λ 较小的“粗”棒，较难发生屈曲，通过缩短来抵抗外力。达到 σ_k 之前会缩短抵抗，因此 λ 越小的支撑，其变形能力越高（韧性大）（1、2 均正确）。

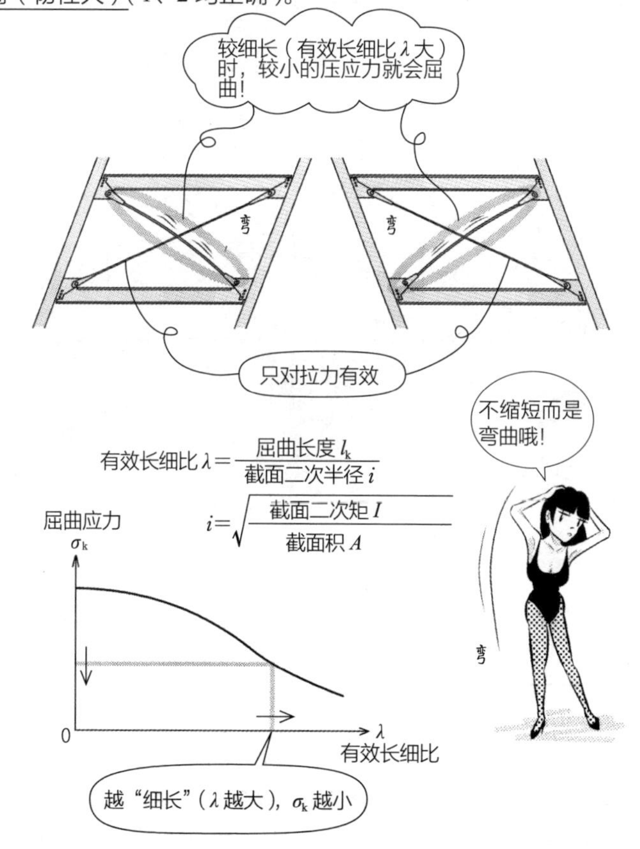

答案 ▶ **1.** 正确 **2.** 正确

Q 在钢骨结构中，极限长细比在标准强度 F 越大时会越小。

A 屈曲应力 σ_k 与有效长细比 λ 的关系如图所示（λ 的背形），请记住形状吧。与纵轴的交点为材料的屈服点 σ_y，是完全没有弯曲且受压时的压应力。截面完全在弹性状态下弯曲的弹性屈曲，只会发生在长细比 λ 为一定数值以上的细长材料上。若比 λ 还要小（相当于粗且短），则截面会有一部分塑性化，产生弹塑性屈曲。作为此分界的 λ 称为极限长细比 Λ（大写）。求取 Λ 的公式中，分母有 F，因此 F 越大，表示 Λ 越小。材料的屈服点越高，截面的塑性化就越慢，弹性屈曲的范围越大，Λ 的位置向左移动。

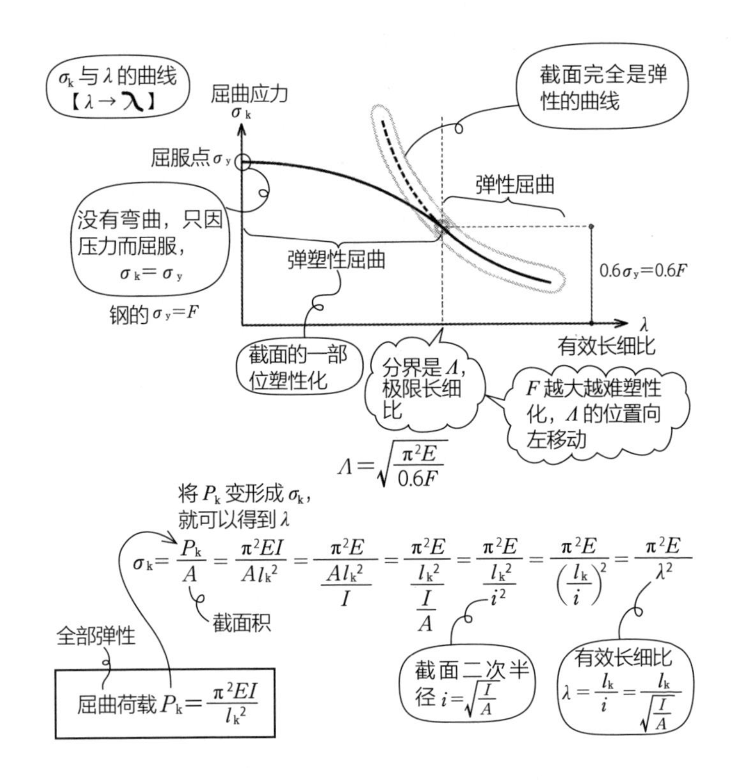

答案 ▶ 正确

Q 有效长细比越大的构件，受到屈曲的影响，允许压应力越小。

A 只因压力而破坏时，钢的短期允许压应力＝屈服点 σ_y，长期允许应力＝$\frac{2}{3}\times\sigma_y$（短期是取 σ_y 和最大应力 ×0.7 中的较小值）。当材料较细长（λ 大）时，σ_k 会变小，在很小的力作用下就会发生屈曲破坏。因此在设定上，作为法定压应力限度的允许压应力，也会与 σ_k 一样变小（变严格）（答案正确）。

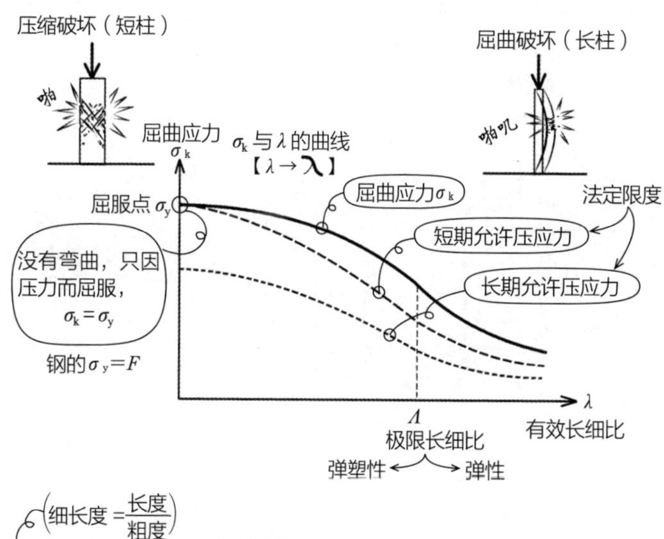

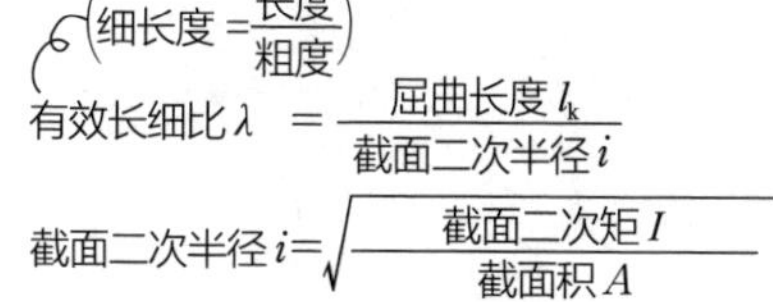

答案 ▶ 正确

Q 框架结构的柱的屈曲长度，在节点水平移动没有受约束的情况下，比柱的节点间距离短。

A 弹性屈曲荷载 P_k、有效长细比 λ 的公式中，都有屈曲长度 l_k。不是实际的长度，而是表示一个弯曲的长度。两端铰接时与实际宽度 l 相同，两端固定时为 $0.5l$，一端固定时为 $0.7l$。一端可以水平移动时，是 l、$2l$ 的长度。框架的柱梁连接处会有稍许旋转，因此会在 l 与 $2l$ 中间，比 l 稍微长一些（答案错误）。

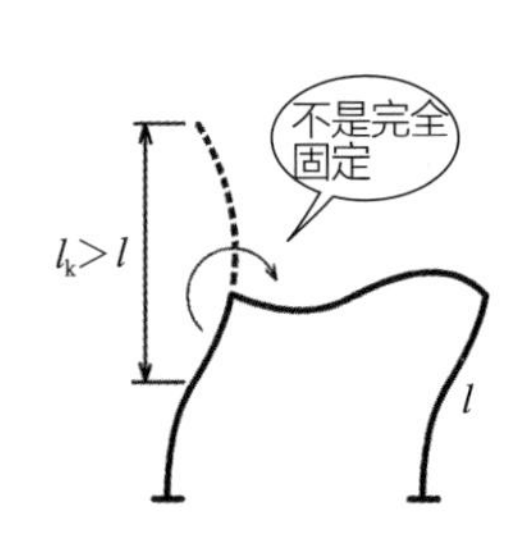

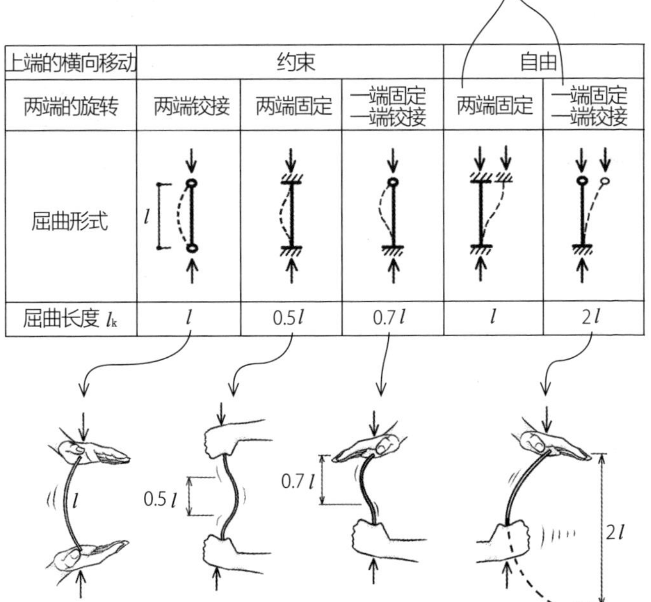

上端的横向移动	约束			自由	
两端的旋转	两端铰接	两端固定	一端固定 一端铰接	两端固定	一端固定 一端铰接
屈曲形式					
屈曲长度 l_k	l	$0.5l$	$0.7l$	l	$2l$

Q 在钢结构中，同时承受压力和弯矩作用的柱截面，必须确认“平均压应力 σ_c 除以允许压应力 f_c 的值”加上“受压区弯曲应力 ${}_c\sigma_b$ 除以允许弯曲应力 f_b 的值”的和在 1 以下。

A 一般来说，柱同时会有压力 N 与弯矩 M 作用。N 会均等分散在截面上成 σ_c。M 越靠近边缘，其分散范围越大，为 σ_b。σ_b 分为受压区的 ${}_c\sigma_b$ 和受拉区的 ${}_t\sigma_b$。只有 σ_c 时，f_c 为法定最大值，$\sigma_c \leqslant f_c$（$\sigma_c/f_c \leqslant 1$）；只有 ${}_c\sigma_b$ 时，f_b 为法定最大值，${}_c\sigma_b \leqslant f_b$（${}_c\sigma_b/f_b \leqslant 1$）。内力由 N 和 M 组合时，为 $\sigma_c/f_c+{}_c\sigma_b/f_b \leqslant 1$（答案正确）。

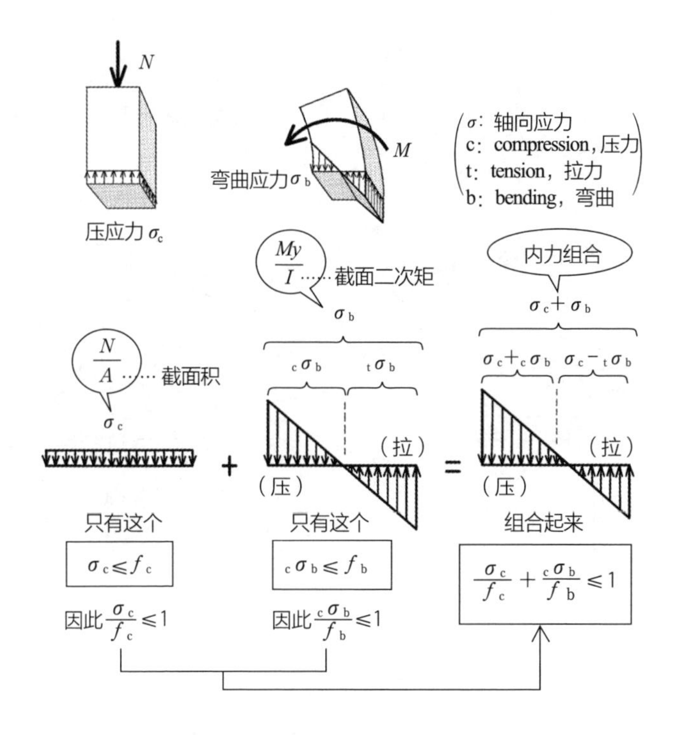

答案 ▶ 正确

Q 当钢骨梁的高度在跨度的 1/15 以下时，为了不让建筑物在使用上产生任何阻碍，只要确认由固定荷载和承重荷载产生的挠度最大值会在规定的数值以下就好。

A 梁高除以跨度在一定数值以下时，必须确认最大挠度 δ_{max} 在一定数值以下（建设省公告）。只要确认这点，梁高就可能较小（答案正确）。公式 δ_{max}/ 跨度中的 δ_{max}，要乘以考虑徐变的变形增大系数。徐变是指荷载持续作用下，变形、挠度增加的现象。这是只有混凝土、木材才有，而钢材没有的现象，因此钢梁的增大系数为 1。

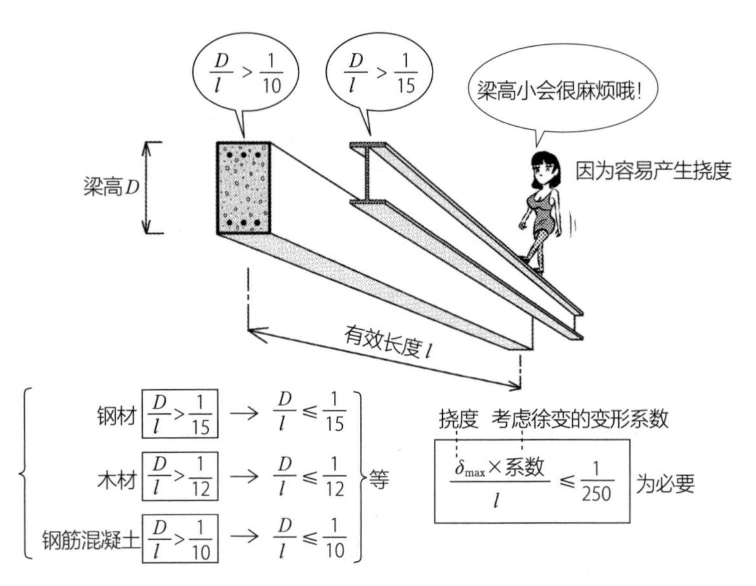

要点

钢筋混凝土结构的梁	木结构的梁	钢结构的梁
$\frac{D}{l}>\frac{1}{10}$	$\frac{D}{l}>\frac{1}{12}$	$\frac{D}{l}>\frac{1}{15}$

在钢筋混凝土规范中的不等号为“≥”（参见 R054）。

答案 ▶ 正确

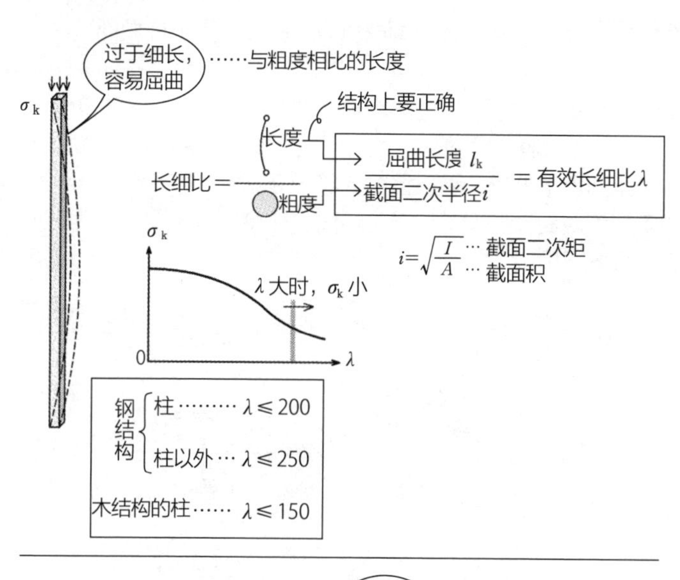
过于细长，容易屈曲
……与粗度相比的长度
σ_k
结构上要正确
长度
长细比＝
粗度
屈曲长度 l_k
截面二次半径i
＝有效长细比λ
$i=\sqrt{\frac{I}{A}}$ … 截面二次矩 … 截面积
σ_k
λ大时，σ_k小
0
λ
钢结构 柱……… $\lambda\leqslant200$
柱以外… $\lambda\leqslant250$
木结构的柱…… $\lambda\leqslant150$

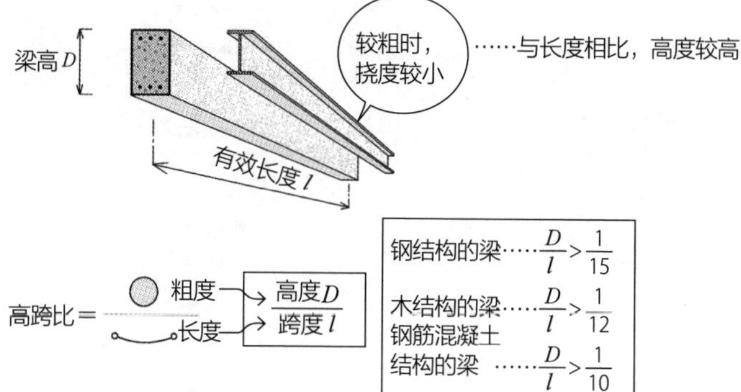
梁高D
较粗时，挠度较小
……与长度相比，高度较高
有效长度l
高跨比＝
粗度
长度
高度D
跨度l
钢结构的梁……$\frac{D}{l}>\frac{1}{15}$
木结构的梁……$\frac{D}{l}>\frac{1}{12}$
钢筋混凝土结构的梁……$\frac{D}{l}>\frac{1}{10}$

不管是柱或梁，都是粗短的较好哦！

Q 在钢骨结构中，设计 H 形截面梁时，必须考虑侧向屈曲。

A H 型钢有难以弯曲的强轴和容易弯曲的弱轴，强轴方向用来承受弯曲作用。翼缘可以抵抗压力和拉力。为了抵抗弯曲，翼缘会配置在梁的上下位置。受压区的翼缘承受一定力以上时，会突然往侧向产生屈曲，使梁整体发生扭曲。往侧向凸出者就称为侧向屈曲（答案正确）。

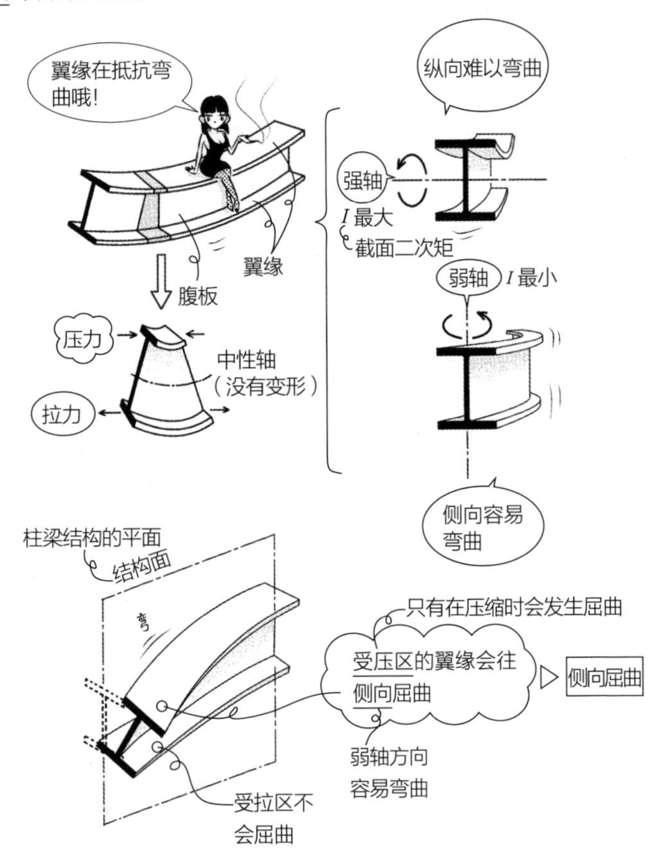

答案 ▶ 正确

Q 为了约束梁产生侧向屈曲的侧向补强钢材，必须有刚度和强度。

A H 型钢的梁会往侧向扭曲凸出，容易产生侧向屈曲，因此在梁中间要设置侧向补强钢材（次梁）来防止。次梁将楼板的荷载传递到主梁的同时，也可以防止梁的侧向屈曲。主梁受到次梁压制，因此次梁必须难以变形（刚度）且具有强度（答案正确）。

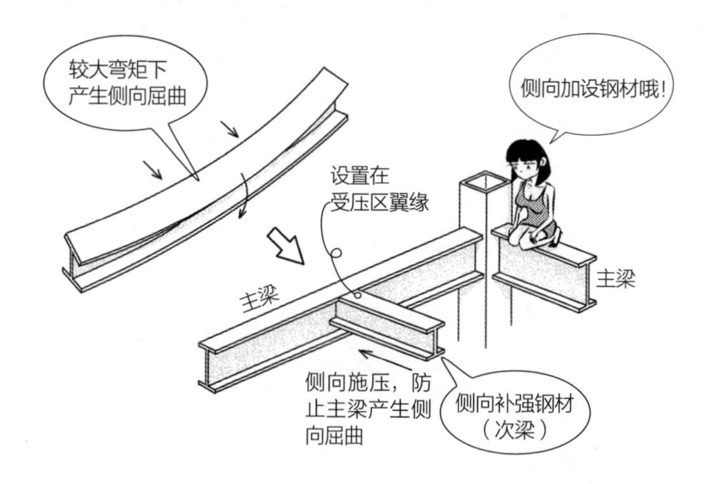

即使中间加入次梁，还是有可能像下图左侧一样，2 根主梁一起往侧向产生挠度凸出。此时如下图右侧所示，加入支撑增加面刚度（平行四边形的变形难易度性质），稳固楼板，与梁很好地连接在一起。

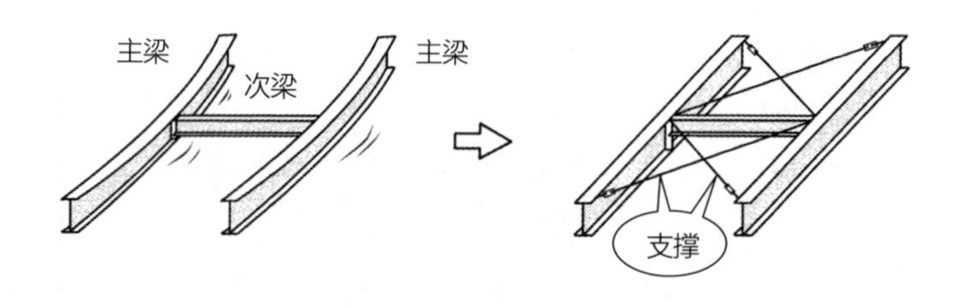

答案 ▶ 正确

Q 1. 为了抑制 H 型钢梁的侧向屈曲，梁的弱轴周围有较小的长细比。

2. H 型钢的柱，为了防止翼缘局部屈曲，翼缘的宽厚比较大。

A 加入侧向补强钢材后，屈曲长度 l_k 变短，长细比 λ 变小，屈曲应力 σ_k 变大，难以屈曲。另外，弱轴方向的 I 变大，使其难以变形，也会让 λ 变小，难以屈曲（1 正确）。柱的翼缘又薄又宽（宽厚比较大）时，容易产生局部屈曲（2 错误）。

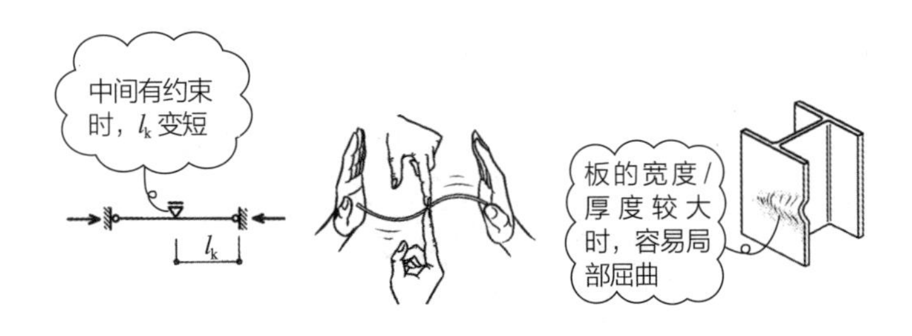

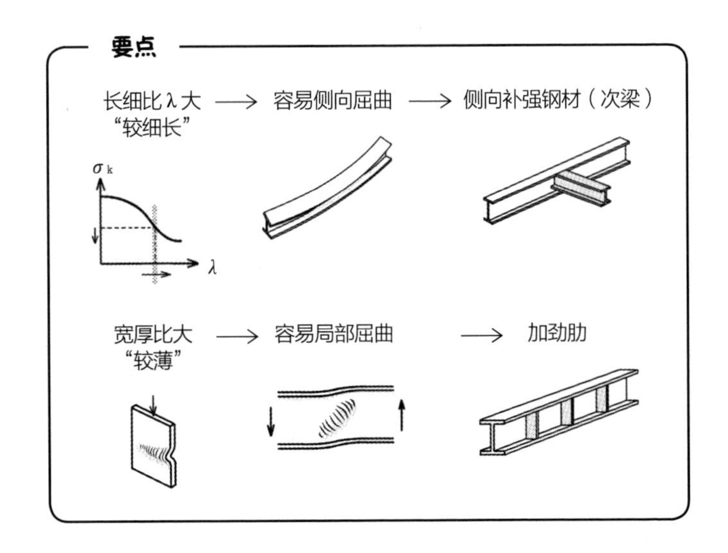

答案 ▶ **1.** 正确 **2.** 错误

Q 在压缩材料的中间设置支承，加入侧向补强钢材时，会将压力的 2% 以上的集中侧向力加在侧向补强钢材上。

A 压缩材料的中间加入侧向补强钢材时，屈曲长度 l_k 变短，屈曲荷载 P_k 与 l_k^2 成反比而变大，变得难以屈曲。

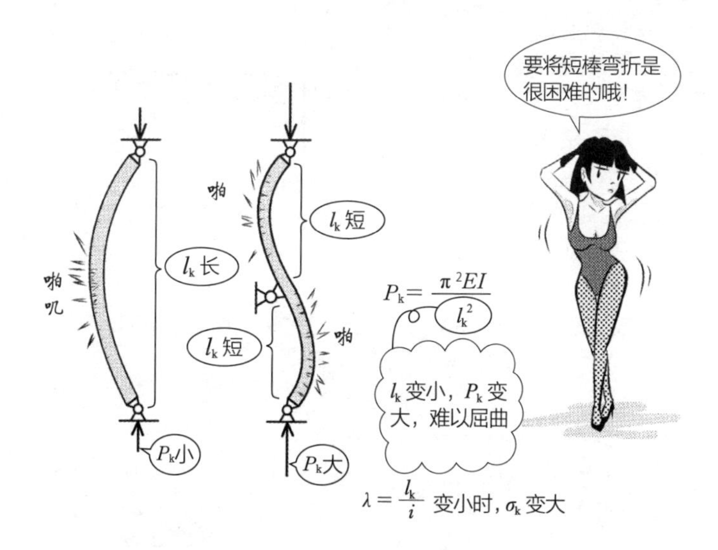

压缩材料承受压应力时，会产生侧向凸出弯曲的侧向屈曲。此时，压力 C 有 2% 以上的集中荷载会作用在侧向补强钢材上（答案正确）。

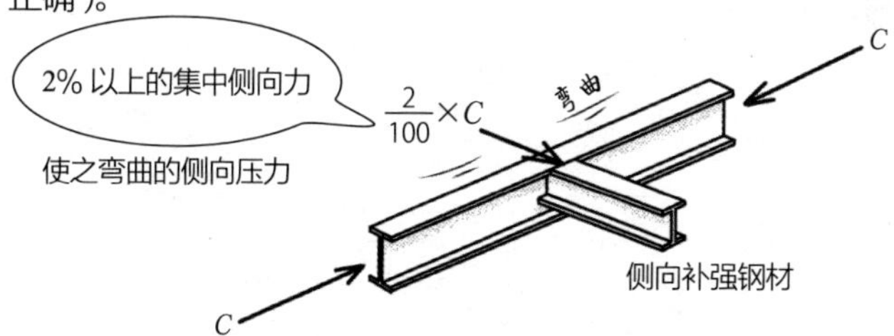

答案 ▶ 正确

Q 梁以均等的间隔设置侧向补强钢材时，根据梁的钢种而言，相较于 SN400B，SN490B 需要设置侧向补强钢材的地方较少。

A SN490B、SN400B 的 490、400 的值是钢材的抗拉强度的下限值，是保证会有 σ-ε 曲线顶点的值。平台的位置，也就是屈服点为标准强度 F，分别是 325MPa、235MPa。F 值越大，表示可承受越大的弯矩 M，设计上可以有较大的 M 作用。

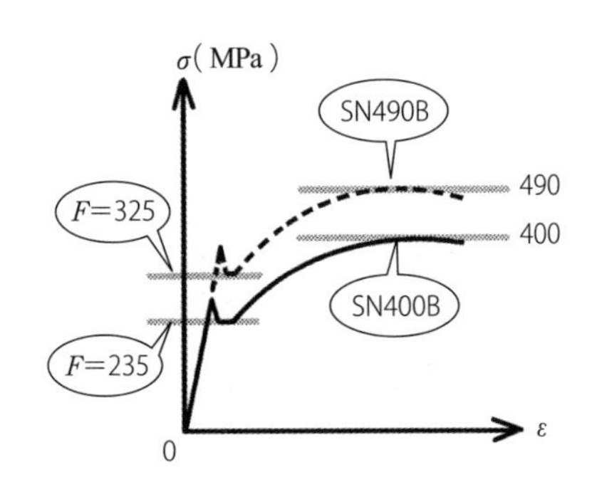

M 作用较大的设计，梁容易产生侧向屈曲。因此必须加入较多的侧向补强钢材（答案错误）。

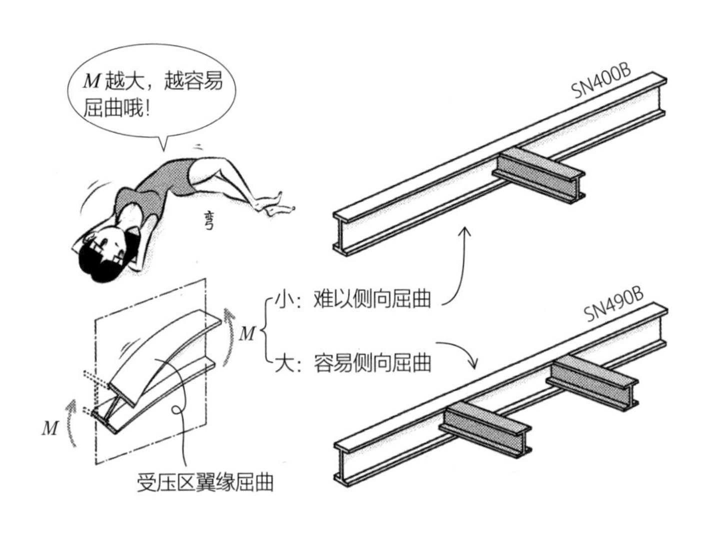

答案 ▶ 错误

Q H 型钢梁的允许弯曲应力，可以在决定截面尺寸后进行计算。

A 弯矩 M 作用时，越靠近上下边缘，会有越大的弯曲应力 σ_b 作用在截面上。因此设计时，σ_b 必须在作为法定限制值的允许弯曲应力以下。

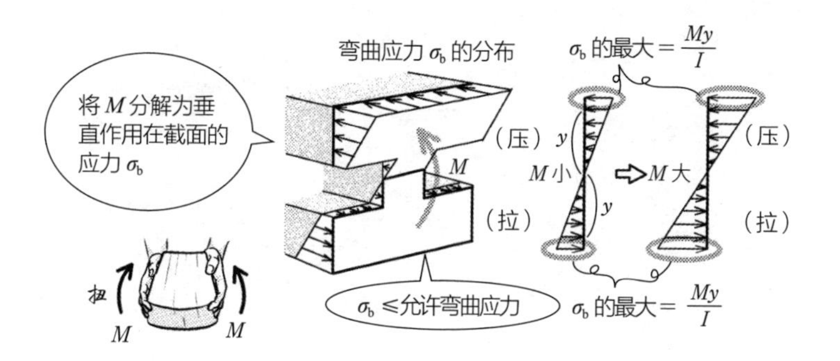

若使用可能产生侧向屈曲的 H 型钢梁，则受压区 σ_b 必须比受拉区 σ_b 更加严格（较小）。支承间距离 l_b 越大，在较小的压应力下就会侧向屈曲，受压区允许弯矩会较小。梁的允许弯曲应力，除了截面尺寸以外，也必须考虑与支承间的距离（答案错误）。

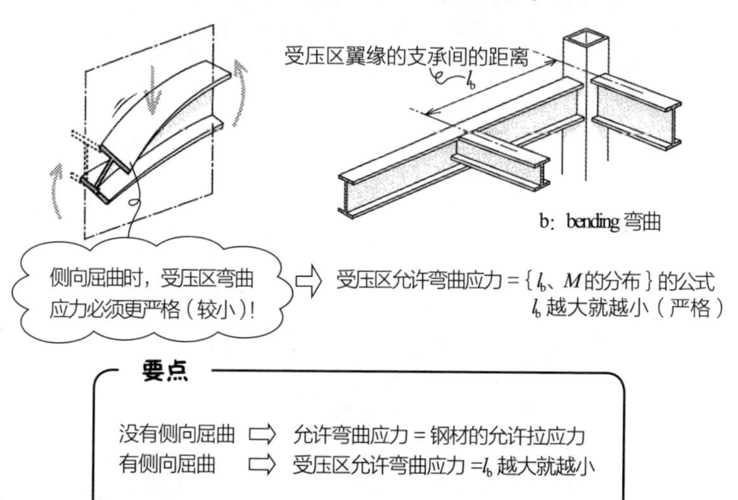

要点

没有侧向屈曲 ⇨ 允许弯曲应力 = 钢材的允许拉应力
有侧向屈曲 ⇨ 受压区允许弯曲应力 =l_b 越大就越小

答案 ▶ 错误

Q 荷载面内有对称轴，且弱轴周围承受弯矩的槽钢，不需要考虑侧向屈曲。

A 槽钢、H 型钢有强轴、弱轴，使用在柱上时，“压力”使弱轴方向弯曲产生屈曲。强轴方向有翼缘在抵抗，会往较弱的方向弯曲。

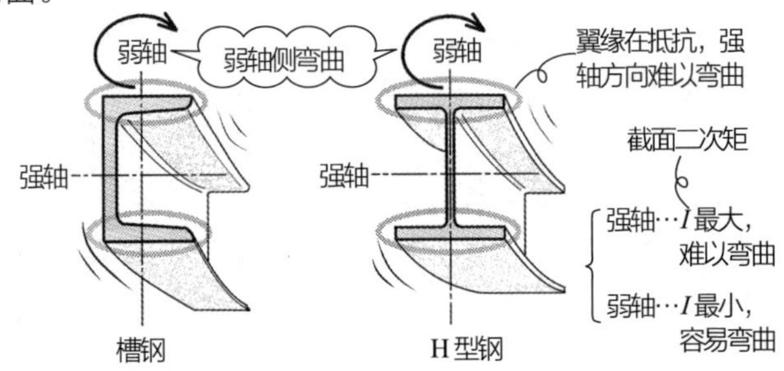

弱轴四周受到“弯曲”作用的槽钢、H 型钢，侧向是强轴方向，难以弯曲。因此容易弯曲的弱轴方向会弯曲，侧向、强轴方向不会产生侧向屈曲（答案正确）。作为梁时，为了让强轴方向对弯曲有效，通常会将翼缘配置在上下位置，不会有如图所示的使用方式。若为强轴四周受到弯曲作用的普通配置，侧向（弱轴方向）会弯曲，容易产生侧向屈曲。

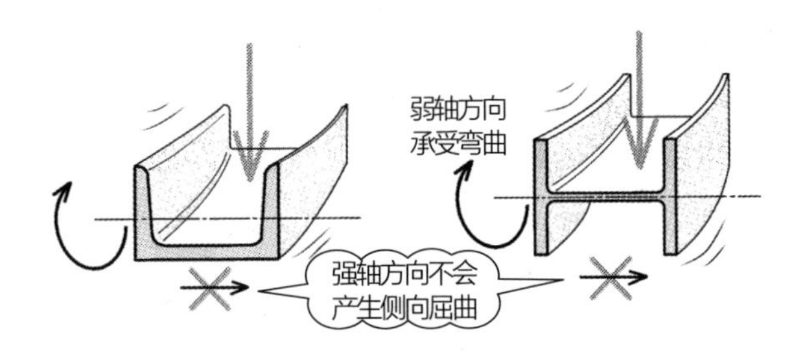

答案 ▶ 正确

Q 设计正方形截面的方形钢管柱时，没有产生侧向屈曲的危险，允许弯曲应力和允许拉应力有相同的值。

A 如图所示，为了容易理解，可以当作梁来看。H 型钢的轴有强弱之分，即使强轴侧可以抵抗弯曲，弱轴侧还是有突然弯曲产生屈曲的危险。另外，正方形截面的方形钢管，在承受弯曲方向的正交方向，不会产生侧向屈曲。因此，弯曲应力 σ_b 只要考虑压力和拉力即可（答案正确）。侧向屈曲时，允许弯曲应力会降低（较严格）。

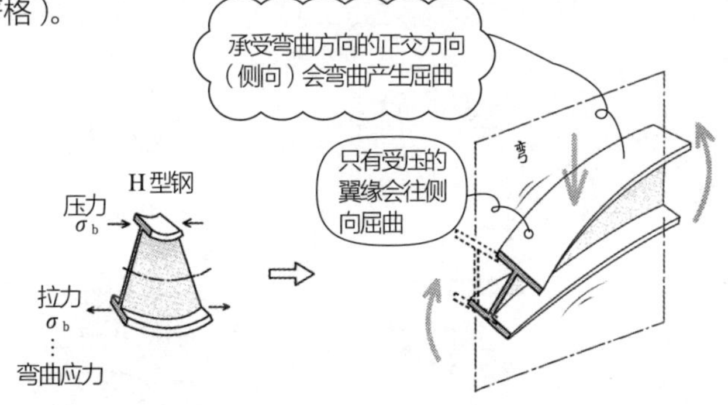

屈曲会发生在受压材料上，不会发生在受拉材料上。在上图右侧中，只有上翼缘受压，因此只有上翼缘会屈曲。上翼缘的下方有腹板，腹板侧不会屈曲，而是往没有腹板的侧向屈曲。以结果而言就是形成侧向扭曲的侧向屈曲。下图右侧是上翼缘两侧都有垂直板（翼缘），因此不会发生侧向屈曲。

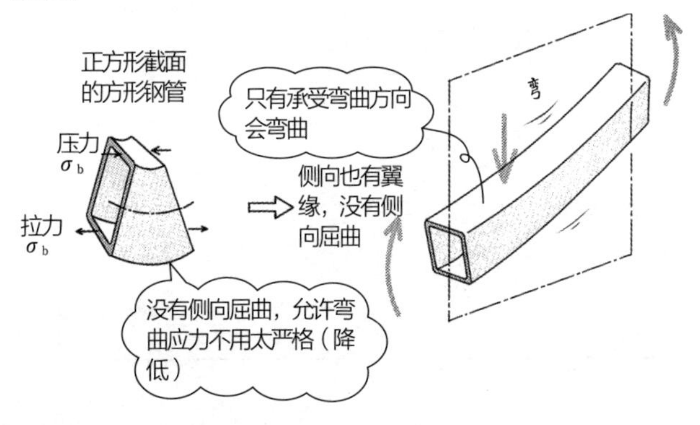

答案 ▶ 正确

Q 角钢使用的支撑的有效截面积是由支撑的截面积减去扣件孔的缺损部分，以及减去凸出脚的无效部分的截面积而求得的。

A fasten 是紧固、固定的意思，fastener 是紧固件、卡扣的意思，扣件孔就是螺栓孔。用角钢制作的支撑在 L 形凸出侧，并不是所有面积都能够有效抵抗内力。计算时 1/2 为无效，或者根据 1 列螺栓的数量，使用除去无效部分的比率（答案正确）。由实验结果推导出的比率得知，螺栓越多越能紧固，截面的各个角落都有内力经过，有效截面积会变大（钢接指南）。

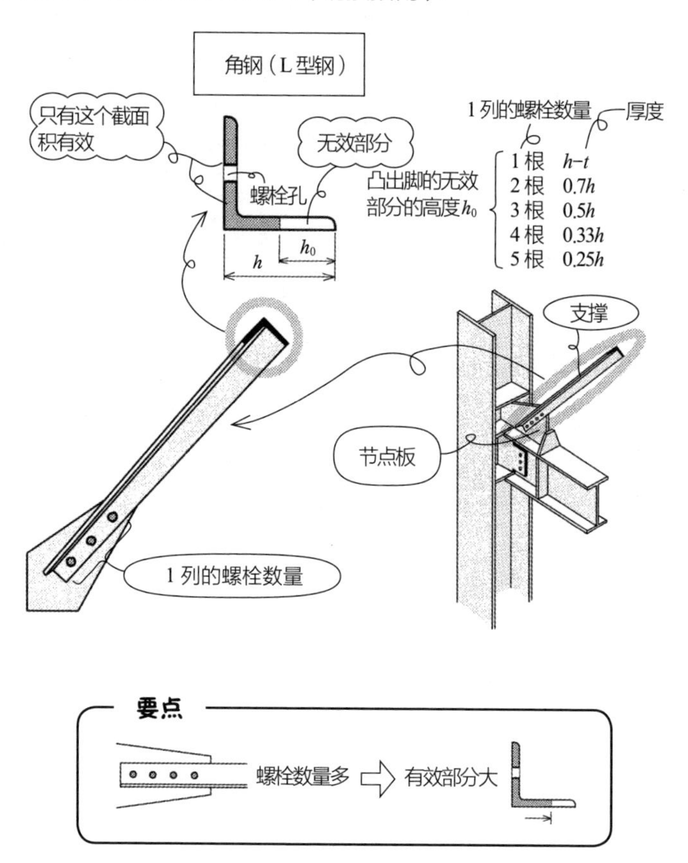

答案 ▶ 正确

Q 在钢骨结构的外露式柱脚中：

1. 在不进行结构计算的情况下，若使用锚栓的基础，固定长度要确保为锚栓直径的 10 倍以上。
2. 与柱的最下端的截面积相比，锚栓的全截面积比例要在 20% 以上。

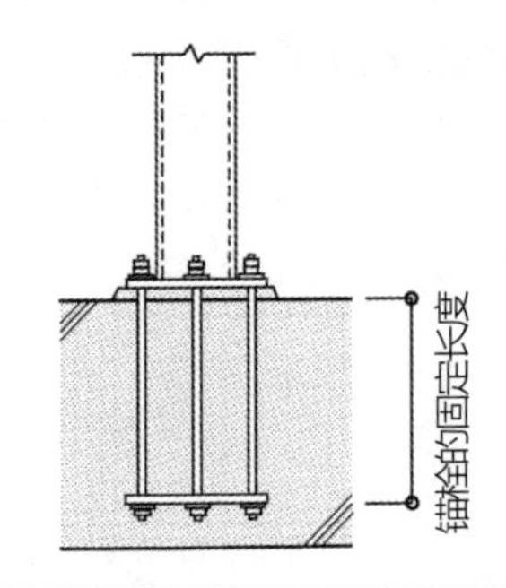

A 锚栓（anchor bolt）可以埋入基础的混凝土中，或落在钢骨柱和柱底板（base plate）的上方，大部分柱脚使用双螺母进行紧固。为了不让锚栓脱落或松动，要先确定固定长度和截面积。锚栓直径为 d 时，固定长度要在 $20d$ 以上（1 错误），锚栓的全截面积要在柱最下端截面积的 20% 以上（2 正确）。有锚栓 + 柱底板成组制作的现成品。

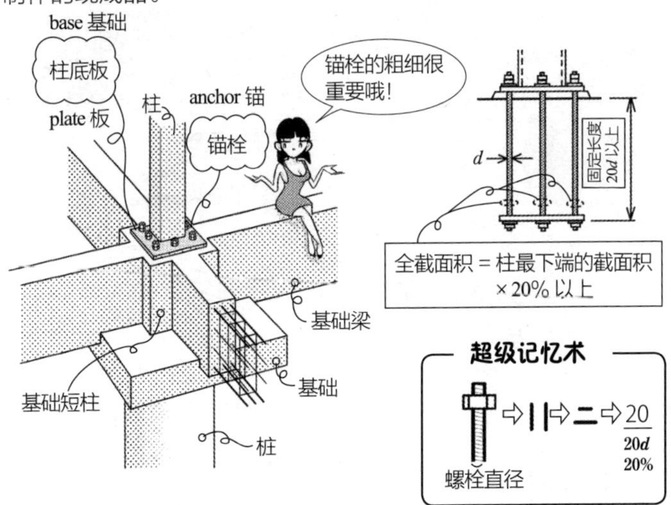

超级记忆术

螺栓直径 ⇨ || ⇨ 二 ⇨ 20

20d

20%

答案 ▶ **1.** 错误　**2.** 正确

Q 在钢骨结构的外包式柱脚中，外包部分的高度是柱宽（柱的正面宽度中较大者）的 2.5 倍，外包顶部的剪力筋（箍筋）要密集配置。

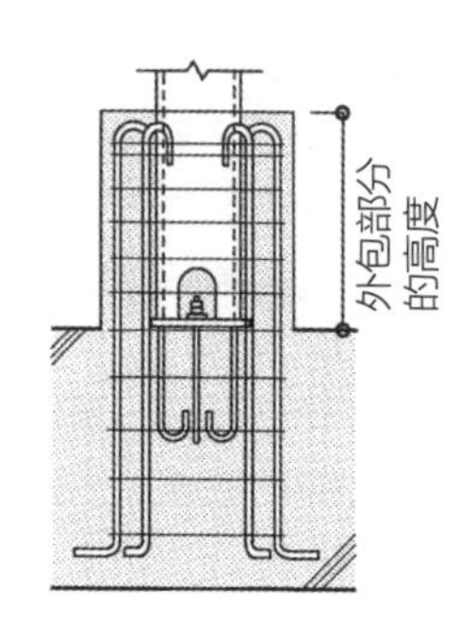

A

外包部分要埋入柱宽的 2.5 倍以上（建设省公告）。柱受到水平力作用时，在外包混凝土顶部稍微下方的位置会有较大的力作用。因此，外包顶部附近的箍筋（剪力筋）要密集配置，很好地将混凝土约束起来（答案正确）。

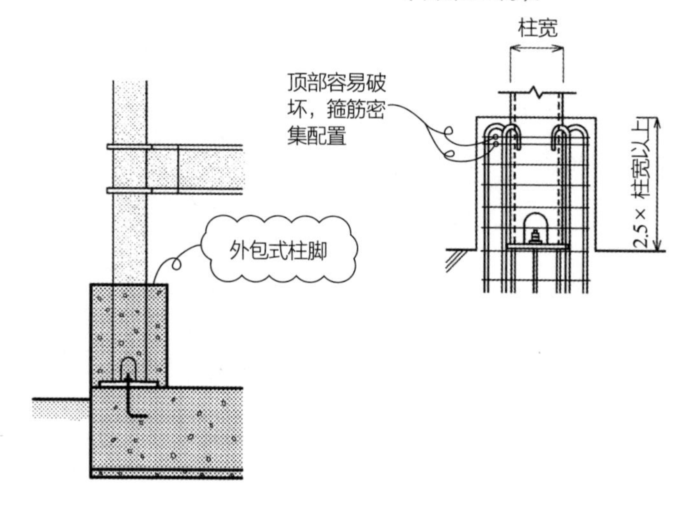

答案 ▶ 正确

Q 在钢骨结构的埋入式柱脚中，钢柱埋入混凝土部分的深度要在柱宽（柱的正面宽度中较大者）的 2 倍以上。

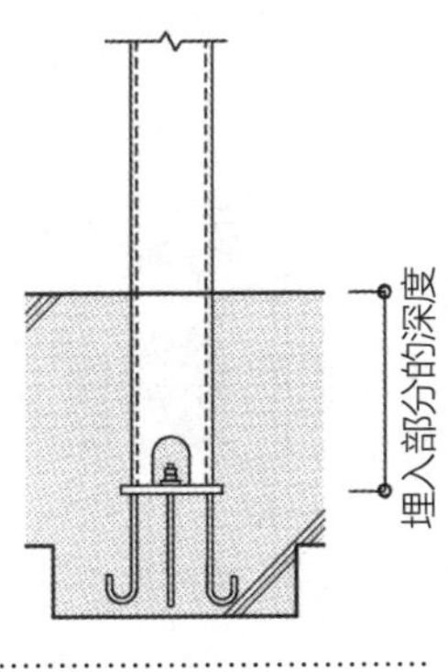

A

柱脚埋入钢筋混凝土的基础中并固定，称为埋入式柱脚。必须先在柱底板浇筑混凝土来固定柱，然后再浇筑一次混凝土，需要分两个阶段浇筑混凝土。埋入深度规定为柱宽的 2 倍以上（建设省公告，答案正确）。

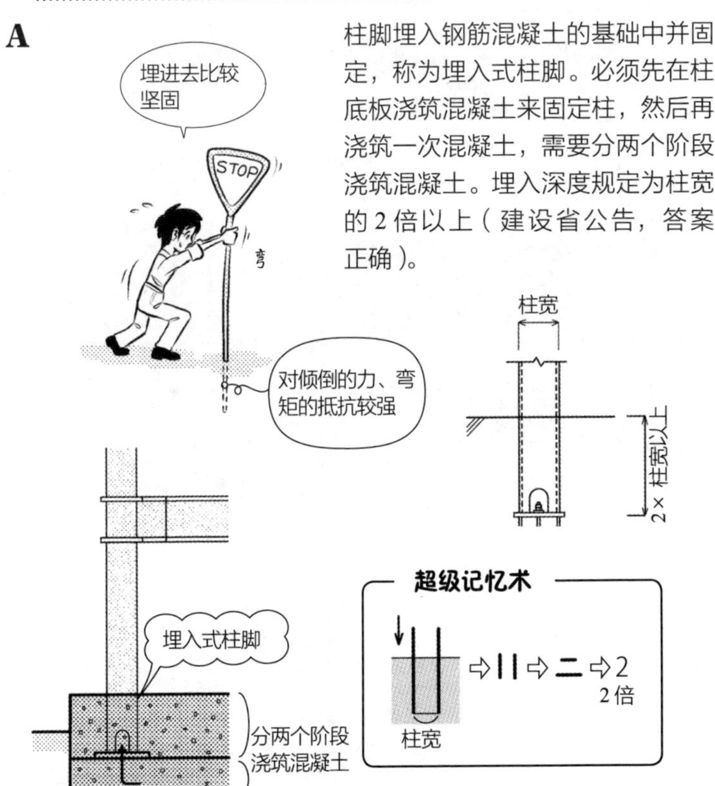

答案 ▶ 正确

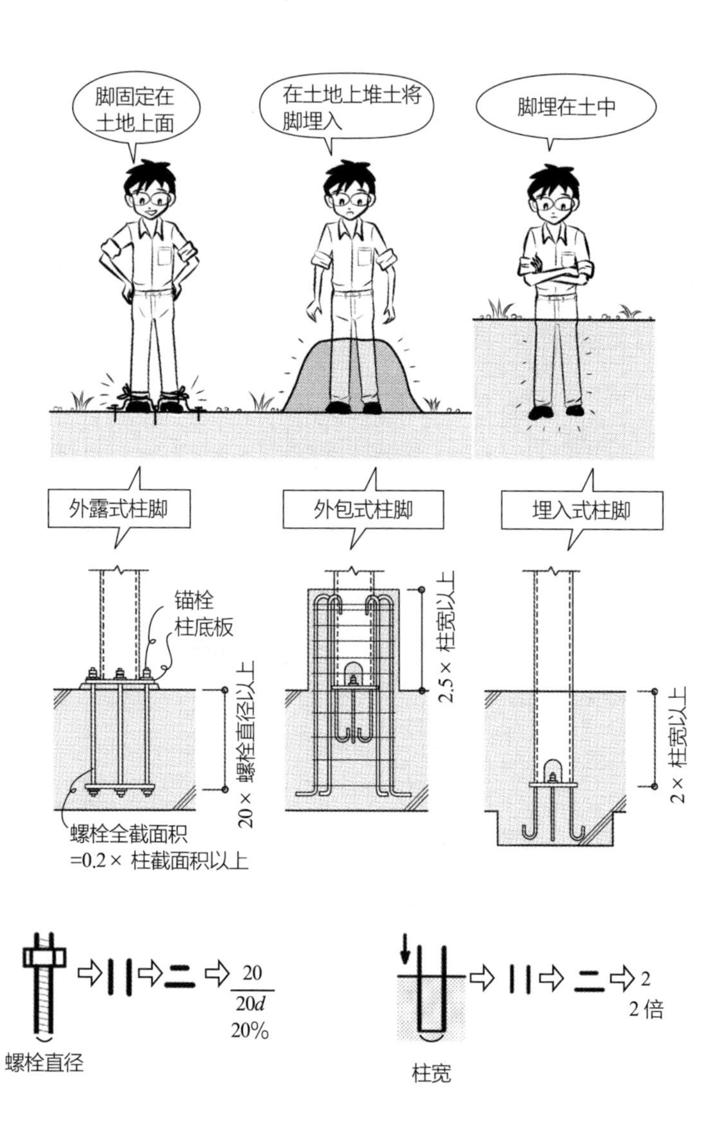
脚固定在土地上面
在土地上堆土将脚埋入
脚埋在土中
外露式柱脚
外包式柱脚
埋入式柱脚
锚栓
柱底板
20× 螺栓直径以上
螺栓全截面积
=0.2× 柱截面积以上
2.5× 柱宽以上
2× 柱宽以上
20
20d
20%
螺栓直径
2
2倍
柱宽

Q 1. 外露式柱脚比外包式柱脚、埋入式柱脚稳定性差，因此柱底板和锚栓必须有较高的刚度。

2. 外露式柱脚的剪承载力是“柱底板下面和混凝土之间产生的摩擦承载力”与“锚栓的屈服剪力”之和。

A

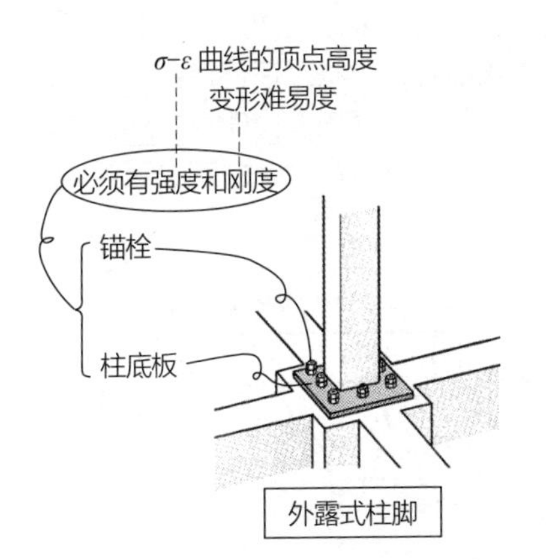

外露式柱脚不会埋入混凝土，只用柱底板和锚栓固定，两者必须都要有强度和刚度（1 正确）。

柱脚的侧向受到剪力作用时，由柱底板下面的摩擦力和锚栓的剪力两方在抵抗。但是，柱脚移动的最大剪力（剪承载力）由较大者决定。这两个力的最大值不会同时发生（2 错误）。

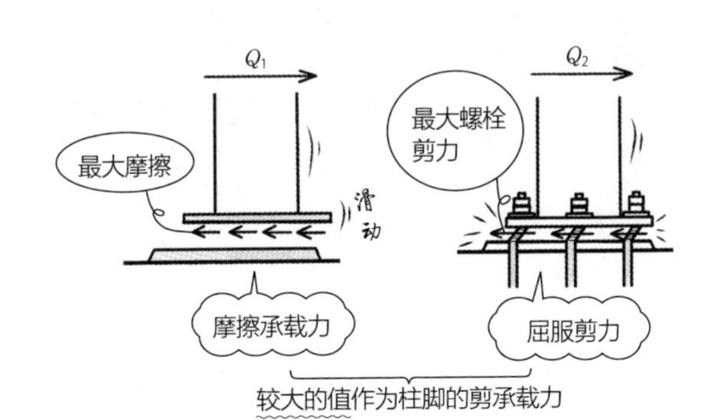

答案 ▶ **1.** 正确 **2.** 错误

Q 1. 在外露式柱脚中，轴力会和剪力一起，配合伴随着旋转量约束的弯矩进行计算。

2. 采用外露式柱脚时，会根据柱脚的形状评价稳定度，决定反曲点高比，求出柱脚的弯矩，进行锚栓和柱底板的设计。

A 柱脚用铰接假固定时，柱脚作用的弯矩为零。用 2 根螺栓固定的柱脚经常被简单化，假设为铰接固定，但是也因此发生许多螺栓断掉等灾害。因此要根据外露式柱脚的形状来评价稳定度，弯矩正负交换的高度，也就是凸出部分左右交换的反曲点高度，求出对比于整体的高度比。该反曲点高比可以得到柱脚的弯矩。稳定度越高，弯矩越大（1、2 均正确）。

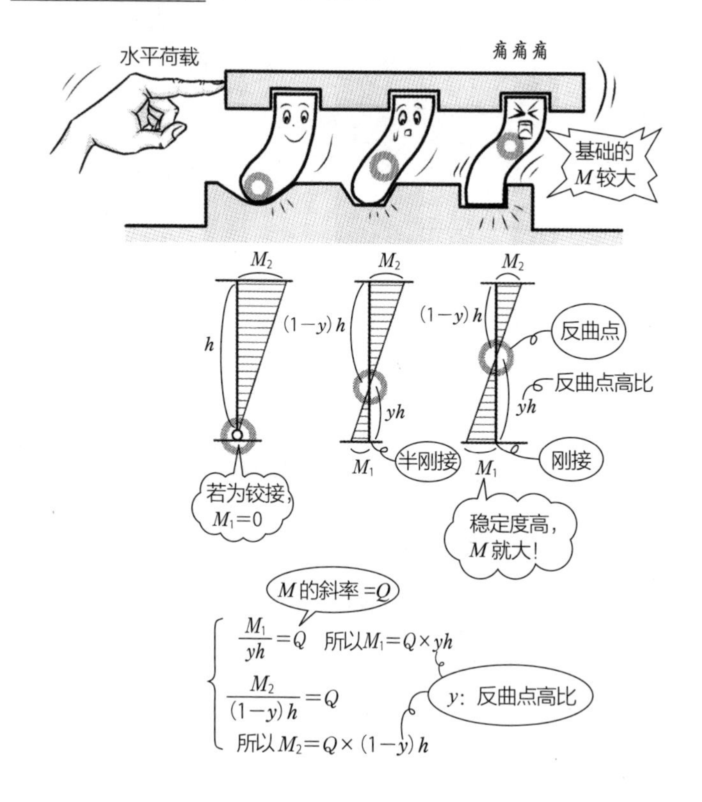

答案 ▶ **1.** 正确 **2.** 正确

Q 轴力和弯矩作用的外露式柱脚的设计中，将柱底板的大小假设为钢筋混凝土柱的截面尺寸时，受拉区锚栓要当作钢筋进行允许应力设计。

A 承担轴力和弯矩的外露式柱脚，假设柱底板的大小就是钢筋混凝土柱的截面时，锚栓要视为受拉钢筋进行内力计算，确定在允许应力以下（钢规范，答案正确）。锚栓可以抗拉，对压缩无效，因此视为钢筋时还是对压缩无效。

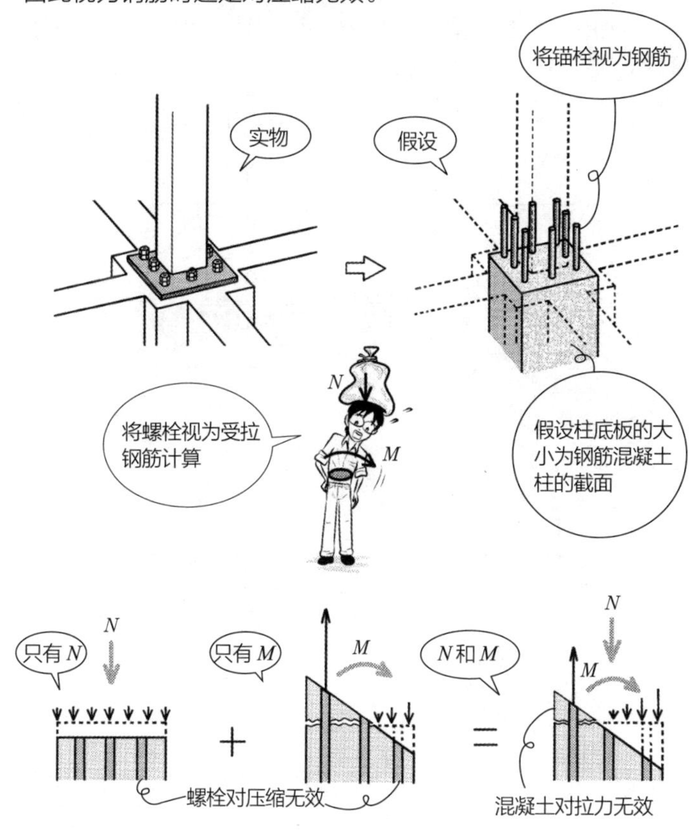

答案 ▶ 正确

Q 作用在埋入式柱脚的内力，会随着埋在基础混凝土中的柱和周边混凝土之间的黏结力，传递至更下方的结构。

A 黏结力是混凝土表面和钢表面黏结的力（参见 R048），并不是大到能够支撑柱的力（答案错误）。承受柱的轴力 N、剪力 Q、弯矩 M 的是混凝土的支承压力。支承压力是混凝土承受部分压力所产生的力（参见 R042）。压力是作用在混凝土整体的力，支承压力是部分作用的力。部分受压时，未受压周围的混凝土会受到受压部分的约束，比整体受压时更难破坏。因此，承载强度＞抗压强度。

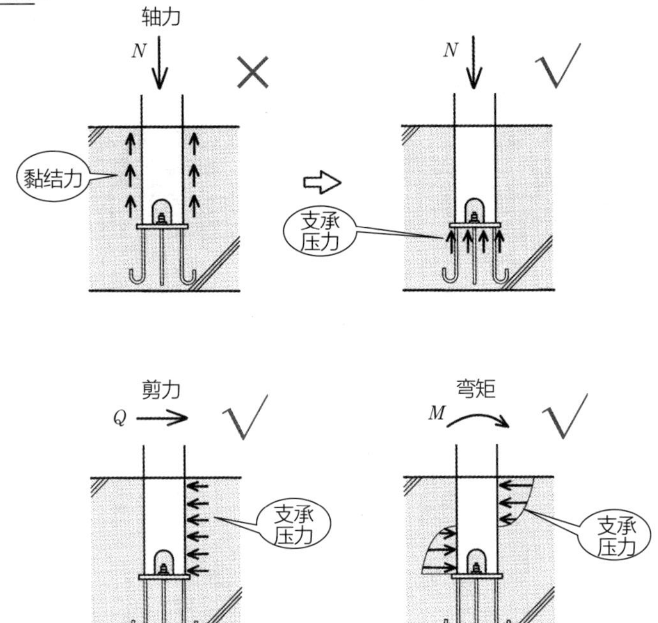

答案 ▶ 错误

Q	A
相对密度：混凝土	**2.3**
相对密度：钢筋混凝土	**2.4**
相对密度：钢	**7.85**
混凝土的抗压强度　约	**24**（MPa）
SN400的抗拉、抗压强度	**400**（MPa） 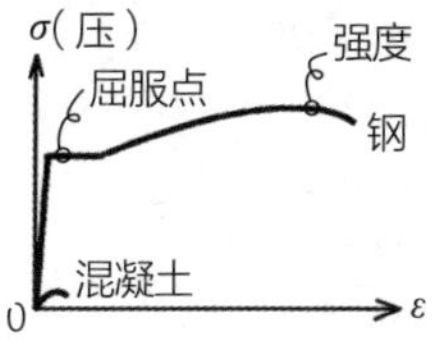
SN400的屈服点	**235**（MPa）
SN490的抗拉、抗压强度	**490**（MPa）
SN490的屈服点	**325**（MPa） σ（压） 强度 屈服点 钢 混凝土 0 ε
混凝土：长期允许应力（　）F_c	$\frac{1}{3}F_c$ 压 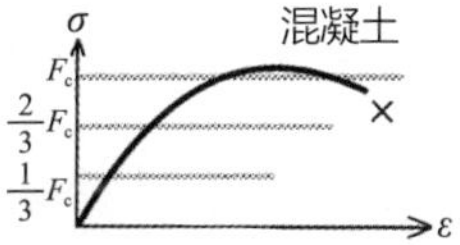
混凝土：短期允许应力（　）F_c	$\frac{2}{3}F_c$ 压 σ 混凝土 F_c $\frac{2}{3}F_c$ $\frac{1}{3}F_c$ × ε
钢：长期允许应力（　）F_c	$\frac{2}{3}F$ 拉压 弯曲$\frac{2}{3}F$ 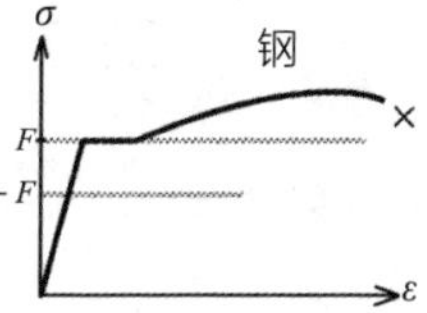
钢：短期允许应力（　）F_c	F σ 钢 F $\frac{2}{3}F$ × ε
（F_c、F：设计标准强度）	
钢的剪力：长期允许应力（　）F_c	$\frac{1}{\sqrt{3}}\times\frac{2}{3}F$
钢的剪力：短期允许应力（　）F_c	$\frac{1}{\sqrt{3}}F$
弹性模量E：钢	**2.05×10^5**（MPa） 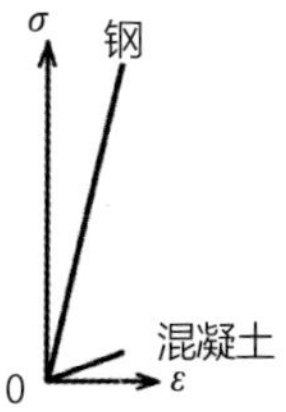
弹性模量E：混凝土	**2.1×10^4**（MPa） σ 钢 混凝土 0 ε

Q	A
混凝土、钢的 剪弹性模量$G=($ $)E$	$G=\mathbf{0.4}E$
泊松比$\nu=\frac{\varepsilon'}{\varepsilon}=\begin{cases}混凝土\\钢\end{cases}$ $\varepsilon=\frac{\Delta l}{l}$纵向应变 $\varepsilon'=\frac{\Delta d}{d}$侧向应变	**0.2** **0.3** 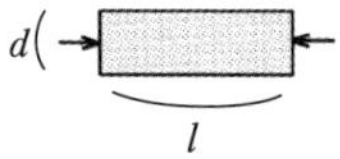 d l
混凝土、钢的 线膨胀系数$\frac{\Delta l}{l}$	$\mathbf{1\times10^{-5}}$
铝 相对密度　钢的（ ）倍 E　钢的（ ）倍 线膨胀系数　钢的（ ）倍	$\mathbf{\frac{1}{3}}$倍（2.7） $\mathbf{\frac{1}{3}}$倍（0.7×10^5） **2**倍（2.3×10^{-5}） 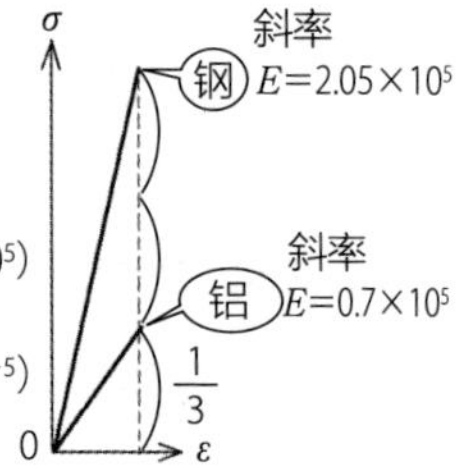 σ 斜率 钢 $E=2.05\times10^5$ 斜率 铝 $E=0.7\times10^5$ $\frac{1}{3}$ 0 ε
钢结构的梁……$\frac{D}{l}>\frac{1}{(\ )}$ 木结构的梁……$\frac{D}{l}>\frac{1}{(\ )}$ 钢筋混凝土结构的梁……$\frac{D}{l}>\frac{1}{(\ )}$ 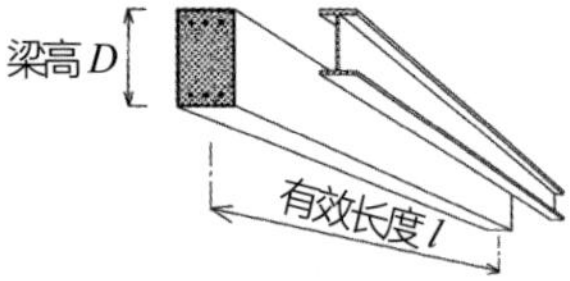 梁高D 有效长度l	$\mathbf{\frac{1}{15}}$ $\mathbf{\frac{1}{12}}$ $\mathbf{\frac{1}{10}}$ （在钢筋混凝土规范中，$\frac{D}{l}\geq\frac{1}{10}$）
有效长细比$\lambda=\frac{(\quad)}{(\quad)}$	$\frac{屈曲长度\ l_k}{截面二次半径\ i}=\frac{l_k}{\sqrt{\frac{I}{A}}}$

Q	A
柱的有效长细比	
钢结构：柱……… $\lambda \leqslant$（　）	200
钢结构：柱以外… $\lambda \leqslant$（　）	250
木结构的柱 ……… $\lambda \leqslant$（　）	150
	σ_k　【$\lambda \rightarrow$ 入】　λ 大时 σ_k 小
钢筋混凝土结构体的尺寸	
柱宽　$\geqslant$（　）× 梁心间高度	$\frac{1}{15}$
梁高　$\geqslant$（　）× 柱心间跨度	$\frac{1}{10}$
剪力墙厚度　$\geqslant$（　）× 净高	$\frac{1}{30}$
楼板厚度　$\geqslant$（　）× 短边方向的有效跨度	$\frac{1}{40}$
悬挑楼板厚度　$\geqslant$（　）× 悬臂长度	$\frac{1}{10}$
钢筋混凝土结构的钢筋量	
梁：主筋比 $p_g = \frac{a_g}{bD} \geqslant$（　）%（有框架的梁）	0.8%
柱：主筋比 $p_g = \frac{a_g}{bD} \geqslant$（　）%	0.8%
梁：受拉钢筋比 $p_t = \frac{a_t}{bd} \geqslant$（　）%（$d$：有效高度）	0.4%
梁：箍筋比 $p_w = \frac{a_w}{bx} \geqslant$（　）%（剪力筋比）	0.2%
柱：箍筋比 $p_w = \frac{a_w}{bx} \geqslant$（　）%（剪力筋比）	0.2%
地板：楼板筋比 $p_g = \frac{钢筋截面积}{全截面积} \geqslant$（　）%	0.2%
剪力墙：剪力筋比 $p_s = \frac{a_t}{tx} \geqslant$（　）%	0.25%
	0.8% ← ×2 ← 0.4% → $\times\frac{1}{2}$（较细）→ 0.2% → +0.05（抗震很重要）→ 0.25%

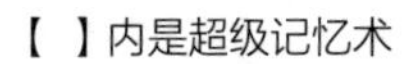
【　】内是超级记忆术

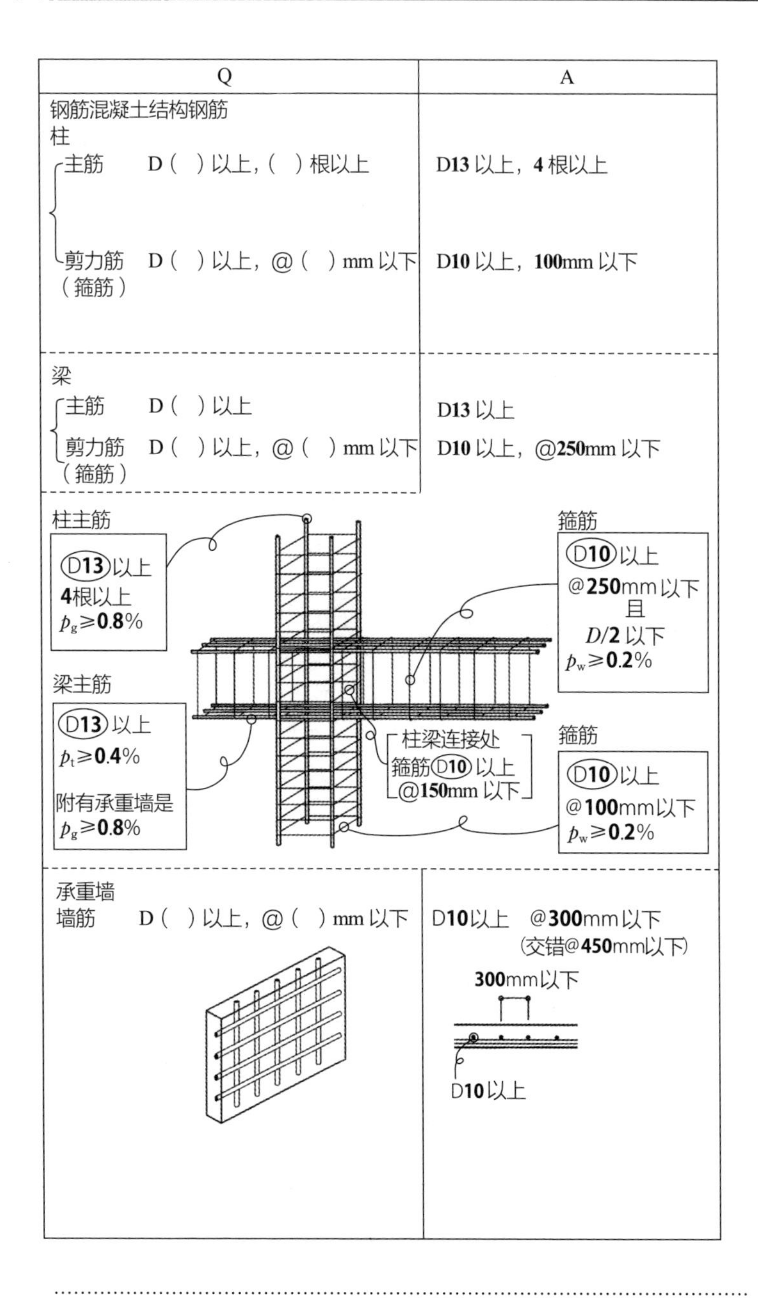

Q	A
钢筋混凝土结构钢筋 柱 主筋　D（　）以上，（　）根以上 剪力筋（箍筋）　D（　）以上，@（　）mm 以下	D13 以上，**4** 根以上 D10 以上，**100**mm 以下
梁 主筋　D（　）以上 剪力筋（箍筋）　D（　）以上，@（　）mm 以下	D13 以上 D10 以上，@**250**mm 以下
承重墙 墙筋　D（　）以上，@（　）mm 以下	D10以上　@**300**mm以下 (交错@**450**mm以下)

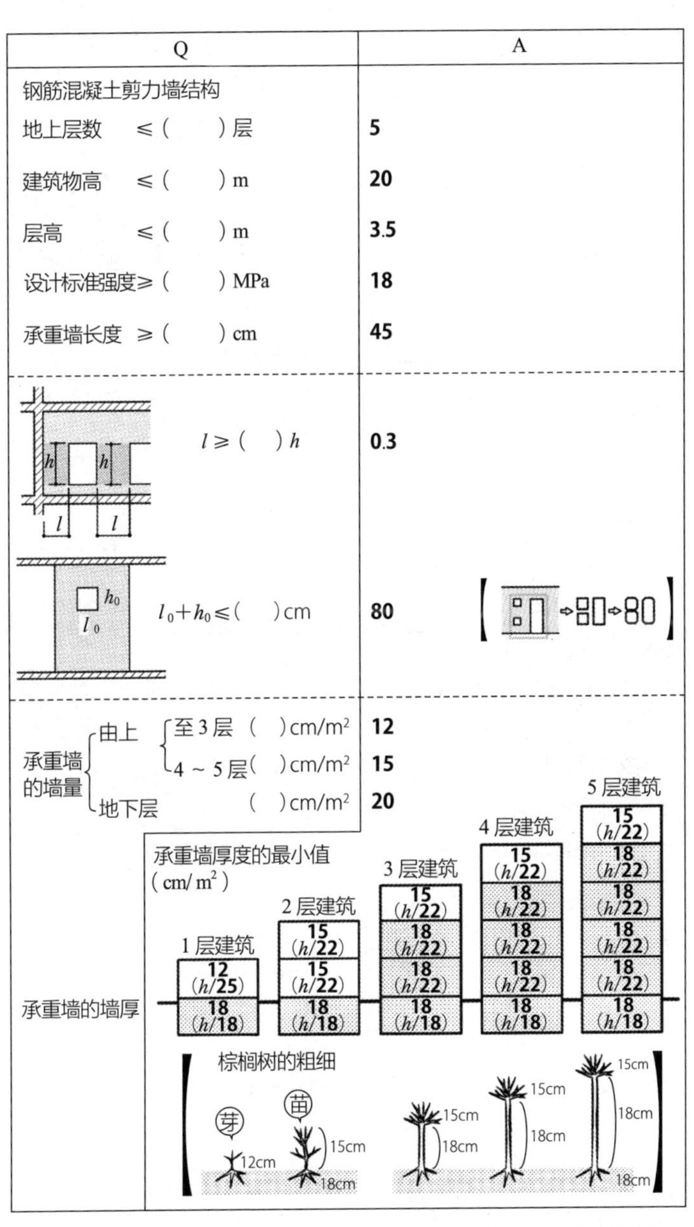

Q	A
钢筋混凝土剪力墙结构	
地上层数 ≤（ ）层	5
建筑物高 ≤（ ）m	20
层高 ≤（ ）m	3.5
设计标准强度≥（ ）MPa	18
承重墙长度 ≥（ ）cm	45
$l \geq$（ ）h	0.3
$l_0+h_0 \leq$（ ）cm	80 【→80→80】
承重墙的墙量 由上 至3层（ ）cm/m^2	12
承重墙的墙量 由上 4～5层（ ）cm/m^2	15
承重墙的墙量 地下层（ ）cm/m^2	20
承重墙的墙厚	

【 】内是超级记忆术

Q	A
标准剪力系数 C_0 允许应力设计时　$C_0 \geqslant$（　） 必要极限水平承载力计算时 $C_0 \geqslant$（　）	**0.2**…相当于加速度 $0.2g$ **1**　…相当于加速度 $1g$
（一次设计） 层剪力 $Q_i = W_i \times$（ ）×（ ）×（ ）$\times C_0$ 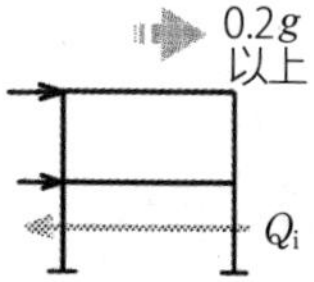 0.2g 以上　Q_i	$Q_i = W_i \times (\boldsymbol{Z} \times \boldsymbol{R}_t \times \boldsymbol{A}_i \times \boldsymbol{C_0})$
（二次设计） 极限水平承载力 $Q_u \geqslant Q_{un} =$（ ）×（ ）$\times Q_{ud}$ 吱吱　Q_u　1g 以上　Q_{ud} 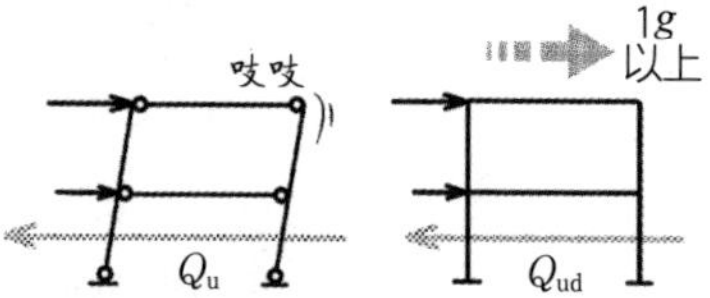	必要极限水平承载力 $Q_{un} = \boldsymbol{D}_s \times \boldsymbol{F}_{es} \times Q_{ud}$　以 $C_0 \geqslant 1$ 计算的 Q_i
结构特性系数 D_s 钢筋混凝土　≥（ ）~（ ） 钢　≥（ ）~（ ） 钢骨钢筋混凝土 ≥（ ）~（ ）	 **0.3~0.55** **0.25~0.5** **0.25~0.5**
水平力分担率 $\beta_u = \frac{(\quad)}{(\quad)}$	$\frac{\text{承重墙（支撑）的水平承载力}}{\text{整体的水平承载力}}$ β_u大→D_s大
偏心率 $R_e \leqslant$（　）	$R_e \leqslant$ **0.15** （$R_e > 0.15 \rightarrow F_e > 1$）
刚性模量 $R_s \geqslant$（　） 因此 $F_{es} = F_e \times F_s = 1$	$R_s \geqslant$ **0.6** （$R_s < 0.6 \rightarrow F_s > 1$）

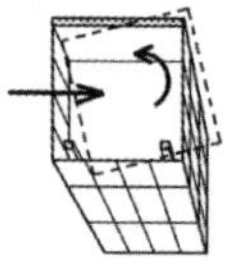

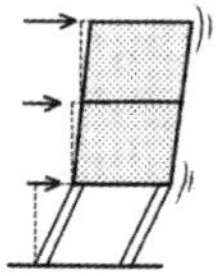